计算机类本科规划教材

网页设计与制作实例教程

孙士保 主编

電子工業出版社
Publishing House of Electronics Industry
北京·BEIJING

内容简介

本书面向网页设计与制作的初学者，采用全新流行的Web标准，以HTML技术为基础，由浅入深、完整、详细地介绍了HTML、CSS及JavaScript网页制作内容。全书以兴宇书城网站的设计与制作为讲解主线，围绕书城栏目的设计，详细、全面、系统地介绍了网页制作、设计、规划的基本知识以及网站设计、开发的完整流程。本书共分11章，主要内容包括：HTML概述、块级标签、行级标签、CSS样式表、Div+CSS布局方法、使用CSS实现常用的样式修饰、使用CSS设置链接与导航菜单、使用JavaScript制作网页特效、兴宇书城首页和列表页、图书详细信息页面和查看购物车页面、兴宇书城后台管理页面。本书所有例题、习题及上机实训均采用案例驱动的方式讲述，通过大量实例深入浅出、循序渐进地引导读者学习。

本书适合作为高等学校、职业院校计算机及相关专业或培训班的网站开发与网页制作教材，也可作为网页制作爱好者与网站开发维护人员的学习参考书。

图书在版编目（CIP）数据

网页设计与制作实例教程 / 孙士保主编. —北京：电子工业出版社，2013.5
计算机类本科规划教材
ISBN 978-7-121-20484-5
Ⅰ. ①网… Ⅱ. ①孙… Ⅲ. ① 网页制作工具－高等学校－教材 Ⅳ. ①TP393.092
中国版本图书馆CIP数据核字（2013）第105853号

责任编辑：冉　哲
印　　刷：北京中新伟业印刷有限公司
装　　订：北京中新伟业印刷有限公司
出版发行：电子工业出版社
　　　　　北京市海淀区万寿路173信箱　邮编：100036
开　　本：787×1092　1/16　印张：18.75　字数：476.8千字
印　　次：2013年5月第1次印刷
印　　数：4 000册　　定价：35.00元

凡所购买电子工业出版社图书有缺损问题，请向购买书店调换。若书店售缺，请与本社发行部联系，联系及邮购电话：（010）88254888。

质量投诉请发邮件至 zlts@phei.com.cn，盗版侵权举报请发邮件至 dbqq@phei.com.cn。

服务热线：（010）88258888。

前　　言

目前对网页制作的要求已不仅仅是视觉效果的美观，更主要的是要符合 Web 标准。传统网页制作先考虑外观布局再填入内容，内容与外观交织在一起，代码量大，难以维护。而目前 Web 标准的最大特点就是采用 HTML+CSS+JavaScript 技术，将网页内容、外观样式及动态效果彻底分离，从而可以大大减少页面代码、节省带宽、提高网速，更便于分工设计、代码重用，既易于维护，又能移植到其他或以后的新 Web 程序中。本书主要围绕 Web 标准的三大关键技术（HTML、CSS 和 JavaScript）来介绍网页编程的必备知识及相关应用。

本书采用全新流行的 Web 标准，通过简单的"记事本"工具，以 HTML 技术为基础，由浅入深，系统、全面地介绍 HTML、CSS、JavaScript 的基本知识及常用技巧，并详细重点介绍 CSS 页面布局技术和不同浏览器的兼容性解决方法，以及 JavaScript 的流行通用技术，内容翔实完整。考虑到网页制作较强的实践性，本书配备大量的页面例题和丰富的运行效果图，能够有效地帮助读者理解所学习的理论知识，系统、全面地掌握网页制作技术。

本书详细、全面、系统地介绍了网页制作、设计、规划的基本知识以及网站设计、开发的完整流程。本书采用案例驱动的教学方法，首先展示案例的运行结果，然后详细讲述案例的设计步骤，循序渐进地引导读者学习和掌握相关知识点。本书以网页设计为中心，以实例为引导，把介绍知识与实例设计、制作、分析融于一体，在结构上采用点面结合，以兴宇书城网站作为案例讲解，配以力天商务网站的实训练习，两条主线互相结合、相辅相成，自始至终贯穿于本书的主题之中。本书所有例题、习题及上机实训均采用案例驱动的讲述方式，通过大量实例深入浅出、循序渐进地引导读者学习。本书在每章之后附有大量的实践操作习题，并在教学课件中给出习题答案，供读者在课外巩固所学的内容。本书共分 11 章，主要内容包括：HTML 概述、块级标签、行级标签、CSS 样式表、Div+CSS 布局方法、使用 CSS 实现常用的样式修饰、使用 CSS 设置链接与导航菜单、使用 JavaScript 制作网页特效、兴宇书城首页和列表页、图书详细信息页面和查看购物车页面、兴宇书城后台管理页面。为了便于教师教学，本书配有教学课件，可登录华信教育资源网（www.hxedu.com.cn）注册后免费下载。

本书适合作为高等学校、职业院校计算机及相关专业或培训班的网站开发与网页制作教材，也可作为网页制作爱好者与网站开发维护人员的学习参考书。

本书由孙士保主编，徐芳副主编，参加编写的作者有孙士保（第 1、2、3、5 章），徐芳（第 4 章），董淑娟（第 6、8 章），万径（第 7、10 章），胡楠（第 9 章），刘大学、刘克纯、刘大莲、刘庆波、褚美花、骆秋容（第 11 章 11.1 和 11.2 节），徐云林、戚春兰、刘庆峰、缪丽丽、万兆君、陈文明、孙明建、万兆明（第 11 章 11.3～11.5 节）。全书由孙士保统编定稿，刘瑞新教授主审。由于作者水平有限，书中疏漏和不足之处难免，敬请广大师生指正。

编　者

目　录

第1章　HTML概述

HTML 是制作网页的基础语言，是初学者必学的内容。虽然现在有许多所见即所得的网页制作工具（如 Dreamweaver 等），但是这些工具生成的代码仍然是以 HTML 为基础的，学习 HTML 代码对设计网页非常重要。

1.1　HTML 简介

HTML 是 Hypertext Markup Language（超文本置标语言）的英文缩写，是一种为普通文件中某些字句加上标签的语言，其目的在于运用标签（tag，也叫标记或标志）对文件达到预期的效果。它是构成 Web 页面（page），表示 Web 页面的符号标签语言。通过 HTML，将所需表达的信息按某种规则写成 HTML 文件，再通过专用的浏览器来识别，并将这些 HTML 文件翻译成可以识别的信息，就是所见到的网页。

HTML 最早源于 SGML（Standard General Markup Language，标准通用化置标语言），它由 Web 的发明者 Tim Berners-Lee 和其同事 Daniel W. Connolly 于 1990 年创立。在互联网发展的初期，互联网由于没有一种网页技术呈现的标准，所以多家软件公司就合力打造了 HTML 标准，HTML 标准规定网页如何处理文字，如何安排图画等，其中最著名的就是 HTML4，这是一个具有跨时代意义的标准。在 HTML4 标准提出之前，互联网上的标准非常混乱，当时的微软、网景等公司都提出了需要制定新的标准来规范互联网，所以 W3C 组织就于 1997 年提出了 HTML4 标准。

HTML4 提出时，互联网环境较差，网络带宽不足，网页的呈现形式也非常有限。但随着网络带宽的不断提高，人们对于互联网的要求也在不断提高，主流网站的内容在不断扩充，HTML4 开始不能满足需要。另外，各个浏览器在发展过程中也在不断支持各种标准，这使得 HTML4 过于混乱，普遍现象是，HTML4 标准下的同样一串代码在各个浏览器上呈现出来的效果不同。同时 HTML4 所提供的样式和标签混淆，这也让 W3C 组织非常重视。在 2004 年，W3C 组织提出了 XHTML 标准。

XHTML 只是 HTML 的扩展，对于数据类型要求更为严格，让 HTML 标准变得统一。不过 XHTML 并没有成功，大多数的浏览器厂商认为 XHTML 作为一个过渡化的标准并没有太大必要，所以 XHTML 并没有成为主流，而 HTML5 便因此孕育而生。

HTML5 的前身名为 Web Applications 1.0，由 WHATWG 在 2004 年提出，于 2007 年被 W3C 接纳。W3C 随即成立了新的 HTML 工作团队，团队包括 AOL、Apple、Google、IBM、Microsoft、Mozilla、Nokia、Opera 以及数百个其他开发商。这个团队于 2009 年公布了第一份 HTML5 正式草案，HTML5 将成为 HTML 和 HTMLDOM 的新标准。

1.2 HTML 编写规范

每个网页都有其基本的结构，包括 HTML 文档的结构、标签的格式等。

1.2.1 标签及其属性

1．标签

HTML 文档由标签和被标签的内容组成。标签能产生所需要的各种效果。其功能类似于一个排版软件，将网页的内容排成理想的效果。标签名称大都为相应的英文单词首字母或缩写，例如，p 表示 paragraph（段落）、img 表示 image（图像），很好记忆。各种标签的效果差别很大，但总的表示形式却大同小异，大多数都成对出现。其格式为：

<标签> 受标签影响的内容 </标签>

例如，一级标题标签<h1>表示为：

```
<h1> 欢迎！</h1>
```

需要注意以下两点。

① 每个标签都要用“<”（小于号）和“>”（大于号）括起来，如<p>、<table>，以表示这是 HTML 代码而非普通文本。注意，“<”、“>”与标签名之间不能留有空格或其他字符。

② 在标签名前加上符号“/”便是其结束标签，表示该标签内容的结束，如</h1>。标签也有不用</标签>结尾的，称为单标签。

2．标签的属性

标签仅仅规定这是什么信息，这些信息可以是文本，也可以是图像，但是要想显示或控制这些信息，就需要在标签后面加上相关的属性。每个标签都有一系列的属性。标签通过属性来制作出各种效果，格式为：

<标签 属性 1="属性值 1" 属性 2="属性值 2" …> 受标签影响的内容 </标签>

例如，一级标题标签<h1>有属性 align，align 表示文字的对齐方式，用法为：

```
<h1 align="left"> 欢迎！</h1>
```

1.2.2 HTML 代码规范

页面的 HTML 代码书写必须符合 HTML 规范，这是用户编写拥有良好结构的文档的基础，这些文档可以很好地工作于所有的浏览器，并且可以向后兼容。

1．标签和属性的规范

需要注意以下几点。

- 并不是所有的标签都有属性，如换行标签就没有。
- 根据需要可以使用该标签的所有属性，也可以只用其中的几个属性。在使用时，属性之间没有顺序。
- 属性和标签一样，都必须用小写字母表示。
- 属性值都要用双引号括起来。

2．元素的嵌套

元素必须正确嵌套，最有可能发生错误的情况是与<table>标签结合。<table>的直接子元素只能为<thead>、<tbody>、<tfoot>和<tr>，而<thead>、<tbody>和<tfoot>的直接子元素只能为<tr>，而<tr>的直接子元素只能为<td>和<th>，然后才可以放其他标签。此外，类似的标签还有<dl>、<ul>、<select>等。

3．不推荐使用的标签

在 HTML 中，某些标签不推荐使用，如<b>、<strong>、<i>、<em>、<dfn>、<code>、<samp>、<kbd>、<var>、<cite>等标签。因为这些标签有些是可以用 CSS 统一控制的，还有些是不常使用的。

4．代码的缩进

在编写 HTML 代码时要注意使用代码缩进来提高程序的结构性和层次性，不要使用制表符或制表符加空格的混合方式缩进。

1.2.3 HTML 文档结构

HTML 文档是一种纯文本格式的文件，文档的基本结构为：

```
<html>
  <head>
    <meta http-equiv="Content-Type" content="text/html; charset=gb2312" />
    <title>文档标题</title>
  </head>
  <body>
    网页内容
  </body>
</html>
```

1．HTML 文档标签<html>…</html>

HTML 文档标签的格式为：

```
<html> HTML 文档的内容 </html>
```

<html>处于文档的最前面，表示 HTML 文档的开始，即浏览器从<html>开始解释，直至遇到</html>为止。每个 HTML 文档均以<html>开始，以</html>结束。

2．HTML 文档头标签<head>…</head>

HTML 文档包括头部（head）和主体（body）。HTML 文档头标签的格式为：

```
<head> 头部的内容 </head>
```

文档头部内容在开始标签<html>和结束标签</html>之间定义，其内容可以是标题名或文本文件地址、创作信息等网页信息说明。

3．文档编码

HTML 文档使用 meta 元素的 charset 属性指定文档编码，格式如下：

```
<meta http-equiv="Content-Type" content="text/html; charset=gb2312" />
```

为了被浏览器正确解释和通过 W3C 代码校验，所有的 HTML 文档都必须声明它们所使用的编码语言。文档声明的编码应该与实际的编码一致，否则就会呈现为乱码。对于中文网页的设计者来说，用户一般使用 GB2312（简体中文）。

4．HTML 文档主体标签<body>…</body>

HTML 文档主体标签的格式为：

```
<body>
  网页的内容
</body>
```

主体位于头部之后，以<body>为开始标签，</body>为结束标签。它定义网页上显示的主要内容与显示格式，是整个网页的核心，网页中要真正显示的内容都包含在主体中。

1.3 创建 HTML 文件

一个网页可以简单到只有几个文字，也可以复杂到像一张或几张海报。下面创建一个只有文本的简单页面，通过它来学习网页的编辑、保存过程。用任何网页编辑器都能编辑制作 HTML 文件。下面用最简单的“记事本”来编辑网页文件。

① 打开记事本。单击 Windows 的“开始”按钮，选择“程序”→“附件”→“记事本”菜单命令。

② 创建新文件，输入 HTML 代码，具体内容如图 1-1 所示。

③ 保存网页。选择“文件”→“保存”菜单命令，打开“另存为”对话框，在“保存在”下拉列表中选择文件要存放的路径，在“文件名”文本框中输入以.html 或.htm 为后缀的文件名，如 welcome.html，在“保存类型”下拉列表中选择“文本文档（*.txt）”项，如图 1-2 所示。最后单击“保存”按钮，将记事本中的内容保存在磁盘中。

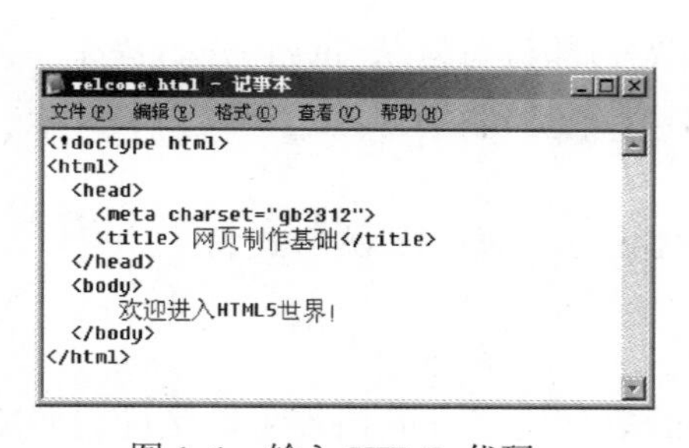

图 1-1　输入 HTML 代码

图 1-2　“记事本”的“另存为”对话框

④ 在“我的电脑”相应的存盘文件夹中双击 welcome.html 文件启动浏览器，即可看到网页的显示结果。

如果希望将该网页作为网站的首页（主页），即浏览者输入网址后首先显示的网页，可以把这个文件设为默认文档，文件名为 index.html 或 index.htm。

除了使用记事本编辑网页以外，还可以使用常用的文本编辑器 Editplus 或者所见即所得的网页制作工具 Dreamweaver 编辑网页。

1.4 网页的摘要信息

网页一般包含大量的文字及图片等信息内容，和报纸或论文一样，它需要一个简短的摘要信息，方便用户浏览和查找，尤其在互联网高度发达的今天，如果希望自己发布的网页能被百度、谷歌等搜索引擎搜索，那么在制作网页时就需要注意编写网页的摘要信息。

网页的摘要信息一般放在 HTML 文档的头部（head）区域，主要通过以下两个标签进行描述。

1.4.1 <title>标签

网页的标题能给浏览者带来方便。首先，标题概括了网页的内容，能使浏览者迅速了解网页的大概。其次，如果浏览者喜欢该网页，将它加入书签中或保存到磁盘上，标题就作为该页面的标志或文件名。另外，使用搜索引擎时显示的结果也是页面的标题。可见，标题是相当重要的。标题<title>标签的格式为：

```
<title> 标题名 </title>
```

在文档头部定义的标题内容并不在浏览器窗口中显示，而是在浏览器的标题栏中显示。尽管头部定义的信息很多，但能在浏览器标题栏中显示的信息只有标题。例如，搜狐网站的主页，对应的网页标题为：

```
<title>搜狐-中国最大的门户网站</title>
```

打开网页后，将在浏览器窗口的标题栏中显示“搜狐-中国最大的门户网站”网页标题。

1.4.2 <meta>标签

<meta>标签共有两个属性，分别是 http-equiv 属性和 name 属性，不同的属性又有不同的参数值，这些不同的参数值就实现了不同的网页功能。本节主要讲解 name 属性，用于设置搜索关键字和描述。<meta>标签的 name 属性的语法格式为：

```
<meta name="参数" content="参数值">
```

name 属性主要用于描述网页摘要信息，与之对应的属性值为 content，content 中的内容主要用于搜索引擎查找和分类信息。

name 属性主要有以下两个参数：keywords 和 description。

1．keywords（关键字）

keywords 用来告诉搜索引擎网页使用的关键字。例如，国内著名的搜狐网，其主页的关键字设置如下：

```
<meta name="keywords" content="搜狐,门户网站,新媒体,网络媒体,新闻,财经,体育,娱乐,时尚,汽车,
房产,科技,图片,论坛,微博,博客,视频,电影,电视剧"/>
```

2．description（网站内容描述）

description 用来告诉搜索引擎网站主要的内容。例如，搜狐网站主页的内容描述设置如下：

```
<meta name="Description" content="搜狐网是全球最大的中文门户网站，为用户提供 24 小时不间断的最新资讯，及搜索、邮件等网络服务。内容包括全球热点事件、突发新闻、时事评论、热播影视剧、体育赛事、行业动态、生活服务信息，以及论坛、博客、微博、我的搜狐等互动空间。" />
```

当浏览者通过百度搜索引擎搜索“搜狐”时，就可以看到搜索结果中显示出网站主页的标题、关键字和内容描述，如图 1-3 所示。

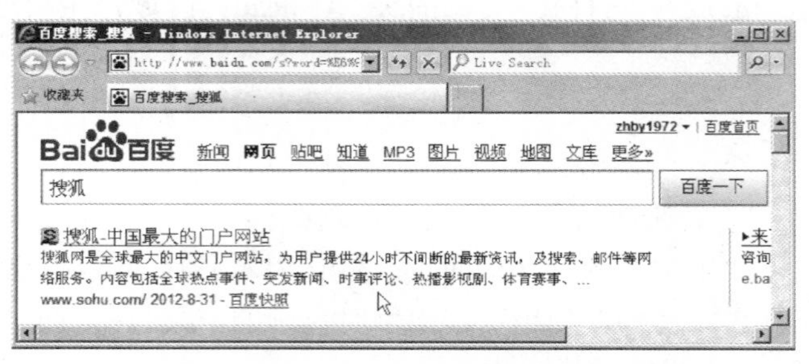

图 1-3　网页的摘要信息

1.4.3　案例——制作兴宇书城页面摘要信息

【演练 1-1】 制作兴宇书城页面摘要信息，由于摘要信息不能显示在浏览器窗口中，因此这里只给出本例文件 1-1.html 的代码。代码如下：

```
<html>
<head>
  <title>兴宇书城</title>
  <meta name= "keywords" content= "兴宇书城,网上购物,在线交易,交易市场" />
  <meta name= "description" content= "兴宇书城在库图书近 60 万种，注册用户遍及全国 32 个省、市、自治区和直辖市。我们的宗旨是“没有最好，只有更好”。" />
</head>
<body>
</body>
</html>
```

【说明】 用户可以登录百度搜索引擎 http://www.baidu.com/search/url_submit.html 收录网页，以便浏览者访问到自己的网站。

1.5　HTML 页面中的块和行

前面讲解了头部（head）的常用标签，接下来讲解主体（body）中常见的各类标签。如图 1-4 所示，从页面布局和显示外观的角度看，一个页面的布局类似于一篇文章的排版，需要分为多个区块，较大的区块又可再细分为小区块。区块内为多行逐一排列的文字、图片、超链接等内容，这些区块一般称为块级元素，而区块内的文字、图片或超链接等一般称为行级元素。

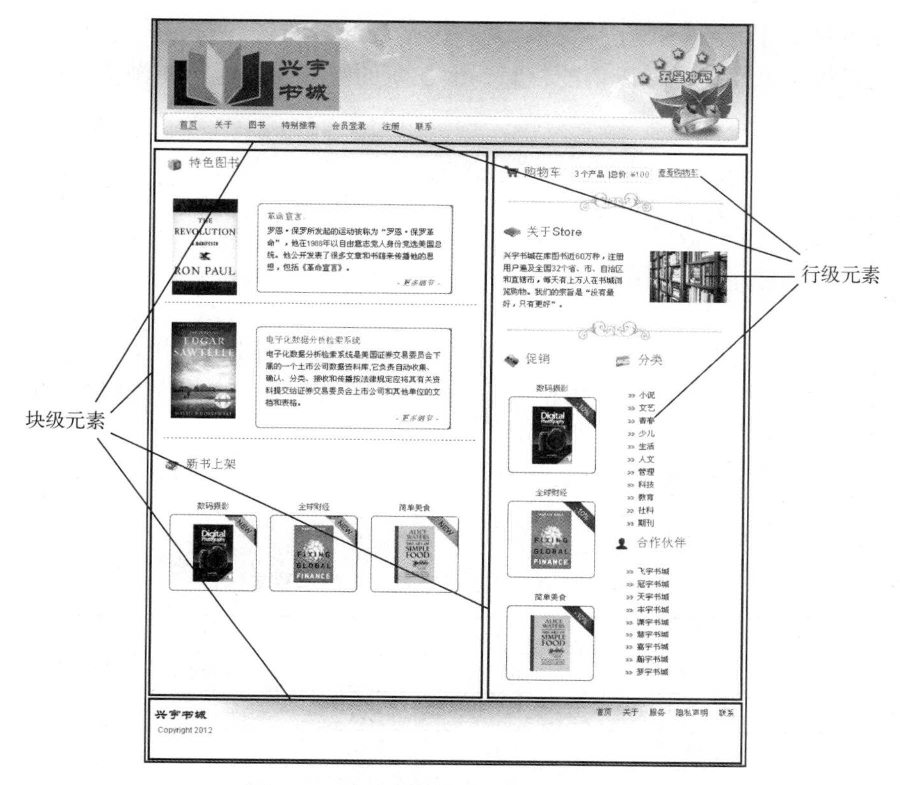

图 1-4　页面中的块级元素和行级元素

页面的布局结构，其本质上是由各种 HTML 标签组织完成的。因此，本书将 HTML 标签分为块级标签和行级标签（也可以称为块级元素和行级元素）。

块级标签显示的外观按“块”显示，具有一定的宽度和高度，如<div>块标签、<p>段落标签等；行级标签显示的外观按“行”显示，类似文本的显示，如<img>图片标签、<a>超链接标签等。和行级标签相比，块级标签具有如下特点。

- 块级标签前后断行显示，在默认状态下占据一整行。
- 块级标签具有一定的宽度和高度，可以通过设置 width、height 属性来控制。
- 块级标签常用做容器，可以“容纳”其他块级标签或行级标签；而行级标签一般用于组织内容，只能用于“容纳”文字、图片或其他行级标签。

1.6　注释和特殊符号

1.6.1　注释

像很多计算机语言一样，HTML 文档也提供注释功能。浏览器会自动忽略此标签中的文字（可以是很多行）而不显示。一般使用注释标签的目的是为文档中不同部分加上说明，方便日后阅读和修改。注释标签的格式为：

```
<!-- 注释内容 -->
```

注释并不局限于一行中，长度不受限制。结束标签与开始标签可以不在一行中。例如，以下代码将在页面中显示段落的信息，而加入的注释不会显示在浏览器中，运行如图 1-5 所示。

```
<!--这是一段注释。注释不会在浏览器中显示。-->
<p>这是一段普通的段落。</p>
```

图 1-5　运行结果

1.6.2　特殊符号

由于大于号">"和小于号"<"等已作为 HTML 的语法符号使用，因此，如果要在页面中显示这些特殊符号，就必须使用相应的 HTML 代码表示，这些特殊符号对应的 HTML 代码被称为字符实体。

常用的特殊符号及对应的字符实体见表 1-1。这些字符实体都以"&"开头，以";"结束。

表 1-1　常用的特殊符号及对应的字符实体

特 殊 符 号	字 符 实 体	示　　例
空格		<a href="#">力天商务有限公司</a>. 热线：800-820-1234
大于（>）	>	大象的体重>猴子的体重
小于（<）	<	猴子的体重<大象的体重
引号（"）	"	HTML 属性值必须使用成对的"括起来
版权号（©）	©	© Copyright 力天商务有限公司

1.7　实训——制作力天商务网的版权信息

制作力天商务网的版权信息，页面中包括版权符号、空格，本例文件 1-2.html 在浏览器中的显示效果如图 1-6 所示。

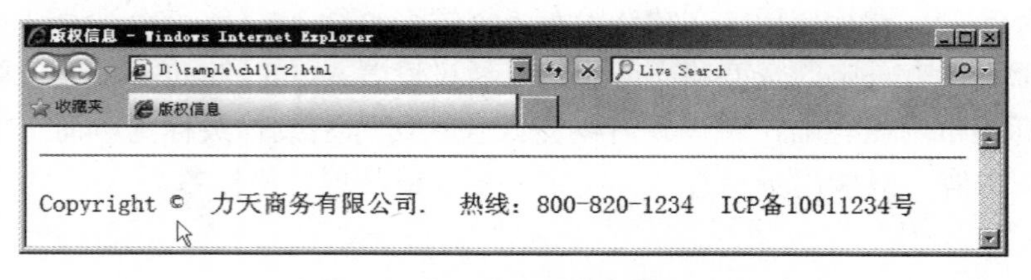

图 1-6　力天商务网的版权信息

代码如下：

```
<html>
<head>
<title>版权信息</title>
</head>
<body>
```

```
        <hr>            <!--水平分隔线-->
        <p style="font-size:20px;">Copyright &copy;  力天商务有限公司.  热
        线：800-820-1234  ICP 备 10011234 号</p>
    </body>
    </html>
```

【说明】 HTML 自动忽略多余的空格，最多只空一个空格。在需要空格的位置，可以用“ ”插入一个空格，也可以输入全角中文空格。另外，这里对段落使用了行内 CSS 样式 style="font-size:20px;"来控制段落文字的大小，关于 CSS 样式的应用将在后面的章节中详细讲解。

习题 1

1．制作力天商务网页面的摘要信息。其中，网页标题为：力天商务网-通向未来的桥梁；搜索关键字为：力天商务，供求信息，项目合作，展会咨询，企业加盟；内容描述为：力天商务多年从事商务办公用品的商机发布与产品推广，始终奉行“质量第一、诚信为本、开拓进取、客户至上”的经营理念，热情欢迎新老客户与我们建立长久的业务。

2．制作兴宇书城的版权信息，如图 1-7 所示。

图 1-7　题 2 图

第 2 章　块 级 标 签

在第 1 章中讲到，HTML 标签分为块级标签和行级标签，本章详细介绍块级标签的应用。从页面布局的角度来看，块级标签又可细分为基本块级标签和常用于布局的块级标签。

2.1　基本块级标签

基本块级标签包括标题标签、段落标签和水平线标签。

2.1.1　标题标签<h#>…</h#>

在页面中，标题是一段文字内容的核心，所以总是用加强的效果来表示。网页中的信息可以分为主要点、次要点，可以通过设置不同大小的标题来增加文章的条理性。标题文字标签的格式为：

```
<h# align="left|center|right"> 标题文字 </h#>
```

#用来指定标题文字的大小，#取 1～6 之间的值，取 1 时文字最大，取 6 时文字最小。

属性 align 用来设置标题在页面中的对齐方式，包括：left（左对齐）、center（居中）或 right（右对齐），默认为 left。

【演练 2-1】 列出 HTML 中的各级标题，本例文件 2-1.html 在浏览器中的显示效果如图 2-1 所示。

代码如下：

```
<html>
<head>
<title>标题示例</title>
</head>
<body>
   <h1>这是一级标题</h1>
   <h2>这是二级标题</h2>
   <h3>这是三级标题</h3>
   <h4>这是四级标题</h4>
   <h5>这是五级标题</h5>
   <h6>这是六级标题</h6>
</body>
</html>
```

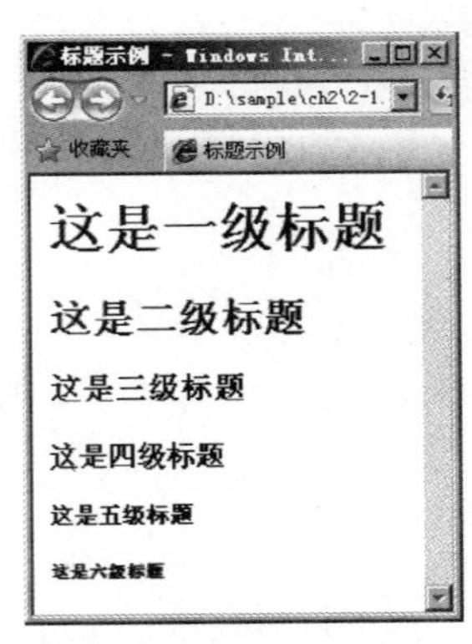

图 2-1　各级标题

2.1.2　段落标签<p>…</p>

段落标签放在段落的头部和尾部，用于定义一个段落。<p>…</p>标签不但能使后面的文字换到下一行，还可以使两段之间多加一空行，相当于

标签。段落标签的格式为：

<p align="left|center|right"> 文字 </p>

其中，属性 align 用来设置段落文字在网页上的对齐方式：left（左对齐）、center（居中）和 right（右对齐），默认为 left。格式中的“|”表示“或者”，即多项选其一。

【演练 2-2】 列出包含<p>标签的多种属性，本例文件 2-2.html 在浏览器中的显示效果如图 2-2 所示。

代码如下：

```
<html>
<head>
<title>p 标签示例</title>
</head>
<body>
  <p>段落元素由 p 标签定义。</p>
  <p align="left">这里是左对齐的段落。</p>
  <p align="center">这里是居中对齐的段落。</p>
  <p align="right">这里是右对齐的段落。</p>
  <p align="justify">这里是两端对齐的段落。</p>
</body>
</html>
```

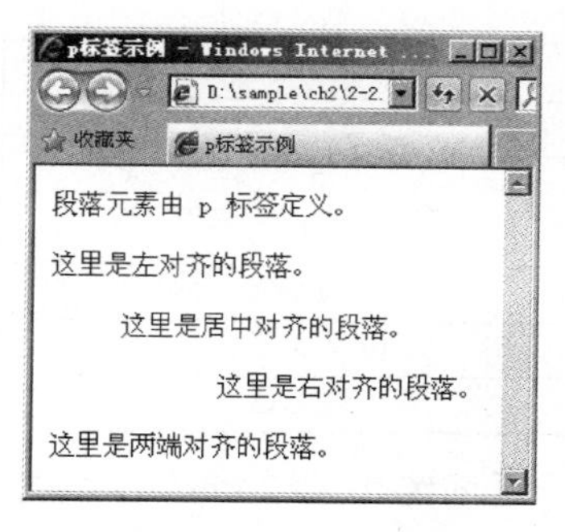

图 2-2　<p>标签示例

【说明】 在 HTML 中，所有<p>标签的呈现属性都可以使用，但不推荐使用。要想实现更灵活的控制并美化外观，需要通过 CSS 来实现。

2.1.3　水平线标签<hr/>

在页面中插入一条水平标尺线（horizontal rules），可以将不同功能的文字分隔开，看起来整齐、明了。当浏览器解释到 HTML 文档中的<hr/>标签时，会在此处换行，并加入一条水平线段。线段的样式由标签的参数决定。水平线标签的格式为：

<hr align="left|center|right" size="横线粗细" width="横线长度" color="横线色彩" noshade= "noshade" />

其中，属性 size 用于设定线条粗细，以像素为单位，默认值为 2。

属性 width 用于设定线段长度，可以是绝对值（以像素为单位）或相对值（相对于当前窗口的百分比）。所谓绝对值，是指线段的长度是固定的，不随窗口尺寸的改变而改变。所谓相对值，是指线段的长度相对于窗口的宽度而定，当窗口的宽度改变时，线段的长度也随之增减，默认值为 100%，即始终填满当前窗口。

属性 color 用于设定线条色彩，默认为黑色。色彩可以用相应的英文名称或以“#”引导的一个十六进制代码来表示，见表 2-1。

表 2-1　色彩代码表

色　彩	色彩英文名称	十六进制代码
黑色	black	#000000
蓝色	blue	#0000ff
棕色	brown	#a52a2a

续表

色　彩	色彩英文名称	十六进制代码
青色	cyan	#00ffff
灰色	gray	#808080
绿色	green	#008000
乳白色	ivory	#fffff0
橘黄色	orange	#ffa500
粉红色	pink	#ffc0cb
红色	red	#ff0000
白色	white	#ffffff
黄色	yellow	#ffff00
深红色	crimson	#cd061f
黄绿色	greenyellow	#0b6eff
水蓝色	dodgerblue	#0b6eff
淡紫色	lavender	#dbdbf8

【演练 2-3】 <hr/>标签的基本用法，本例文件 2-3.html 在浏览器中的显示效果如图 2-3 所示。

代码如下：

```
<html>
<head>
<title>hr 标签示例</title>
</head>
<body>
  <p>《家常菜》新书发布<br/>
  <hr />
  祝愿图书热销，敬请关注。<br/>
  </p>
</body>
</html>
```

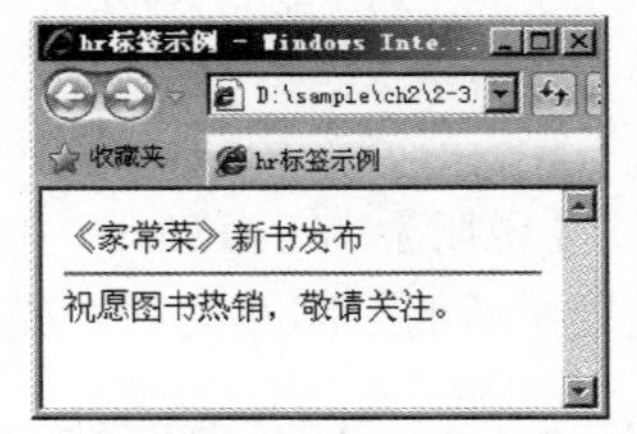

图 2-3　<hr/>标签示例

【说明】 <hr/>标签强制执行一个简单的换行，将导致段落的对齐方式重新回到默认值设置（左对齐）。

在 HTML 中，所有<hr/>标签的呈现属性都可以使用，但不推荐使用。要想实现更灵活的控制并美化外观，需要通过 CSS 来实现。

【演练 2-4】 使用两种方法控制水平线的外观，本例文件 2-4.html 在浏览器中的显示效果如图 2-4 所示。

代码如下：

```
<html>
<head>
<title>hr 标签示例</title>
</head>
<body>
  <p>通过 HTML：</p>
  <hr noshade="noshade" />
```

图 2-4　<hr/>标签对比效果

```
    <p>通过 CSS：</p>
    <hr style="height:2px;border-width:0;color:gray;background-color:gray" />
</body>
</html>
```

【说明】 代码中的 style="height:2px;border-width:0;color:gray;background-color:gray"表示水平线为高度 2px、无边框、无阴影的灰色实线，恰好与<hr/>标签默认的显示效果一致。

2.1.4 案例——制作兴宇书城积分说明页面

【演练 2-5】 使用基本块级标签制作兴宇书城积分说明的页面，本例文件 2-5.html 在浏览器中的显示效果如图 2-5 所示。

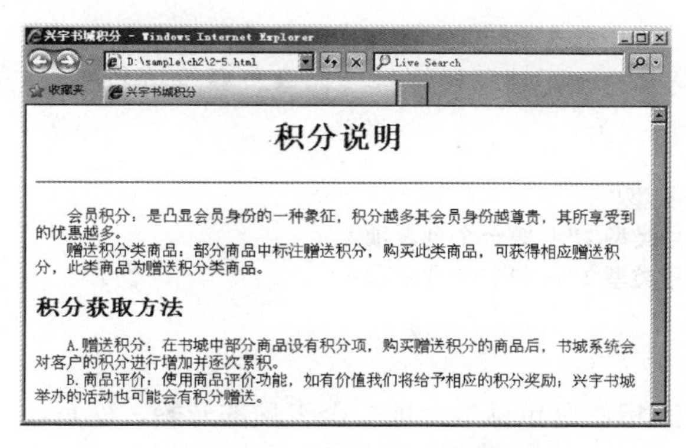

图 2-5 页面显示效果

代码如下：

```
<html>
<head>
<title>兴宇书城积分</title>
</head>
<body>
  <h1 align="center">积分说明</h1>        <!--一级标题-->
  <hr />                                  <!--水平分隔线-->
  <p>    会员积分：是凸显会员身份的一种象征，积分越多所体现其会
  员身份越尊贵，其所享受到的优惠越多。<br />     <!--换行-->
      赠送积分类商品：部分商品中标注赠送积分，购买此类商品，可获
  得相应赠送积分，此类商品为赠送积分类商品。
  </p>
  <h2>积分获取方法</h2>                   <!--二级标题-->
  <p align="left">                        <!--段落左对齐-->
      A.赠送积分：在书城中部分商品设有积分项，购买赠送积分的商品
  后，书城系统会对客户的积分进行增加并逐次累积。<br />        <!--换行-->
      B.商品评价：使用商品评价功能，如有价值我们将给予相应的积分
  奖励；兴宇书城举办的活动也可能会有积分赠送。
  </p>
</body>
</html>
```

【说明】 在本例中，积分说明段落的开头为了实现首行缩进的效果，在段落标签<p>后面连续加上 4 个“ ”空格符号。

2.2 用于布局的块级标签

常用于布局的块级标签包括无序列表、有序列表、表格、表单、分区，这类标签常用于布局网页，组织 HTML 的内容结构。

2.2.1 无序列表

列表分为无序列表和有序列表。带序号标志（如数字、字母等）的表项组成有序列表，否则为无序列表。

无序列表中每个表项的前面是项目符号（如●、■等符号）。建立无序列表可使用<ul>标签和<li>表项标签。格式为：

```
<ul type="符号类型">
  <li type="符号类型 1"> 第一个列表项
  <li type="符号类型 2"> 第二个列表项
    …
</ul>
```

值得注意的是，<li>标签是单标签，即一个表项的开始，就是前一个表项的结束。

从浏览器中看，无序列表的特点是，列表项目作为一个整体，与上下段文本间各有一行空白；表项向右缩进并左对齐，每行前面有项目符号。

type 属性指定每个表项左端的符号类型，可为 disc（实心圆点）、circle（空心圆点）、square（方块），也可自己设置图片。方法有两种：

① 在<ul>后指定符号的样式，可设定直到</ul>的加重符号，例如：

```
<ul type="disc">              符号为实心圆点●
<ul type="circle">            符号为空心圆点○
<ul type="square">            符号为方块■
<ul img src="mygraph.gif">    符号为指定的图片文件
```

② 在<li>后指定符号的样式，可以设置从该<li>起直到</ul>的项目符号，其使用格式就是将前面的 ul 换为 li。

【演练 2-6】 制作兴宇书城会员注册解答的无序列表，本例文件 2-6.html 在浏览器中的显示效果如图 2-6 所示。

代码如下：

```
<html>
   <head>
   <title>无序列表</title>
   </head>
   <body>
     <h2 align="center">会员注册解答</h2>
     <ul type="circle">            <!--列表样式为空心圆点-->
```

图 2-6　页面的显示效果

```
            <li>如何填写注册信息？
            <li>如何激活会员账号？
            <li>密码如何安全设置？
            <li>如何获得书城认证？
        </ul>
    </body>
</html>
```

【说明】 由于在<ul>后指定符号的样式为 type="circle"，因此每个列表项显示为空心圆点。

2.2.2 有序列表

通过带序号的列表可以更清楚地表达信息的顺序。使用<ol>标签可以建立有序列表，表项的标签仍为<li>。格式为：

```
<ol type="符号类型">
  <li type="符号类型 1"> 表项 1
  <li type="符号类型 2"> 表项 2
    …
</ol>
```

在浏览器中显示时，有序列表整个表项与上下段文本之间各有一行空白；列表项目向右缩进并左对齐；各表项前带序号。

可以改变有序列表中的序号种类，利用<ol>或<li>中的 type 属性可设定 5 种序号：数字、大写英文字母、小写英文字母、大写罗马字母和小写罗马字母。序号标签默认为数字。

在<ol>后指定符号的样式，可设定直到</ol>的表项加重记号，格式为：

```
<ol type="1">         序号为数字
<ol type="A">         序号为大写英文字母
<ol type="a">         序号为小写英文字母
<ol type="I">         序号为大写罗马字母
<ol type="i">         序号为小写罗马字母
```

在<li>后指定符号的样式，可设定该表项前的加重记号。使用时，只需把上面的 ol 改为 li 即可。

【演练 2-7】 制作兴宇书城会员注册步骤的有序列表，本例文件 2-7.html 在浏览器中的显示效果如图 2-7 所示。

代码如下：

```
<html>
    <head>
    <title>有序列表</title>
    </head>
    <body>
     <h2 align="center">会员注册步骤</h2>
     <ol>                          <!--列表样式为默认的数字-->
        <li>填写会员信息
        <li>接收电子邮件
```

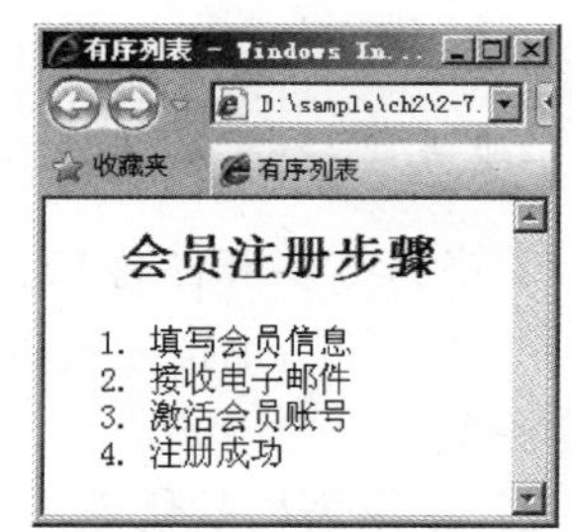

图 2-7 页面的显示效果

```
            <li>激活会员账号
            <li>注册成功
        </ol>
    </body>
</html>
```

【说明】 由于在<ol>后未指定符号的样式，因此每个列表项显示为默认的数字。

列表嵌套把主页分为多个层次，给人以很强的层次感。有序列表和无序列表不仅可以自身嵌套，而且彼此可互相嵌套。

【演练 2-8】 制作兴宇书城帮助中心页面，在无序列表中嵌套无序列表和有序列表，本例文件 2-8.html 在浏览器中的显示效果如图 2-8 所示。

代码如下：

```
<html>
    <head>
    <title>兴宇书城帮助中心页面</title>
    </head>
    <body>
        <h2>兴宇书城帮助中心</h2>
        <ul>                          <!--无序列表-->
            <li>会员注册解答
            <ul type="circle">        <!--嵌套无序列表-->
                <li>如何填写注册信息？
                <li>如何激活会员账号？
                <li>密码如何安全设置？
                <li>如何获得书城认证？
            </ul>
            <hr />                    <!--水平分隔线-->
            <li>会员注册步骤
            <ol>                      <!--嵌套有序列表-->
                <li>填写会员信息
                <li>接收电子邮件
                <li>激活会员账号
                <li>注册成功
            </ol>
        </ul>
    </body>
</html>
```

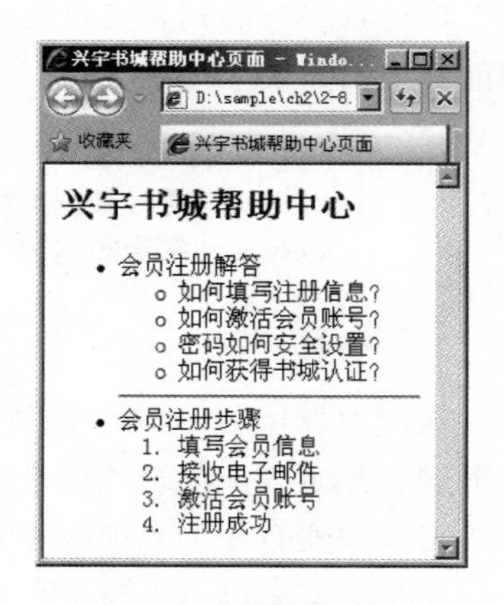

图 2-8　页面的显示效果

2.2.3　表格

表格将文本和图像按行、列排列，它与列表一样，有利于表达信息。表格除了用来显示数据外，还用于搭建网页的结构，在整个页面上更规则地放置文字、图像和空白，并使网页的各个条目更清晰。

1．使用表格的优点

（1）简单通用

表格行、列的结构简单，并且在日常生活中也广泛使用，设计人员对它的理解和编写都很容易入手。

（2）结构稳定

表格是由指定数目的行和列组成的，每行的列数通常一致，同行单元格高度一致且水平对齐，同列单元格宽度一致且垂直对齐，这种严格的约束形成了一个不易变形的长方形盒子结构，堆叠排列起来结构很稳定，如图 2-9 所示，表格中的内容按照相应的行或列进行分类和显示。

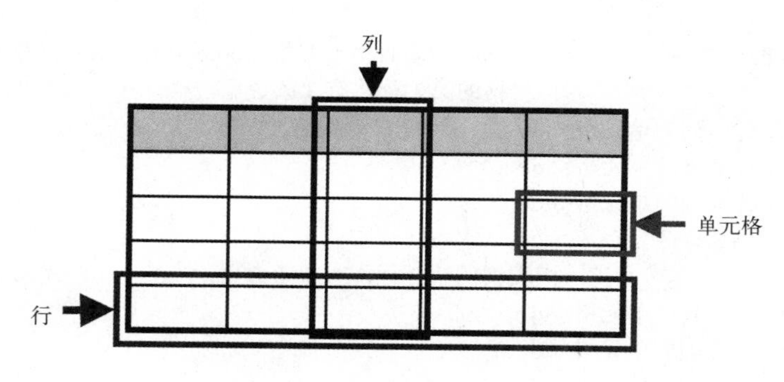

图 2-9　表格的基本结构

2．表格的基本语法

最简单的表格仅包括行和列。表格的标签为<table>，行的标签为<tr>，表项的标签为<td>。其中，<tr>是单标签，一行的结束是新一行的开始。表项内容写在<td>与</td>之间。<table>标签必须成对使用。简单表格的格式为：

```
<table border="n" width="x|x%" height="y|y%" cellspacing="i" cellpadding="j">
  <caption align="left|right|top|bottom valign=top|bottom>标题</caption>
  <tr> <th>表头 1</th> <th>表头 2</th> <th>…</th> <th>表头 m</th></tr>
  <tr> <td>表项 1</td> <td>表项 2</td> <td>…</td> <td>表项 m</td></tr>
     …
  <tr> <td>表项 1</td> <td>表项 2</td> <td>…</td> <td>表项 m</td></tr>
</table>
```

在上面格式中，<caption>标签用来给表格设置标题，其中的 align 属性用来设置标题相对于表格水平方向的对齐方式，valign 属性用来设置标题相对于表格垂直方向的对齐方式。

表格是一行一行建立的，在每行中逐项填入该行每列的表项数据。也可以把表头看做一行，只不过用的是<th>标签。

在浏览器中显示时，<th>标签的文字按粗体显示，<td>标签的文字按正常字体显示。

表格的整体外观由<table>标签的属性决定。

border：定义表格边框的粗细，n 为整数，单位为像素。如果省略，则不带边框。

width：定义表格的宽度，x 为像素数或百分数（占窗口的）。

height：定义表格的高度，y 为像素数或百分数（占窗口的）。

cellspacing：定义表项间隙，i 为像素数。

cellpadding：定义表项内部空白，j 为像素数。

【演练 2-9】 在页面中添加一个 2 行 3 列的表格，本例文件 2-9.html 在浏览器中的显示效果如图 2-10 所示。

代码如下：

图 2-10　页面的显示效果

```
<html>
<head>
<title>页面中添加一个 2 行 3 列的表格</title>
</head>
<body>
<table border="2">          <!--<table>代表表格的开始，border="2" 表示边框宽度为 2-->
  <tr>                      <!--表格的第 1 行，有 3 条数据，<tr>…</tr>代表行-->
    <td>1 行 1 列的单元格</td>
    <td>1 行 2 列的单元格</td>
    <td>1 行 3 列的单元格</td>
  </tr>
  <tr>                      <!--表格的第 2 行，有 3 条数据，<tr>…</tr>代表行-->
    <td>2 行 1 列的单元格</td>
    <td>2 行 2 列的单元格</td>
    <td>2 行 3 列的单元格</td>
  </tr>
</table>
</body>
</html>
```

【说明】 表格所使用的边框粗细等样式一般应放在专门的 CSS 样式文件中（将在后续章节讲解），此处讲解这些属性仅仅是为了演示表格案例中的页面效果，在真正设计表格外观时是通过 CSS 样式完成的。

3．跨行跨列的表格

上面讲解了表格的基本语法，但在实际应用中往往需要使用比较复杂的表格，可能需要把多个单元格合并为一个单元格，也就是要用到表格的跨行跨列功能。

（1）跨行

跨行是指单元格在垂直方向上合并，格式如下：

```
<table>
  <tr>
    <td rowspan="所跨的行数">单元格内容</td>
  </tr>
</table>
```

其中，rowspan 表示跨行的意思。

【演练 2-10】 制作一个跨行展示的图书分类销量表格，本例文件 2-10.html 在浏览器中的显示效果如图 2-11 所示。

代码如下：

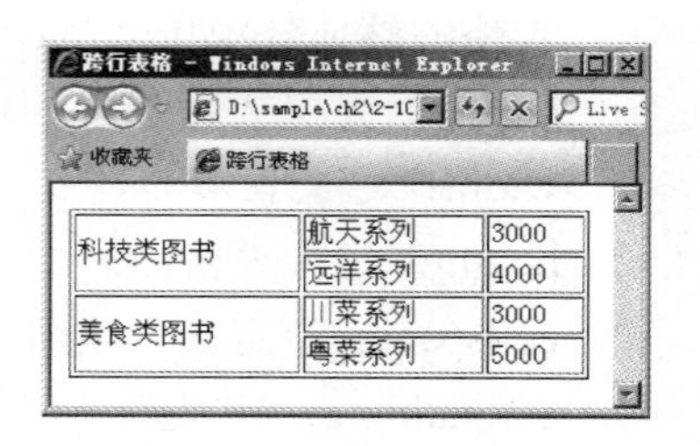

图 2-11　跨行的效果

```
<html>
<head>
<title>跨行表格</title>
```

```
</head>
<body>
<table width="300" border="1">
  <tr>
    <td rowspan="2">科技类图书</td>                <!--设置单元格垂直跨 2 行-->
    <td>航天系列</td>
    <td>3000</td>
  </tr>
  <tr>
    <td>远洋系列</td>
    <td>4000</td>
  </tr>
 <tr>
    <td rowspan="2">美食类图书</td>                <!--设置单元格垂直跨 2 行-->
    <td>川菜系列</td>
    <td>3000</td>
  </tr>
  <tr>
    <td>粤菜系列</td>
    <td>5000</td>
  </tr>
</table>
</body>
</html>
```

（2）跨列

跨列是指单元格在水平方向上合并，格式如下：

```
<table>
  <tr>
    <td colspan="所跨的列数">单元格内容</td>
  </tr>
</table>
```

其中，colspan 表示跨列的意思。

【演练 2-11】 制作一个跨列展示的图书分类销量表格，本例文件 2-11.html 在浏览器中的显示效果如图 2-12 所示。

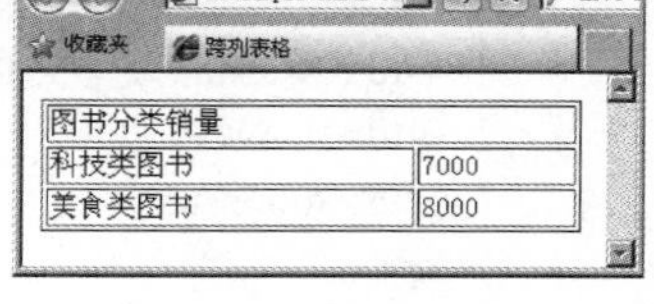

图 2-12　跨列的效果

代码如下：

```
<html>
<head>
<title>跨列表格</title>
</head>
<body>
<table width="300" border="1">
  <tr>
    <td colspan="3">图书分类销量</td>               <!--设置单元格水平跨 3 列-->
  </tr>
```

```
    <tr>
        <td>科技类图书</td>
        <td>7000</td>
    </tr>
    <tr>
        <td>美食类图书</td>
        <td>8000</td>
    </tr>
</table >
</body>
</html>
```

【说明】 在编写表格跨行跨列的代码时，通常在需要合并的第一个单元格中设置跨行或跨列属性，例如，colspan="3"。

（3）跨行、跨列

【演练 2-12】 制作一个跨行跨列展示的图书分类销量表格，本例文件 2-12.html 在浏览器中的显示效果如图 2-13 所示。

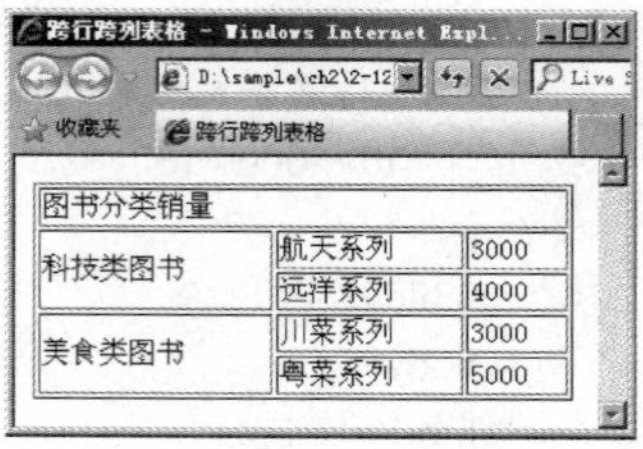

图 2-13　跨行跨列的效果

代码如下：

```
<html>
<head>
<title>跨行跨列表格</title>
</head>
<body>
<table width="300" border="1">
    <tr>
        <td colspan="3">图书分类销量</td>                    <!--设置单元格水平跨 3 列-->
    </tr>
    <tr>
        <td rowspan="2">科技类图书</td>                      <!--设置单元格垂直跨 2 行-->
        <td>航天系列</td>
        <td>3000</td>
    </tr>
    <tr>
        <td>远洋系列</td>
        <td>4000</td>
    </tr>
  <tr>
        <td rowspan="2">美食类图书</td>                      <!--设置单元格垂直跨 2 行-->
        <td>川菜系列</td>
        <td>3000</td>
    </tr>
    <tr>
        <td>粤菜系列</td>
        <td>5000</td>
    </tr>
</table>
</body>
```

```
</html>
```

【说明】 表格跨行跨列以后，并不改变表格的特点。表格中同行的内容总高度一致，同列的内容总宽度一致，各单元格的宽度或高度互相影响，结构相对稳定。其不足之处是不能灵活地进行布局控制。

4．表格数据的分组标签

表格数据的分组标签包括<thead>、<tbody>和<tfoot>，主要用于对报表数据进行逻辑分组。其中，<thead>标签对应报表的页眉，即表格的表头；<tbody>标签对应报表的数据主体，即报表详细的数据描述；<tfoot>对应报表的页脚，即对各分组数据进行汇总的部分。各分组标签内由多行<tr>组成。

【演练 2-13】 制作一个图书季度销量数据报表，本例文件 2-13.html 在浏览器中的显示效果如图 2-14 所示。

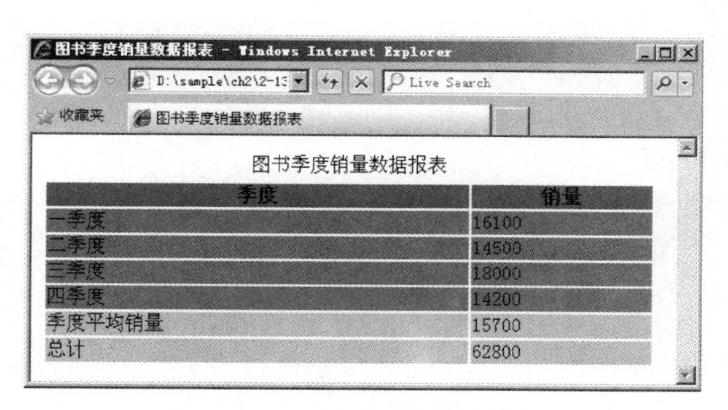

图 2-14 图书季度销量数据报表

代码如下：

```
<html>
<head>
<title>图书季度销量数据报表</title>
</head>
<body>
<table width="500">                              <!--设置表格宽度，无边框-->
  <caption>图书季度销量数据报表</caption>        <!--设置表格的标题-->
  <thead style="background: #0af">               <!--设置报表的页眉-->
    <tr>
      <th>季度</th>
      <th>销量</th>
    </tr>
  </thead>                                        <!--页眉结束-->
  <tbody style="background: #6cc">                <!--设置报表的数据主体-->
    <tr>
      <td>一季度</td>
      <td>16100</td>
    </tr>
    <tr>
      <td>二季度</td>
```

```
            <td>14500</td>
        </tr>
        <tr>
            <td>三季度</td>
            <td>18000</td>
        </tr>
        <tr>
            <td>四季度</td>
            <td>14200</td>
        </tr>
    </tbody>                                    <!--数据主体结束-->
    <tfoot style="background: #ff6">            <!--设置报表的数据页脚-->
        <tr>
            <td>季度平均销量</td>
            <td>15700</td>
        </tr>
        <tr>
            <td>总计</td>
            <td>62800</td>
        </tr>
    </tfoot>                                    <!--页脚结束-->
</table>
</body>
</html>
```

【说明】 为了区分报表各部分的颜色，这里使用 style 样式属性分别为<thead>、<tbody>和<tfoot>设置背景色，这只是为了演示页面效果。

5．表格内文字的对齐方式

在默认情况下，表项居于单元格的左端，可用列、行的属性设置表项数据在单元格中的位置。

（1）水平对齐

表项数据的水平对齐通过标签<th>、<td>和<tr>的 align 属性实现。align 的属性取值分别为：center（表项数据的居中）、left（左对齐）、right（右对齐）或 justify（左右调整）。

（2）垂直对齐

表项数据的垂直对齐通过标签<th>、<td>和<tr>的 valign 属性实现。valign 的属性取值分别为：top（靠单元格顶）、bottom（靠单元格底）、middle（靠单元格中）或 baseline（同行单元数据项位置一致）。

6．表格在页面中的对齐方式

前面介绍的是表格中各个单元格的属性。现在，把表格作为一个整体，介绍如何设置表格在页面中的位置。与图像一样，表格在浏览器窗口中的位置也分为三种：居左、居中和居右。使用<table>标签的 align 属性设置表格在页面中的位置，格式为：

```
<table align="left|center|right">
```

当表格位于页面的左侧或右侧时，文本填充在另一侧；当表格居中时，表格两边没有文本；当 align 属性省略时，文本在表格的下面。

7. 表格的应用

在讲解了以上表格基本格式的基础上，下面介绍表格在制作页面中的应用，主要分为两个方面：使用表格显示数据和使用表格实现页面局部布局。

（1）使用表格显示数据

【演练 2-14】 制作兴宇书城图书季度销量一览表，本例文件 2-14.html 在浏览器中的显示效果如图 2-15 所示。

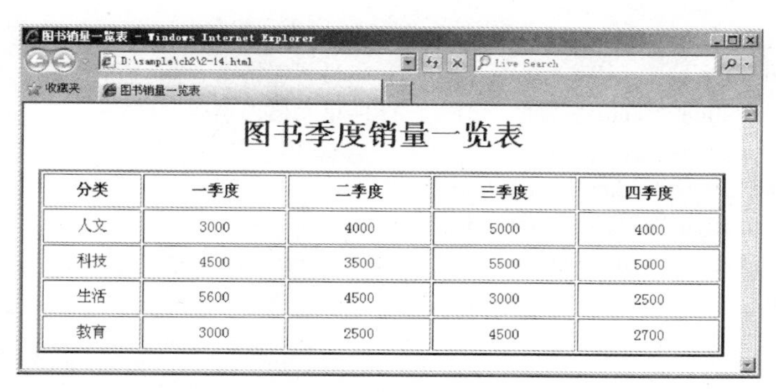

图书季度销量一览表

分类	一季度	二季度	三季度	四季度
人文	3000	4000	5000	4000
科技	4500	3500	5500	5000
生活	5600	4500	3000	2500
教育	3000	2500	4500	2700

图 2-15　图书季度销量一览表

代码如下：

```
<html>
  <head>
  <title>图书销量一览表</title>
  </head>
  <body>
    <h1 align="center">图书季度销量一览表</h1>
    <table width="720" height="200" border="3" align="center">   <!--表格在页面中水平对齐-->
      <tr>                                  <!--设置表格第 1 行-->
        <th>分类</th>                       <!--设置表格的表头-->
        <th>一季度</th>                     <!--设置表格的表头-->
        <th>二季度</td>                     <!--设置表格的表头-->
        <th>三季度</th>                     <!--设置表格的表头-->
        <th>四季度</th>                     <!--设置表格的表头-->
      </tr>
      <tr>                                  <!--设置表格第 2 行-->
        <td align="center">人文</td>        <!--单元格内容居中对齐-->
        <td align="center">3000</td>
        <td align="center">4000</td>
        <td align="center">5000</td>
        <td align="center">4000</td>
      </tr>
      <tr>                                  <!--设置表格第 3 行-->
        <td align="center">科技</td>        <!--单元格内容居中对齐-->
        <td align="center">4500</td>
        <td align="center">3500</td>
```

```
            <td align="center">5500</td>
            <td align="center">5000</td>
        </tr>
        <tr>                                     <!--设置表格第 4 行-->
            <td align="center">生活</td>         <!--单元格内容居中对齐-->
            <td align="center">5600</td>
            <td align="center">4500</td>
            <td align="center">3000</td>
            <td align="center">2500</td>
        </tr>
        <tr>                                     <!--设置表格第 5 行-->
            <td align="center">教育</td>         <!--单元格内容居中对齐-->
            <td align="center">3000</td>
            <td align="center">2500</td>
            <td align="center">4500</td>
            <td align="center">2700</td>
        </tr>
    </table>
</body>
</html>
```

【说明】 <th>标签用于定义表格的表头，一般是表格的第 1 行数据，以粗体、居中的方式显示。

（2）使用表格实现页面局部布局

使用表格也可以实现页面局部布局，类似于图书分类、新闻列表这样的效果，可以采用表格来实现。

【演练 2-15】 制作兴宇书城图书分类页面，本例文件 2-15.html 在浏览器中的显示效果如图 2-16 所示。

图 2-16　图书分类页面

代码如下：

```
<html>
<head>
<title>习题</title>
</head>
<body>
    <h2 align="center">图书分类</h2>
    <table width="240" border="0" align="center">
        <tr>
            <td width="80" height="20" align="center">数码摄影</td>
            <td width="80" align="center">全球财经</td>
            <td width="80" align="center">简单美食</td>
        </tr>
        <tr>
            <td height="100" align="center"><img src="images/thumb1.gif"/></td>
            <td align="center"><img src="images/thumb2.gif"/></td>     <!--单元格内容居中对齐-->
            <td align="center"><img src="images/thumb3.gif"/></td>
```

```
        </tr>
        <tr>
          <td width="80" height="20" align="center">数码摄影</td>
          <td width="80" align="center">全球财经</td>                <!--单元格内容居中对齐-->
          <td width="80" align="center">简单美食</td>
        </tr>
        <tr>
          <td height="100" align="center"><img src="images/thumb1.gif"/></td>
          <td align="center"><img src="images/thumb2.gif"/></td>     <!--单元格内容居中对齐-->
          <td align="center"><img src="images/thumb3.gif"/></td>
        </tr>
        <tr>
          <td width="80" height="20" align="center">数码摄影</td>
          <td width="80" align="center">全球财经</td>                <!--单元格内容居中对齐-->
          <td width="80" align="center">简单美食</td>
        </tr>
        <tr>
          <td height="100" align="center"><img src="images/thumb1.gif"/></td>
          <td align="center"><img src="images/thumb2.gif"/></td>     <!--单元格内容居中对齐-->
          <td align="center"><img src="images/thumb3.gif"/></td>
        </tr>
    </table>
</body>
</html>
```

【说明】 在设计页面时，常需要利用表格来定位页面元素。使用表格可以导入表格化数据，设计页面分栏，定位页面上的文本和图像等。使用表格布局具有结构相对稳定、简单通用等优点，但使用嵌套表格布局时 HTML 层次结构复杂，代码量非常大。因此，表格布局仅适用于页面中数据规整的局部布局，而页面的整体布局一般采用主流的 DIV+CSS 布局，DIV+CSS 布局将在后续章节进行详细讲解。

2.2.4 表单

表单是用于实现浏览者与网页制作者之间信息交互的一种网页对象。在 Internet 上，表单被广泛用于各种信息的搜集与反馈，如图 2-17 所示为兴宇书城会员登录表单。

1．表单的工作原理

表单的作用是从客户端收集信息。当访问者在表单中输入信息，单击“提交”按钮后，这些信息将被发送到服务器中，服务器端脚本或应用程序将对这些信息进行处理。服务器进行响应时，会将被请求信息发送回用户（或客户端），或者基于该表单内容执行一些操作，表单的工作原理如图 2-18 所示。

2． 表单标签

<form>标签用于创建供用户输入的 HTML 表单。表单的格式为：

```
<form name="表单名" action="URL" method="get|post">
  …
</form>
```

图 2-17　会员登录表单

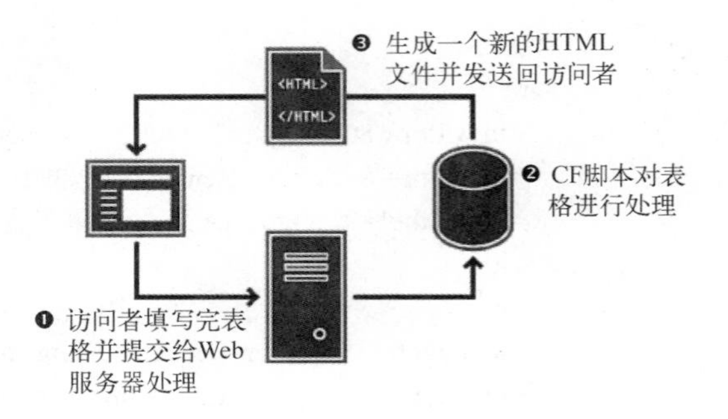

图 2-18　表单的工作原理

<form>标签主要实现表单结果的处理和传送，常用属性的含义如下。

name 属性：表单的名字，在一个网页中用于唯一识别一个表单。

action 属性：表单处理的方式，往往是 E-mail 地址或网址。

method 属性：表单数据的传送方向，是获得（GET）表单还是送出（POST）表单。

表单的具体用法将在第 3 章讲解表单元素（行级标签）时进行详细介绍。

2.2.5　分区

前面讲解的几类块级标签一般用于组织小区块的内容，为了方便管理，许多小区块还需要放到一个大区块中进行布局。分区标签<div>常用于页面布局时对区块的划分，它相当于一个大“容器”，可以容纳无序列表、有序列表、表格、表单等块级标签，同时也可以容纳普通的标题、段落、文字、图片等内容。因为<div>标签没有明显的外观效果，所以需要为其添加 CSS 样式属性，才能看到区块的外观效果。

分区标签的格式为：

```
<div align="left|center|right"> 文本、图像或表格 </div>
```

其中，属性 align 用来设置文本块、文字段或标题在网页上的对齐方式，取值为：left、center 和 right，默认为 left。

【演练 2-16】 使用<div>标签组织网页内容，通过为其添加 style 样式来设置标签的宽度、高度及背景色区块的外观效果。本例文件 2-16.html 在浏览器中的显示效果如图 2-19 所示。

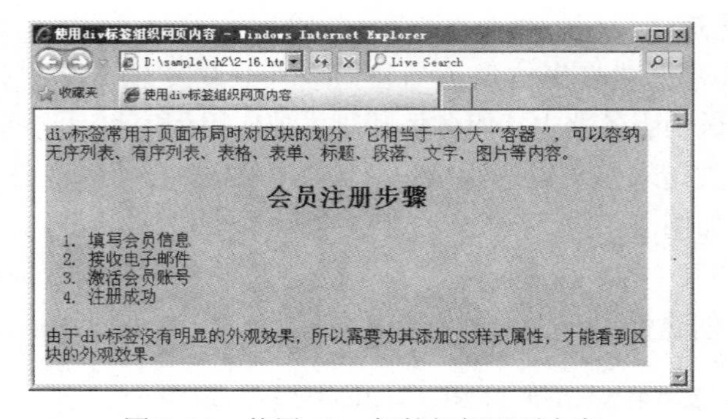

图 2-19　使用<div>标签组织网页内容

代码如下：

```
<html>
  <head>
  <title>使用 div 标签组织网页内容</title>
  </head>
  <body>
    <div style="width:560px; height:220px; background:#6ff">
      <p>div 标签常用于页面布局时对区块的划分，它相当于一个大“容器”，可以容纳无序
      列表、有序列表、表格、表单、标题、段落、文字、图片等内容。</p>
      <h2 align="center">会员注册步骤</h2>
      <ol>
        <li>填写会员信息
        <li>接收电子邮件
        <li>激活会员账号
        <li>注册成功
      </ol>
      由于 div 标签没有明显的外观效果，所以需要为其添加 CSS 样式属性，才能看到区块的
      外观效果。
    </div>
  </body>
</html>
```

【说明】 本例中设置标签的样式为 style="width:560px; height:220px; background:#6ff"，表示标签的宽度为 560px、高度为 220px、背景色为青色。

2.3 实训——制作力天科技简介页面

本实训练习使用<div>标签组织网页内容，制作力天商务网力天科技简介页面。本例文件 2-17.html 在浏览器中的显示效果如图 2-20 所示。

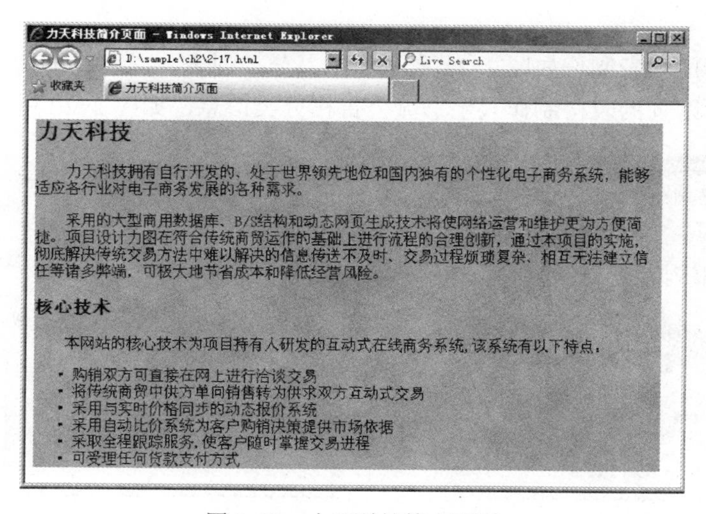

图 2-20　力天科技简介页面

代码如下：

```
<html>
    <head>
    <title>力天科技简介页面</title>
    </head>
    <body>
      <div style="width:653px;background:#ccc;">
          <div>
             <h2>力天科技</h2>
             <p>    力天科技拥有自行……（此处省略文字）</p>
             <p>    采用的大型商用……（此处省略文字）</p>
             <h3>核心技术</h3>
             <p>    本网站的核心技术……（此处省略文字）</p>
             <ul>
                <li>购销双方可直接在网上进行洽谈交易</li>
                <li>将传统商贸中供方单向销售转为供求双方互动式交易</li>
                <li>采用与实时价格同步的动态报价系统</li>
                <li>采用自动比价系统为客户购销决策提供市场依据</li>
                <li>采取全程跟踪服务，使客户随时掌握交易进程</li>
                <li>可受理任何货款支付方式</li>
             </ul>
          </div>
      </div>
    </body>
</html>
```

【说明】 由于页面中的内容并未设置 CSS 样式，因此整个页面看起来并不美观，在后续章节的练习中将利用 CSS 样式对该页面进行美化。

习题 2

1．使用嵌套的列表制作如图 2-21 所示的图书分类列表。

2．使用跨行跨列的表格制作兴宇书城公告栏分类信息，如图 2-22 所示。

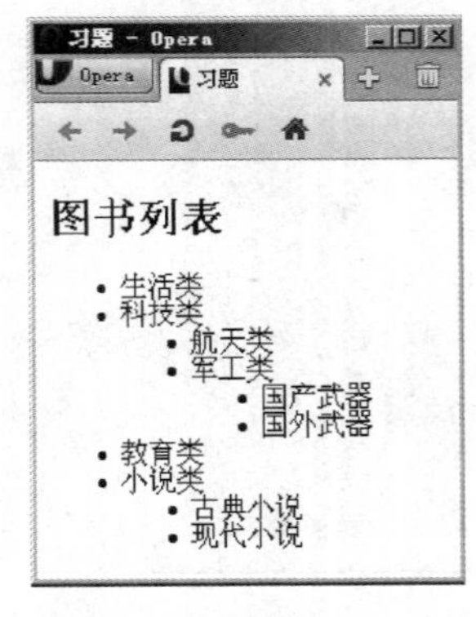

图 2-21　题 1 图

图 2-22　题 2 图

3．使用表格布局兴宇书城新闻列表，如图 2-23 所示。

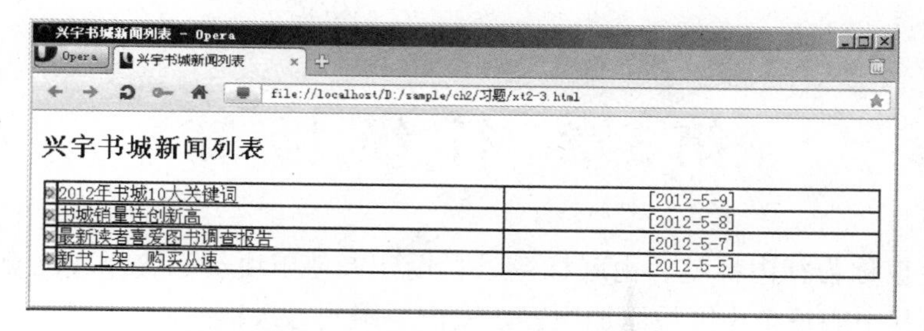

图 2-23 题 3 图

4．使用<div>标签组织段落、列表网页内容，制作兴宇书城图书详细内容页面，如图 2-24 所示。

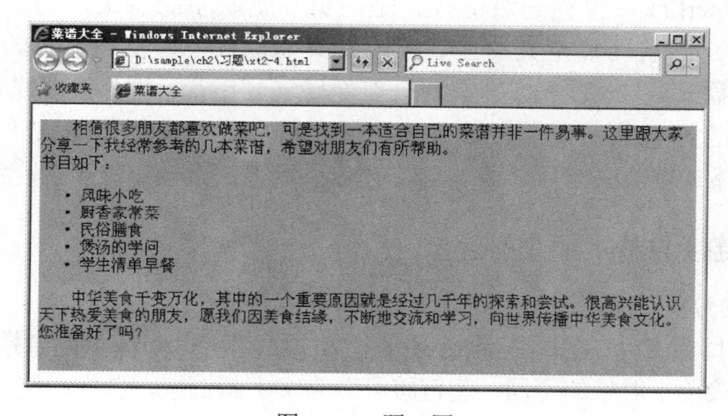

图 2-24 题 4 图

第3章 行 级 标 签

行级标签也称为行内标签、内联标签。当设计者使用块级标签完成网页元素的组织与布局后，要为其中的每个小区块添加内容，就需要用到行级标签。

3.1 超链接

超链接（Hyperlink，也称超级链接）是网页互相联系的桥梁，超链接可以看做一个“热点”，它可以从当前网页定义的位置跳转到其他位置，包括当前页的某个位置，以及Internet、本地硬盘或局域网上的其他文件，甚至跳转到声音、图像等多媒体文件。

当网页中包含超链接时，其外观形式为彩色（一般为蓝色）且带下画线的文字或图像。单击这些文本或图像，可跳转到相应位置。鼠标指针指向超链接时，将变成手形。

3.1.1 超链接的基本概念

1．超链接的分类

根据超链接目标文件的不同，超链接可分为页面超链接、锚点超链接、电子邮件超链接等；根据超链接单击对象的不同，超链接可分为文字超链接、图像超链接、图像映射等。

2．路径

创建超链接时必须了解链接与被链接文本的路径。在一个网站中，路径通常有 3 种表示方式：绝对路径、根目录相对路径和文档目录相对路径。

（1）绝对路径

绝对路径是指包括服务器规范（网页一般使用 http://）在内的完全路径。例如，http://www. adobe.com/support/dreamweaver/contents.html 就是一个绝对路径。

必须使用绝对路径，才能链接到其他服务器上的文档。尽管对本地链接（即到同一站点内文档的链接）也可使用绝对路径链接，但不建议采用这种方式，因为如果将此站点移到其他域中，则所有本地绝对路径链接都将断开。对本地链接使用相对路径，也便于在本地站点内移动文件。

（2）根目录相对路径

根目录相对路径是指从站点根目录到被链接文档经过的路径。站点上所有公开的文件都存放在站点的根目录（文件夹）下。站点根目录相对路径以一个正斜杠（/）开始，例如，/support/tips.htm 是文件（tips.htm）的站点根目录相对路径，该文件位于站点根目录的support 子目录中。

（3）文档目录相对路径

文档目录相对路径是指以当前文档所在位置为起点到被链接文档经过的路径，这种方式适合于创建本地链接。文档相对路径的基本思想是省略当前文档和所链接的文档都相同的绝对 URL 部分，而只提供不同的部分。

3.1.2 超链接的应用

1．锚点标签<a>…</a>

锚点（anchor）标签由<a>定义，它在网页上建立超文本链接。通过单击一个词、句或图像，可从此处转到另一个链接资源（目标资源），这个目标资源有唯一的地址（URL）。具有以上特点的词、句或图像就称为热点。<a>标签的格式为：

```
<a href="URL" target="打开窗口方式"> 热点 </a>
```

href 属性为超文本引用，它的值为一个 URL，是目标资源的有效地址。如果要创建一个不链接到其他位置的空超链接，可用“#”代替 URL。target 属性设定链接被单击后所要开始窗口的方式，可选值为：_blank，_parent，_self，_top。

2．指向其他页面的链接

创建指向其他页面的链接，就是在当前页面与其他相关页面之间建立超链接。根据目标文件与当前文件的目录关系，有 4 种写法。注意，应该尽量采用相对路径。

（1）链接到同一目录中的网页文件

格式为：

```
<a href="目标文件名.html"> 热点文本 </a>
```

其中，“目标文件名”是链接所指向的文件。

（2）链接到下一级目录中的网页文件

格式为：

```
<a href="子目录名/目标文件名.html"> 热点文本 </a>
```

（3）链接到上一级目录中的网页文件

格式为：

```
<a href="../目标文件名.html"> 热点文本 </a>
```

其中，“../”表示退到上一级目录中。

（4）链接到同级目录中的网页文件

格式为：

```
<a href="../子目录名/目标文件名.html"> 热点文本 </a>
```

表示先退到上一级目录中，然后再进入目标文件所在的目录。

【演练 3-1】 制作兴宇书城页面之间的链接，当前页 3-1.html 中包含两个链接分别指向注册页和登录页，如图 3-1 所示。

代码如下：

```
<html>
<head>
<title>页面之间的链接</title>
</head>
<body>
```

```
    <a href="register.html">[免费注册]</a>    <!--链接到同一目录内的网页文件-->
    <a href="myaccount.html">[登录]</a>       <!--链接到同一目录内的网页文件-->
  </body>
  </html>
```

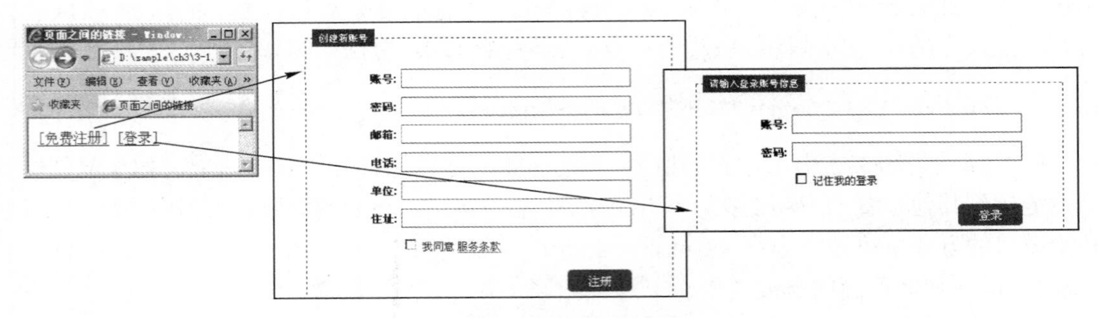

图 3-1　页面之间的链接

3．指向书签的链接

书签就是用<a>标签对网页元素做一个记号，其功能类似于固定船用的锚，所以书签也称锚记或锚点。如果页面中有多个书签链接，则对不同目标元素要设置不同的书签名。书签名在<a>标签的 name 属性中定义，格式为：

```
<a name="记号名"> 目标文本附近的字符串 </a>
```

（1）指向页面内书签的链接

要在当前页面内实现书签链接，需要定义两个标签：一个为超链接标签，另一个为书签标签。超链接标签的格式为：

```
<a href="#记号名"> 热点文本 </a>
```

即单击“热点文本”，将跳转到“记号名”开始的网页元素。

【演练 3-2】 制作指向页面内书签的链接，在页面下方的“书城简介”文本前定义一个书签“book”，当单击兴宇书城顶部的“书城简介”链接时，将跳转到页面下方的书城简介位置处，如图 3-2 所示。

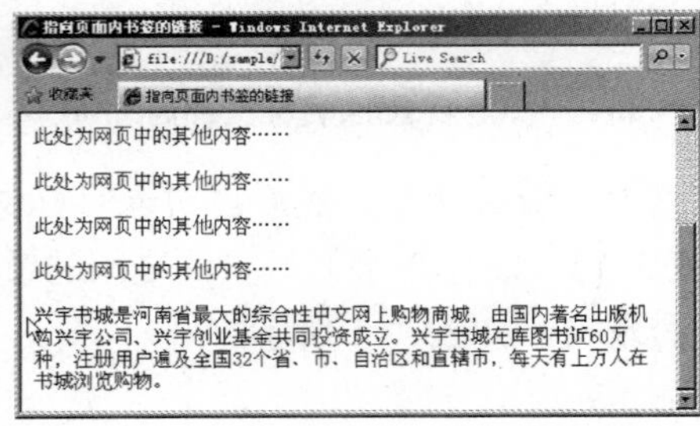

图 3-2　指向页面内书签的链接

代码如下：

```
<html>
```

```
<head>
<title>指向页面内书签的链接</title>
</head>
<body>
  <img src="images/logo.png">                     <!--网站 logo 图片-->
  <a href="register.html">[免费注册]</a>          <!--链接到同一目录内的网页文件-->
  <a href="myaccount.html">[登录]</a>             <!--链接到同一目录内的网页文件-->
  <a href="#book">[书城简介]</a>                  <!--链接页面内的书签 book -->
  <p>此处为网页中的其他内容……</p>
  <p>此处为网页中的其他内容……</p>
  <p>此处为网页中的其他内容……</p>
  <p>此处为网页中的其他内容……</p>
  <!--下面的代码在本页面中的书城简介文字前定义书签 book -->
  <a name="book"></a><p>兴宇书城是河南省最大的综合性……（此处省略文字）</p>
</body>
</html>
```

【说明】 在验证本例效果时，可以把浏览器缩放到只显示页面上半部分信息的大小，然后单击顶部的“书城简介”链接，就可以看到页面自动定位到下方的书城简介位置处。

（2）指向其他页面书签的链接

要在其他页面内实现书签链接，需要定义两个标签：一个为当前页面的超链接标签，另一个为跳转页面的书签标签。当前页面的超链接标签的格式为：

```
<a href="目标文件名.html #记号名"> 热点文本 </a>
```

即单击“热点文本”，将跳转到目标页面“记号名”开始的网页元素。

【演练 3-3】 制作指向其他页面书签的链接，在页面 intro.html 的“书城简介”文本前定义一个书签“book”，当单击当前页面 3-3.html 中兴宇书城顶部的“书城简介”链接时，将跳转到页面 intro.html 中书城简介位置处，如图 3-3 所示。

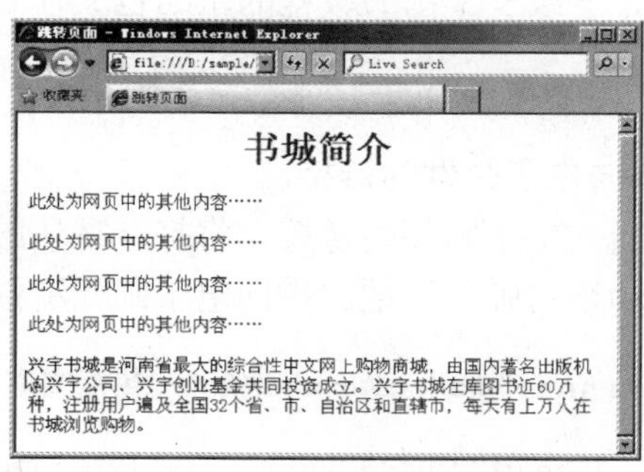

图 3-3　指向其他页面书签的链接

当前页面 3-3.html 的代码如下：

```
<html>
<head>
<title>指向其他页面书签的链接</title>
```

```
</head>
<body>
  <img src="images/logo.png">                  <!--网站 logo 图片-->
  <a href="register.html">[免费注册]</a>        <!--链接到同一目录内的网页文件-->
  <a href="myaccount.html">[登录]</a>           <!--链接到同一目录内的网页文件-->
  <a href="intro.html#book">[书城简介]</a>      <!--链接到其他页面 intro.html 内的书签 book-->
</body>
</html>
```

跳转页面 intro.html 的代码如下：

```
<html>
<head>
<title>跳转页面</title>
</head>
<body>
  <h1 align="center">书城简介</h1>
  <p>此处为网页中的其他内容……</p>
  <p>此处为网页中的其他内容……</p>
  <p>此处为网页中的其他内容……</p>
  <p>此处为网页中的其他内容……</p>
  <!--下面的代码在跳转页面中的书城简介文字前定义书签 book -->
  <a name="book"></a><p>兴宇书城是河南省最大的综合性……（此处省略文字）</p>
</body>
</html>
```

4．指向下载文件的链接

如果链接到的文件不是 HTML 文件，则该文件将作为下载文件。指向下载文件的链接格式为：

```
<a href="下载文件名"> 热点文本 </a>
```

例如，下载一个图书教程的压缩包文件 book.rar，可以建立如下链接：

```
图书教程:<a href="book.rar">下载</a>
```

5．指向电子邮件的链接

单击指向电子邮件的链接，将打开默认的电子邮件程序，如 Foxmail、Outlook Express 等，并自动填写邮件地址。指向电子邮件链接的格式为：

```
<a href="mailto:E-mail 地址"> 热点文本 </a>
```

例如，E-mail 地址是 happy123@126.com，可以建立如下链接：

```
信箱:<a href="mailto: happy123@126.com">和我联系</a>
```

3.1.3 案例——制作兴宇书城购物指南

【演练 3-4】 制作兴宇书城购物指南简介及下载的页面，本例文件包括 3-4.html、2-5.html 两个展示网页和 guide.rar 下载文件。在浏览器中的显示效果如图 3-4 和图 3-5 所示。

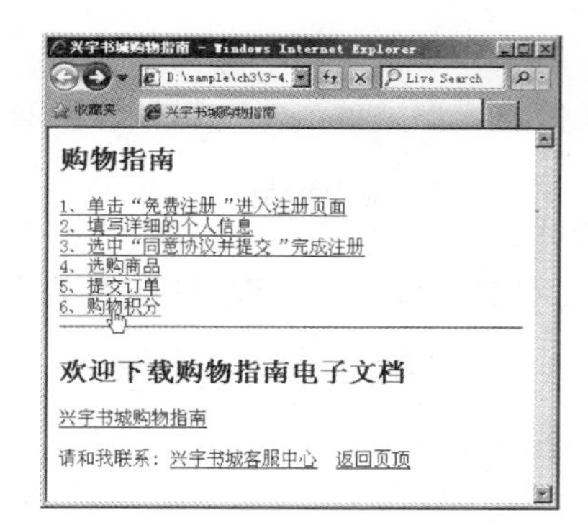

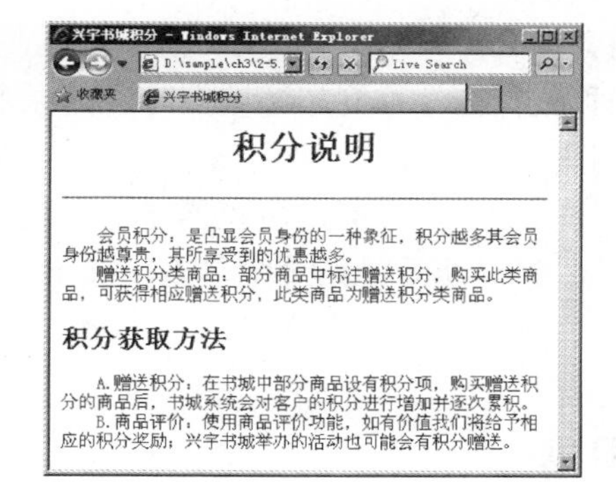

图 3-4　页面之间的链接

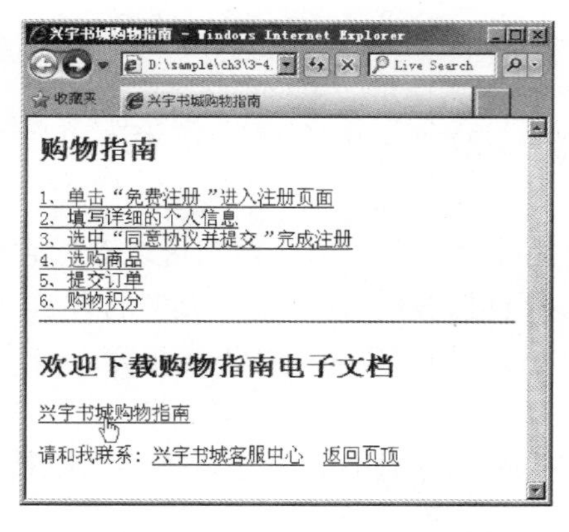

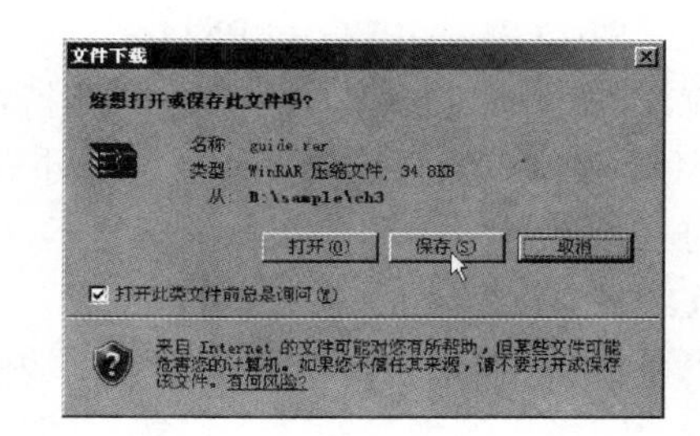

图 3-5　下载链接

代码如下：

```
<html>
  <head>
  <title>兴宇书城购物指南</title>
  </head>
  <body>
    <h2><a name="top">购物指南</a></h2>
      <a href="#" target="_blank">1、单击“免费注册”进入注册页面</a><br/>
      <a href="#">2、填写详细的个人信息</a><br/>
      <a href="#">3、选中“同意协议并提交”完成注册</a><br/>
      <a href="#">4、选购商品</a><br/>
      <a href="#">5、提交订单</a><br/>
      <a href="2-5.html">6、购物积分</a><br/>
      <hr>
      <h2>欢迎下载购物指南电子文档</h2>
      <a href="guide.rar">兴宇书城购物指南</a><br/><br/>
      请和我联系: <a href="mailto:xingyu@126.com">兴宇书城客服中心</a>  <a
      href="#top">返回页顶</a>
  </body>
</html>
```

【说明】

① 当把鼠标指针移到超链接上时，鼠标指针变为手形。单击“购物积分”链接，将打开指定的网页 2-5.html。如果在<a>标签中省略属性 target，则在当前窗口中显示网页；若设置 target="_blank"，则在新的浏览器窗口中显示网页。

② 在图 3-5 所示的网页中单击下载热点“兴宇书城购物指南”，打开“文件下载”对话框，将该文件下载到指定位置。

3.2 图像

图像是网页中不可缺少的元素，它可以美化网页，使网页看起来更加美观大方。

3.2.1 Web 上常用的图像格式

虽然有很多种计算机图像格式，但受网络带宽和浏览器的限制，在 Web 上常用的图像格式只有三种：GIF、JPEG 和 PNG。

目前，GIF 和 JPEG 文件格式的支持情况最好，大多数浏览器都可以查看它们。由于 PNG 文件具有较大的灵活性并且文件大小较小，所以它对于几乎任何类型的 Web 图形都是最适合的。但是，部分早期版本的浏览器（如 IE6）对 PNG 的支持不是很好。

1．GIF

GIF（图形交换格式）文件最多使用 256 种颜色，最适合显示色调不连续或具有大面积单一颜色的图像，例如导航条、按钮、图标或其他具有统一色彩和色调的图像。

GIF 图像格式还增加了渐显方式，也就是说，在图像传输过程中，用户可以先看到图像的大致轮廓，然后随着传输过程的继续而逐步看清图像中的细节部分，从而适应用户的“从朦胧到清楚”的观赏心理。

2．JPEG

JPEG（联合图像专家组标准）文件格式是用于摄影或连续色调图像的高级格式。随着 JPEG 文件品质的提高，文件的大小和下载时间也会随之增加。通常可以通过压缩 JPEG 文件在图像品质和文件大小之间达到良好的平衡。

3．PNG

PNG（可移植网络图形）文件格式是一种替代 GIF 格式的无专利权限制的格式，它包括对索引色、灰度、真彩色图像以及 Alpha 通道透明的支持。

3.2.2 图像标签<img>

使用图像标签，可以把一幅图像加入到网页中。用图像标签还可以设置图像的替代文本、尺寸、布局等属性。图像标签的格式为：

```
<img src="图像文件名" alt="替代文字" title="鼠标悬停提示文字" width="图像宽度"
height="图像高度"  border="边框宽度" hspace="水平方向空白" vspace="垂直方向空白"
align="环绕方式|对齐方式" />
```

标签中的属性说明如下。

src：指出要加入图像的文件名，即“图像文件的路径\图像文件名”。

alt：在浏览器尚未完全读入图像或显示的图像不存在时，在图像位置显示的文字。

title：为浏览者提供额外的提示或帮助信息，方便用户使用。

width：宽度（像素数或百分数）。通常设置为图像的真实大小以免失真。若需要改变图像大小，最好事先使用图像编辑工具进行修改。百分数是指相对于当前浏览器窗口的百分比。

height：设定图像的高度（像素数或百分数）。

hspace：设定图像左、右侧的空白空间，以免文字或其他图像过于贴近。采用像素作为单位。

vspace：设定图像上、下方的空白空间，采用像素作为单位。

align：图像与文本混合排放时，设定图像在水平（环绕方式）或垂直方向（对齐方式）上的位置，包括 left（图像居左，文本在图像的右边）、right（图像居右，文本在图像的左边），top（文本与图像在顶部对齐）、middle（文本与图像在中央对齐）或 bottom（文本与图像在底部对齐）。

如果不设定图像的大小，图像将按照其本身的大小显示。可使用<img>标签的 width 和 height 属性来设置图像的大小，属性值可取像素数，也可取百分数。

【演练 3-5】 图像的基本用法，本例文件 3-5.html 在浏览器中正常显示的效果如图 3-6 所示；当显示的图像路径错误时，效果如图 3-7 所示。

图 3-6　正常显示的图像效果

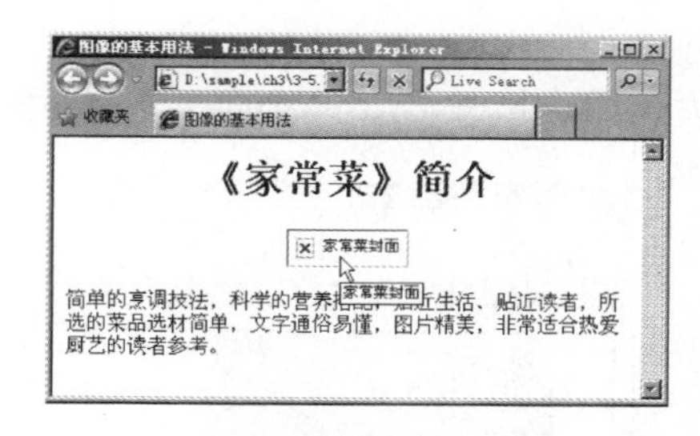

图 3-7　图像路径错误时的显示效果

代码如下：

```
<html>
<head>
<title>图像的基本用法</title>
</head>
<body>
   <h1 align="center">《家常菜》简介</h1>
   <p align="center"><img src="images/book.jpg" alt="家常菜封面" title="家常菜封面" /></p>
   <p>简单的烹调技法，科学的营养搭配，贴近生活、贴近读者……（此处省略文字）</p>
</body>
</html>
```

【说明】

① 当显示的图像不存在时，在页面中图像的位置将显示出网页图片丢失的信息，但由于设置了 alt 属性，因此在×的右边显示出替代文字“家常菜封面”；同时，由于设置了 title 属性，因此在鼠标指针处还显示出淡黄色的提示信息“家常菜封面”。

② 在使用<img>标签时，最好同时使用 alt 属性和 title 属性，避免因图片路径错误带来的错误信息；同时，增加鼠标提示信息也可以方便浏览者使用。

3.2.3 用图像作为超链接热点

图像也可作为超链接热点，单击图像则跳转到被链接的文本或其他文件。格式为：

```
<a href="URL"> <img src="图像文件名" /> </a>
```

例如，制作图书封面的超链接，代码如下：

```
<a href="book.html">                    <!-- 单击图像则打开 book.html -->
  <img src="images/book.jpg" alt="家常菜封面" title="家常菜封面" />
</a>
```

需要注意的是，当用图片作为超链接热点的时候，图片按钮会因为超链接而加上超链接的边框，如图 3-8 所示。

去除图片超链接边框的方法是为图片标签添加样式“style="border:none"”，代码如下：

```
<a href="book.html">                    <!-- 单击图像则打开 book.html -->
  <img src="images/book.jpg" alt=家常菜封面" title="家常菜封面" style="border:none" />
</a>
```

去除图片超链接边框后的链接效果如图 3-9 所示。

图 3-8 图片作为超链接热点时加上的边框

图 3-9 去除图片超链接边框后的链接效果

3.2.4 案例——制作兴宇书城图文简介

【演练 3-6】 书城促销信息图文混排，本例文件 3-6.html 在浏览器中的显示效果如图 3-10 所示。

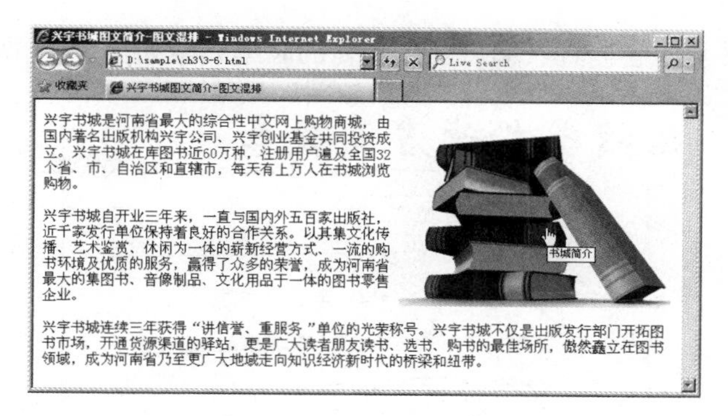

图 3-10　页面的显示效果

代码如下：

```
<html>
<head>
<title>兴宇书城图文简介-图文混排</title>
</head>
<body>
  <p><a href="intro.html"><img src="images/intro.jpg" alt="书城简介" title="书城简介" align="right" style="border:none"/></a>兴宇书城是河南省最大的综合性中文网上购物商城……（此处省略文字）</p>
  <p>兴宇书城自开业三年来，一直与国内外五百家出版社，……（此处省略文字）</p>
  <p>兴宇书城连续三年获得 “讲信誉、重服务”……（此处省略文字）</p>
</body>
</html>
```

【说明】 如果不设置文本对图像的环绕，图像在页面中将占用一整片空白区域。利用<img>标签的 align 属性，可以使文本环绕图像。使用该标签设置文本环绕方式后，将一直有效，直到遇到下一个设置标签为止。

3.3　表单元素

在上一章的块级标签中，已经讲解了表单的工作原理和表单标签的基本语法，本节将讲解表单元素的基本用法。表单中通常包含一个或多个表单元素，常见的表单元素见表 3-1。

表 3-1　常见的表单元素

表单元素	功　　能
input	该标签规定用户可输入数据的输入字段，如文本框、密码框、复选框、单选按钮、按钮等
keygen	该标签规定用于表单的密钥对生成器字段
object	该标签用来定义一个嵌入的对象
output	该标签用来定义不同类型的输出，如脚本的输出
select	该标签用来定义下拉列表/菜单
textarea	该标签用来定义一个多行的文本输入区域
label	为其他表单元素定义说明文字

例如，常见的网上问卷调查表单，其中包含的表单元素如图 3-11 所示。

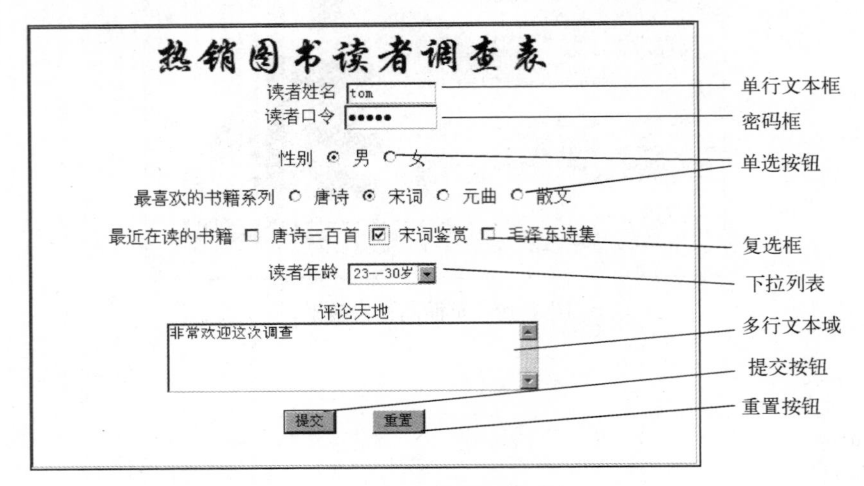

图 3-11　常见的表单元素

3.3.1　<input>元素

<input>元素用来定义用户输入数据的输入字段，根据不同的 type 属性，输入字段可以是文本字段、密码字段、复选框、单选按钮、按钮、隐藏域、图像、文件等。<input>元素的基本语法格式为：

```
<input type="表项类型" name="表项名" value="默认值" size="x" maxlength="y" />
```

<input>元素常用属性的含义如下。

type 属性：指定要加入表单项目的类型（text，password，checkbox，radio，button，hidden，image，file，submit 或 reset 等）。

name 属性：该表项的控制名，主要在处理表单时起作用。

size 属性：输入字段中的可见字符数。

maxlength 属性：允许输入的最大字符数。

checked 属性：当页面加载时是否预先选择该 input 元素（适用于 type="checkbox"或 type="radio"）。

readonly 属性：设置字段的值无法修改。

autofocus 属性：设置输入字段在页面加载时是否获得焦点（不适用于 type="hidden"）。

disabled 属性：当页面加载时是否禁用该 input 元素（不适用于 type="hidden"）。

1．文本框

使用<input>元素的 type 属性，可以在表单中加入表项，并控制表项的风格。如果 type 属性值为 text，则定义的表单元素为文本框，输入的文本以标准的字符显示；在表项前应加上表项的名称，如“姓名”等，以告诉浏览者在随后的表项中应该输入的内容。文本框的格式为：

```
<input type="text" name="文本框名">
```

例如，用于输入用户名的文本框代码如下：

```
<input type="text" name="userName" size="18" value="tom">
```

其中，type="text"表示<input>元素的类型为文本框，name="userName"表示文本框的名字为userName，size="18"表示文本框的宽度为 18 个字符，value="tom"表示文本框中初始显示的内容为 tom，在页面中的效果如图 3-12 所示。

2．密码框

若将<input>元素 type 属性值设置为 password，则定义的表单元素为密码框，输入的文本显示为“*”。密码框的格式为：

```
<input type="password" name="密码框名">
```

例如，用于输入密码的密码框代码如下：

```
<input type="password" name="pass" size="18">
```

其中，type="password"表示<input>元素的类型为密码框，name="pass"表示密码框的名字为pass，size="18"表示密码框的宽度为 18 个字符，页面中的效果如图 3-13 所示。

图 3-12　文本框　　　　图 3-13　密码框

3．按钮

表单中的按钮有 4 种类型，即重置按钮、提交按钮、普通按钮和图片按钮。

（1）重置按钮

如果浏览者想清除输入到表单中的全部内容，可以使用<input>元素中的 type 属性设置重置（reset）按钮，以省去在重新输入前一项一项删除的麻烦。重置按钮的格式为：

```
<input type="reset" value="按钮名">
```

当省略 value 的设置值时，重置按钮的默认显示为“重置”。

（2）提交按钮

当浏览者完成表单的填写，想要发送时，可使用<input>元素的 type 属性设置的提交（submit）按钮，将表单内容送给 action 属性中的网址或邮箱。提交按钮的格式为：

```
<input type="submit" value="按钮名">
```

当省略 value 的设置值时，提交按钮的默认显示为“提交”。

（3）普通按钮

如果浏览者想制作一个用于触发事件的普通按钮，可使用<input>元素的 type 属性设置普通（button）按钮。普通按钮的格式为：

```
<input type="button" value="按钮名">
```

（4）图片按钮

如果浏览者想制作一个美观的图片按钮，可使用<input>元素的 type 属性设置图片

（image）按钮。图片按钮的格式为：

```
<input type="image" src="图片来源">
```

【演练 3-7】 制作不同类型的表单按钮，本例文件 3-7.html 在浏览器中的显示效果如图 3-14 所示。

代码如下：

```
<html>
<head>
<title>按钮的基本用法</title>
</head>
<body>
<form>
  <p>用户名：
    <input type="text" name="userName" size="18" value="tom"> <!--单行文本框-->
  </p>
  <p>密  码：
    <input type="password" name="pass" size="18">              <!--密码框-->
  </p>
  <p>
    <input   type="reset" name="reset" value="重填" />         <!--重置按钮-->
    <input   type="submit" name="register" value="注册" />     <!--提交按钮-->
    <input type="button" name="return" value="返回" />         <!--普通按钮-->
  </p>
</form>
</body>
</html>
```

图 3-14　不同类型的按钮

如果用户觉得上面的提交按钮不太美观，在实际应用中，可以用图片按钮代替，如图 3-15 所示。实现图片按钮最简单的方法就是配合使用 type 属性和 src 属性。例如，将上面定义“注册”提交按钮的代码修改如下：

```
<input type="image" src="images/agreement.gif" /><!--图片按钮-->
```

图 3-15　图片按钮

【说明】 使用这种方法实现的图片按钮比较特殊，虽然 type 属性没有设置为"submit"，但仍然具有提交功能。

4．复选框

在页面中有些地方需要列出多个选项，让浏览者通过复选框来选择其中的一项或多项。将<input>元素的 type 属性设置为“checkbox”，则定义的表单元素为复选框。复选框的格式为：

```
<input type="checkbox" name="复选框名" value="提交值" checked="checked">
```

其中，value 属性可设置复选框的提交值，用 checked 属性表示是否为默认选中项，name 属性是复选框的名称，同一组复选框的名称是一样的。

例如，选择“最近在读的书籍”复选框的代码如下：

```
<form>
  最近在读的书籍: <input type="checkbox" name="tssbs" value="book_1"/>唐诗三百首
  <input type="checkbox" name="scjs" value="book_2" checked="checked"/>宋词鉴赏
  <input type="checkbox" name="mzdsj" value="book_3" checked="checked"/>毛泽东诗集
</form>
```

其中，“宋词鉴赏”和“毛泽东诗集”两个复选框设置了 checked="checked"默认选中属性，显示页面后，这两本书名称前面的复选框自动勾选，如图 3-16 所示。

5. 单选按钮

单选按钮用于一组相互排斥的选项，组中的每个选项应具有相同的名称，以确保浏览者只能选择一个选项。单选按钮的格式为：

```
<input type="radio" name="单选钮名" value="提交值" checked="checked">
```

其中，value 属性可设置单选按钮的提交值，用 checked 属性表示是否为默认选中项，name 属性是单选按钮的名称，同一组单选按钮的名称是一样的。

例如，选择“性别”单选按钮的代码如下：

```
<form>
  性别:<input type="radio" name="xb" value="男" checked="checked"/>男
  <input type="radio" name="xb" value="女" />女
</form>
```

其中，性别为“男”的单选按钮设置了 checked="checked"默认选中属性，显示页面后，性别为“男”的单选按钮自动选中，如图 3-17 所示。

图 3-16　复选框

图 3-17　单选按钮

6. 隐藏域

网站服务器发送到客户端的信息，除用户直观看到的页面内容之外，可能还包含一些“隐藏”信息。例如，用户登录后的用户名、用于区别不同用户的用户 ID 等。这些信息对于用户可能没用，但对网站服务器有用，一般将这些信息“隐藏”起来，而不在页面中显示。

将<input>元素的 type 属性设置为 hidden 类型即可创建一个隐藏域。格式为：

```
<input type="hidden" name="隐藏域名" value="提交值">
```

例如，在登录页的表单中隐藏用户的 ID 信息“cat”，代码如下：

```
<input type="hidden" name="userid" value="cat">
```

浏览页面时，隐藏域信息并不显示，如图 3-18 所示，但能通过页面的 HTML 代码查看到。

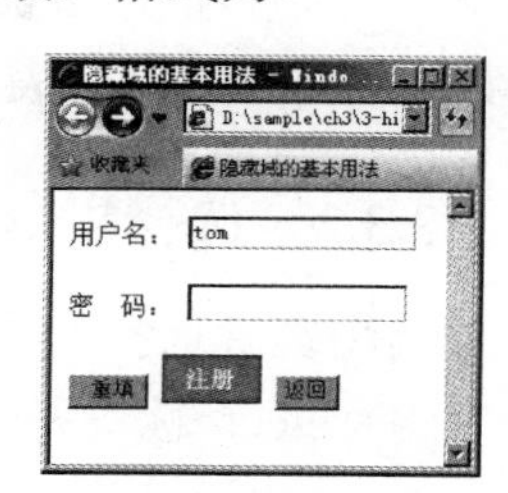

图 3-18　隐藏域并不显示

7．文件域

文件域用于上传文件，将<input>元素的 type 属性设置为 file 类型即可创建一个文件域。文件域会在页面中创建一个不能输入内容的地址文本框和一个“浏览”按钮。格式为：

<input type="file" name="文件域名">

【演练 3-8】 制作商品图片上传的表单页面，使用文件域上传文件，用户单击“浏览”按钮后，将弹出“打开”对话框。选择文件后，路径将显示在地址文本框中，页面的显示效果如图 3-19 所示。

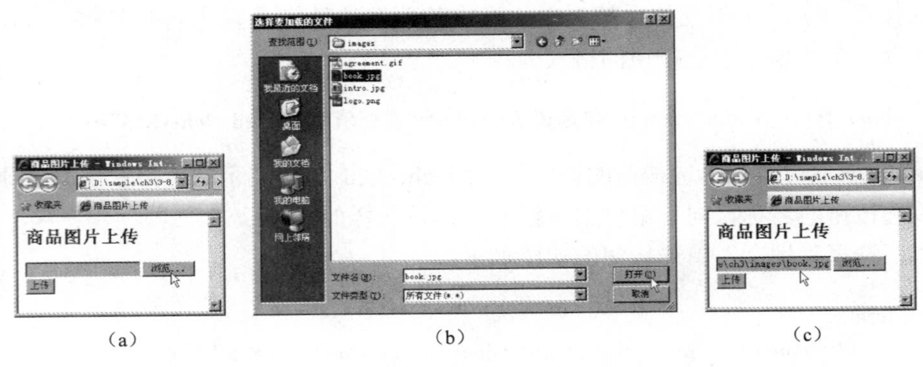

（a）　　（b）　　（c）

图 3-19　页面的显示效果

代码如下：

```
<html>
  <head>
    <title>商品图片上传</title>
  </head>
  <body>
  <h2>商品图片上传</h2>
  <form action="" method="post" enctype="multipart/form-data">  <!--表单数据分为几部分提交-->
   <p><input type="file" name="files" /><br />              <!--文件域-->
      <input type="submit" name="upload" value="上传" /></p>
  </form>
  </body>
</html>
```

【说明】 需要注意的是，在设计包含文件域的表单时，由于提交的表单数据包括普通的表单数据和文件数据等多部分内容，因此必须设置表单的 enctype 编码属性为 multipart/form-data，表示将表单数据分为几部分提交。

3.3.2　选择栏<select>

当浏览者选择的项目较多时，如果用单选按钮来选择，占页面的空间就会较大，这时可以用<select>标签和<option>标签来设置选择栏。

<select>标签的格式为：

<select size="x" name="控制操作名" multiple= "multiple">

```
    <option …> … </option>
    <option …> … </option>
      …
</select>
```

<select>标签各个属性的含义如下。

size：取数字，表示在带滚动条的下拉列表中一次可显示的列表项数，默认值为 1。

name：控制操作名。

multiple：加上本项表示可选多个选项，否则只能单选。

<option>标签的格式为：

```
<option value="可选择的内容" selected ="selected"> … </option>
```

<option>标签各个属性的含义如下。

selected：加上本项表示该项是默认选中的。

value：指定控制操作的初始值。若省略，则初值为<option>…</option>之间的内容。

选择栏有两种形式：字段式列表和下拉式菜单。两者的主要区别在于，前者在<select>中的 size 属性值取大于 1 的值，此值表示在选择栏中不拖动滚动条可以显示的选项的数目。

【演练 3-9】 制作“读者年龄”问卷调查的下拉菜单，页面加载时菜单显示的默认选项为“23--30 岁”，用户可以单击菜单下拉箭头选择其余的选项。本例文件 3-9.html 在浏览器中的显示效果如图 3-20 所示。

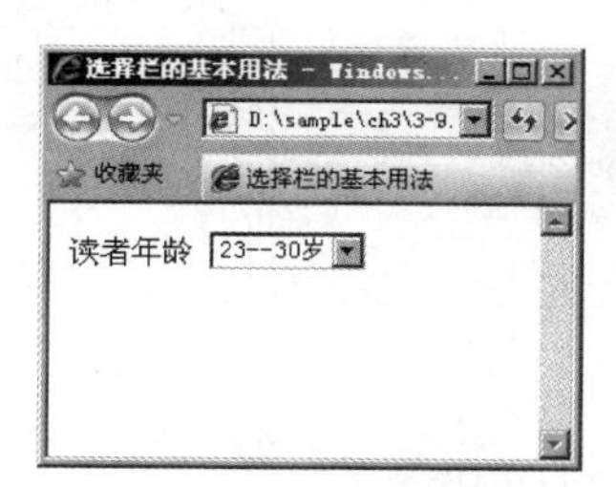

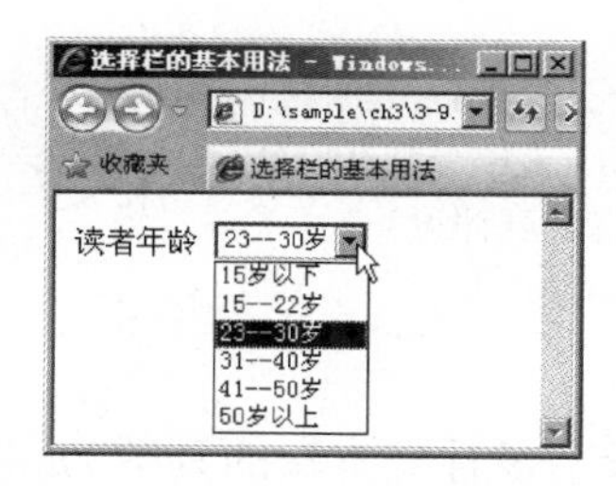

图 3-20 页面的显示效果

代码如下：

```
<html>
<head>
<title>选择栏的基本用法</title>
</head>
<body>
<form>
  读者年龄
  <select name="age">              <!--没有设置 size 值，一次可显示的列表项数默认值为 1-->
     <option value="15 岁以下">15 岁以下</option>
     <option value="15--22 岁">15--22 岁</option>
     <option value="23--30 岁" selected="selected">23--30 岁</option><!--默认选中该项-->
     <option value="31--40 岁">31--40 岁</option>
     <option value="41--50 岁">41--50 岁</option>
```

```
<option value="50 岁以上">50 岁以上</option>
  </select>
</form>
</body>
</html>
```

【说明】 菜单中的选项“23--30 岁”设置了 selected="selected"属性值，因此，页面加载时显示的默认选项为“23--30 岁”。

3.3.3 多行文本域<textarea>…</textarea>

在意见反馈栏中往往需要浏览者发表意见和建议，且提供的输入区域一般较大，可以输入较多的文字。使用<textarea>标签可以设置允许输入成段文字，格式为：

```
<textarea name="文本域名" rows="行数" cols="列数">
  初始文本内容
</textarea>
```

其中，行数和列数是指不拖动滚动条就可看到的部分。另外，在<textarea>…</textarea>标签对中不能使用 value 属性赋初始值。

例如，输入“评论天地”多行文本域内容的代码如下：

```
<form>
  <p>评论天地</p>
  <textarea name="about" cols="40" rows="10">
    欢迎您发表评论！
  </textarea>
</form>
```

其中，cols="40"表示多行文本域的列数为 40 列，rows="10"表示多行文本域的行数为 10 行，效果如图 3-21 所示。

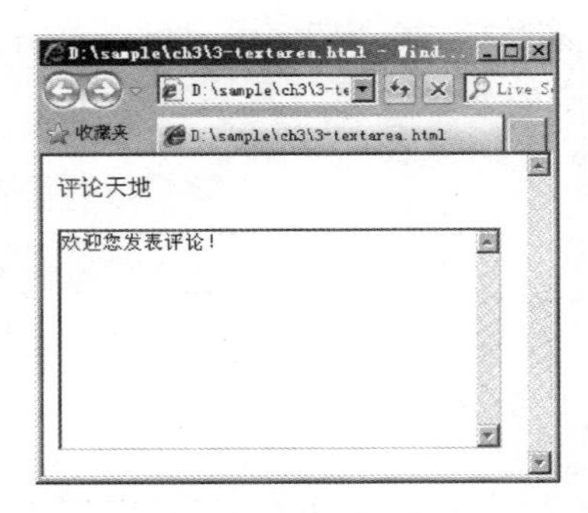

图 3-21　多行文本域

3.3.4 表单的高级用法

在某些情况下，用户需要对表单元素进行限制，设置表单元素为只读或禁用，常应用于以下场景。

只读：网站服务器不希望用户修改的数据，这些数据在表单元素中显示。例如，注册或交易协议、商品价格等。

禁用：只有满足某个条件后，才能选用某项功能。例如，只有用户同意注册协议后，才允许单击“注册”按钮。

只读和禁用效果分别通过设置 readonly 和 disabled 属性来实现。

【演练 3-10】 制作兴宇书城服务协议页面，页面浏览后，服务协议只能阅读而不能修改，并且只有用户同意注册协议后，才允许单击“注册”按钮，本例文件 3-10.html 在浏览器中的显示效果如图 3-22 所示。

代码如下：

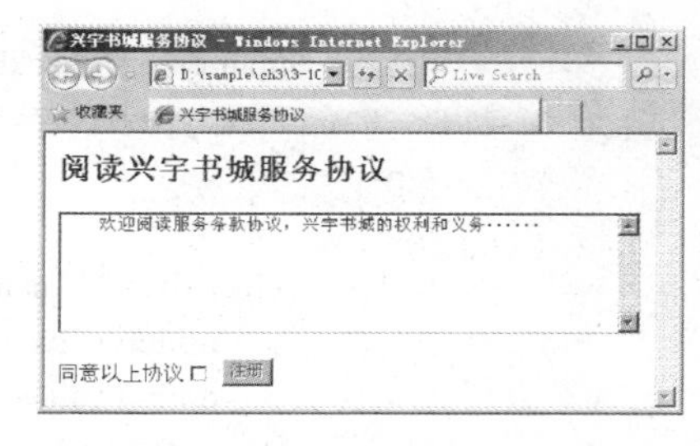

图 3-22　页面的显示效果

```
<html>
  <head>
    <title>兴宇书城服务协议</title>
  </head>
  <body>
  <h2>阅读兴宇书城服务协议</h2>
  <form>
   <textarea name="content" cols="50" rows="6" readonly="readonly">  <!--多行文本域只读-->
    欢迎阅读服务条款协议，兴宇书城的权利和义务……
   </textarea><br /><br />
   同意以上协议<input name="agree" type="checkbox" />                    <!--复选框-->
   <input name="register" type="submit" value="注册" disabled="disabled" /> <!--提交按钮禁用-->
  </form>
  </body>
</html>
```

【说明】 用户选中“同意以上协议”复选框并不能真正实现使“注册”按钮有效，还需要为单选按钮添加 JavaScript 脚本才能实现这一功能，这里只是讲解如何使表单元素只读和禁用。

3.3.5　案例——制作兴宇书城会员注册表单

下面通过一个综合的案例将这些表单元素集成在一起，制作兴宇书城会员注册表单。

【演练 3-11】 制作兴宇书城会员注册表单，收集会员的个人资料。本例文件 3-11.html 在浏览器中的显示效果如图 3-23 所示。

代码如下：

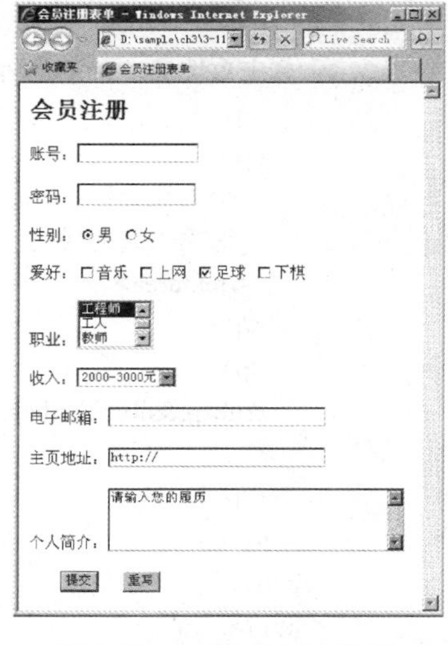

图 3-23　页面的显示效果

```
<html>
<head>
<title>会员注册表单</title>
</head>
<body>
  <h2>会员注册</h2>
  <form>
    <p>
    账号：<input type="text" name="userid" size="16">
    </p>
    <p>
    密码：<input type="password" name="pass" size="16">
    </p>
    <p>
    性别：<input type="radio" name="sex" value="男" checked="checked">男 <!--默认单选按钮-->
          <input type="radio" name="sex" value="女">女
    </p>
    <p>
    爱好：<input type="checkbox" name="like" value="音乐">音乐
          <input type="checkbox" name="like" value="上网">上网
```

```
        <input type="checkbox" name="like" value="足球" checked="checked">足球
        <input type="checkbox" name="like" value="下棋">下棋
    </p>
    <p>
    职业：<select size="3" name="work">
            <option value="政府职员">政府职员</option>
            <option value="工程师" selected="selected">工程师</option> <!--默认列表选项-->
            <option value="工人">工人</option>
            <option value="教师">教师</option>
            <option value="医生">医生</option>
            <option value="学生">学生</option>
        </select>
    </p>
    <p>
    收入：<select name="salary">
            <option value="1000 元以下">1000 元以下</option>
            <option value="1000-2000 元">1000-2000 元</option>
            <option value="2000-3000 元" selected="selected">2000-3000 元</option>
            <option value="3000-4000 元">3000-4000 元</option>
            <option value="4000 元以上">4000 元以上</option>
        </select>
    </p>
    <p>
    电子邮箱：<input type="text" name="email" size="30">
    </p>
    <p>
    主页地址：<input type="text" name="index" size="30" value="http://">   <!--文本框初始值-->
    </p>
    <p>
      个人简介：<textarea name="intro" cols="40" rows="4">      <!--4 行 40 列的多行文本域-->
      请输入您的履历                                            <!--多行文本域初始值-->
     </textarea>
    </p>
    <p>
        <input type="submit" name="submit" value="提交"/>  
                          <input type="reset" name="reset" value="重写" />
    </p>
  </form>
</body>
</html>
```

【说明】“职业”选择栏使用的是字段式列表，其<select>标签中的 size 属性值设置为 3，表示一次可显示的列表项数为 3，而“收入”选择栏使用的是下拉菜单。

3.3.6 表单布局

从 3.3.5 节的兴宇书城会员注册表单案例中可以看出，由于表单没有经过布局，页面整体看起来不太美观。在实际应用中，可以采用以下两种方法布局表单：一是使用表格布局表单，二是使用 CSS 样式布局表单。本节主要结合前面章节讲过的表格来实现表单的布局。

【演练 3-12】 使用表格布局的方法制作兴宇书城会员登录表单，表格布局示意图如图 3-24 所示，最外围的虚线表示表单，表单内部包含一个 4 行 3 列的表格，其中的第 1 行和第 4 行分别使用跨 2 列的设置。页面在浏览器中的显示效果如图 3-25 所示。

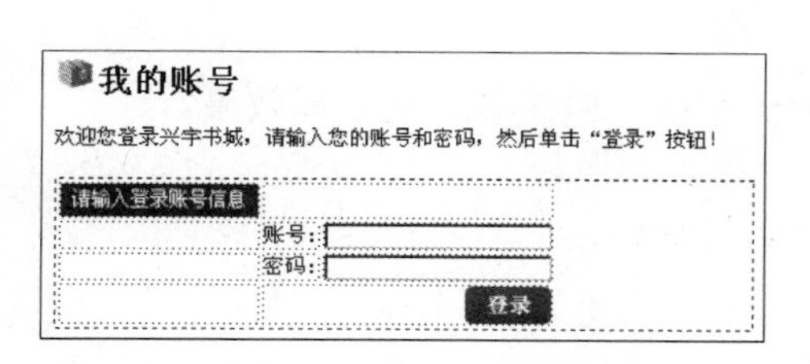

图 3-24　表格布局示意图

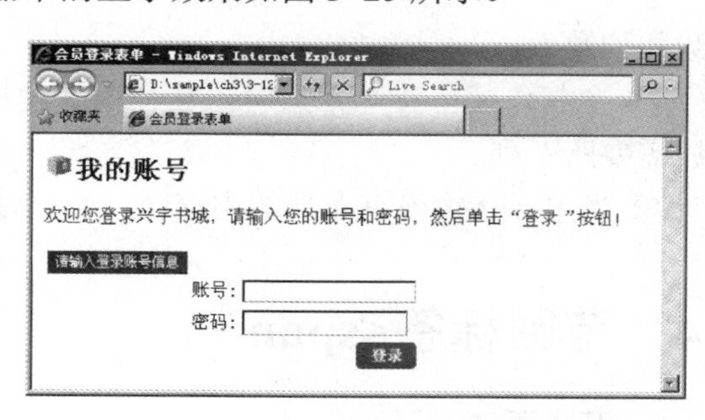

图 3-25　页面的显示效果

代码如下：

```
<html>
  <head>
    <title>会员登录表单</title>
  </head>
  <body>
  <h2><img src="images/title.gif">我的账号</h2>
  <p>欢迎您登录兴宇书城，……</p>
  <form>
    <table>
        <tr>
          <td><img src="images/title_2.png" /></td>
          <td colspan="2"> </td>    <!--图片后的内容跨 2 列，内容用“空格”填充-->
        </tr>
        <tr>
          <td> </td>                 <!--内容用“空格”填充以实现布局效果-->
          <td>账号:</td>
          <td> <input type="text" name="userid" size="20"></td>
        </tr>
        <tr>
          <td> </td>                 <!--内容用“空格”填充以实现布局效果-->
          <td>密码:</td>
          <td> <input type="password" name="pass" size="20"></td>
        </tr>
        <tr>
          <td> </td>                 <!--内容用“空格”填充以实现布局效果-->
          <!--下面的登录图片按钮跨 2 列-->
          <td colspan="2" align="right"> <input type="image" src="images/login.gif" /></td>
        </tr>
    </table>
  </form>
```

```
  </body>
</html>
```

【说明】

① 在使用表格布局表单的应用中，要注意结合表单的数据信息计算表格布局所需要的行数和列数。

② 在制作某些特殊元素时，往往需要使用表格的跨行跨列技术，例如，“登录”图片按钮需要跨 2 列。

③ 当单元格内没有布局的内容时，必须使用“空格”填充以实现布局效果。

3.4 范围标签<span>

1．基本语法

范围标签<span>用于标记行内的某个范围，实现行内某个部分的特殊设置以区分其他内容。其语法格式为：

```
<span>内容</span>
```

例如，显示图书的销售价格，特意将售价一行中的价格数字设置为青色显示，以吸引浏览者的注意，如图 3-26 所示。代码如下：

```
售价：<span style="color:cyan;">&yen;100</span>
```

图 3-26　范围标签<span>

其中，<span>…</span>标签限定某个范围，style="color:cyan;" 用于为范围添加突出显示的样式（青色）。

2．span 与 div 的区别

span 与 div 的区别在于，span 仅仅是一个行级元素，不会换行，而 div 是一个块级元素，它包围的元素会自动换行。块级元素相当于内联元素在前后各加了一个
标签。用容器这一词更容易理解它们的区别，块级元素<div>相当于一个大容器，而内联元素<span>相当一个小容器，大容器当然可以盛放小容器。读者可以想象以下情景，如果要在大容器中装一些清水，还想再装一些墨水，可以在小容器中装入墨水然后放入大容器的清水里面。

另外，span 本身没有任何属性，没有结构上的意义，当其他元素都不合适的时候可以换上它，同时 div 可以包含 span，反之则不行。

【演练 3-13】 演示<span>标签与<div>标签的区别，本例页面 3-13.html 的显示效果如图 3-27 所示。

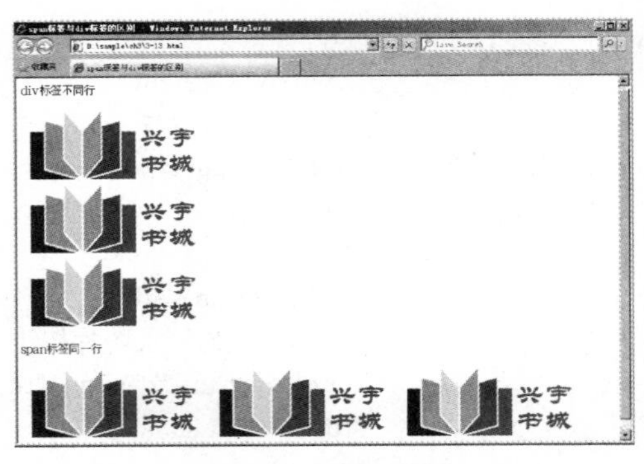

图 3-27　页面的显示效果

代码如下：

```
<html>
<head>
<title>span 标签与 div 标签的区别</title>
</head>
<body>
```

```
    <p>div 标签不同行</p>
    <div><img src="images/logo.png"/></div>
    <div><img src="images/logo.png"/></div>
    <div><img src="images/logo.png"/></div>
    <p>span 标签同一行</p>
    <span><img src="images/logo.png"/></span>
    <span><img src="images/logo.png"/></span>
    <span><img src="images/logo.png"/></span>
</body>
</html>
```

3.5　换行标签

在 HTML 文档中，无法用多个〈Enter〉、空格、〈Tab〉键来调整文档段落的格式，要用 HTML 的标签来强制换行、分段。

放在一行的末尾，可以使后面的文字、图像、表格等显示于下一行，而又不会在行与行之间留下空行，即强制文本换行。与<hr/>标签一样，
标签也强制执行一个换行，但与<hr/>不同的是，
标签实现换行后不会影响段落的对齐方式。换行标签的格式为：

**文字
**

浏览器解释时，从该处换行。换行标签单独使用，可使页面清晰、整齐。

【演练 3-14】 如果希望诗歌“静夜思”每行语句的间隔很紧凑，就需要在每行语句之间换行。本例页面 3-14.html 的显示效果如图 3-28 所示。

代码如下：

```
<html>
<head>
<title>br 标签</title>
</head>
<body>
  <h2>静夜思</h2>
  <p>作者：唐 李白</p>
  床前明月光，<br />
  疑是地上霜。<br />
  举头望明月，<br />
  低头思故乡。
</body>
</html>
```

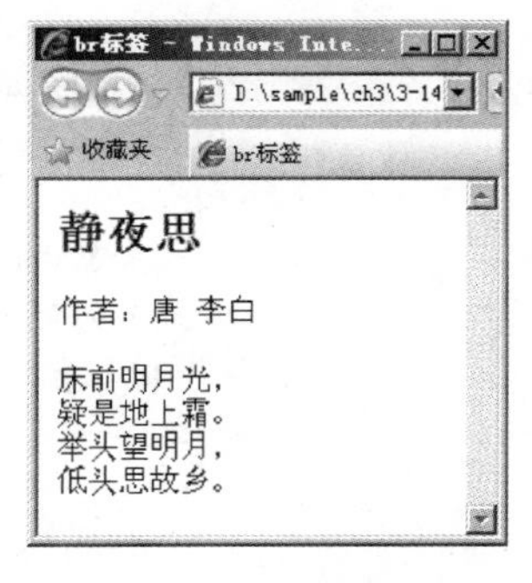

图 3-28　换行标签

3.6　实训——制作力天商务网“联系我们”表单

本实训练习通过表格布局制作力天商务网“联系我们”表单，本例文件 3-15.html 在浏览器中的显示效果如图 3-29 所示。

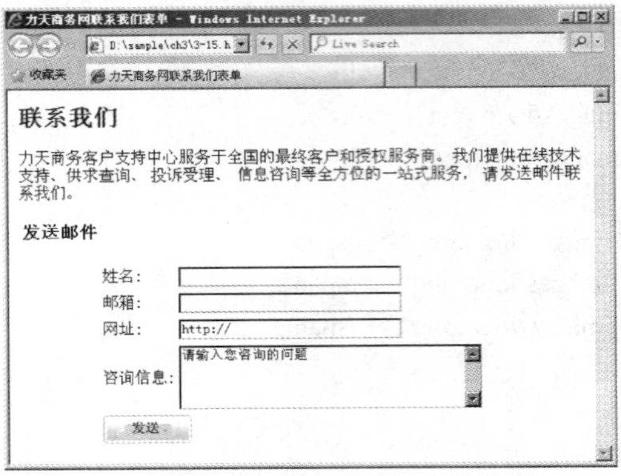

图 3-29　页面的显示效果

代码如下：

```
<html>
  <head>
    <title>力天商务网联系我们表单</title>
  </head>
  <body>
  <h2>联系我们</h2>
  <p>力天商务客户支持中心服务于全国的最终客户和授权服务商。我们提供在线技术支持、供
  求查询、投诉受理、信息咨询等全方位的一站式服务，请发送邮件联系我们。</p>
  <form>
    <table>
        <tr>
          <td><h3>发送邮件</h3></td>
          <td colspan="2"> </td>     <!--内容跨 2 列并且用空格填充-->
        </tr>
        <tr>
          <td> </td>                 <!--内容用空格填充以实现布局效果-->
          <td>姓名:</td>
          <td> <input type="text" name="username" size="30"></td>
        </tr>
        <tr>
          <td> </td>                 <!--内容用空格填充以实现布局效果-->
          <td>邮箱:</td>
          <td> <input type="text" name="email" size="30"></td>
        </tr>
        <tr>
          <td> </td>                 <!--内容用空格填充以实现布局效果-->
          <td>网址:</td>
          <td> <input type="text" name="url" size="30" value="http://"></td>
        </tr>
        <tr>
          <td> </td>                 <!--内容用空格填充以实现布局效果-->
          <td>咨询信息:</td>
          <td> <textarea name="intro" cols="40" rows="4">请输入您咨询的问题</textarea></td>
```

```html
            </tr>
            <tr>
               <td> </td>                     <!--内容用空格填充以实现布局效果-->
               <!--下面的发送图片按钮跨 2 列-->
               <td colspan="2"> <input type="image" src="images/submit.gif" /></td>
            </tr>
        </table>
      </form>
   </body>
</html>
```

【说明】 对于复杂的页面，使用表格布局必须采用多层嵌套才能实现布局效果，但过多的表格嵌套将影响页面的打开速度。

习题 3

1．使用图文混排技术制作如图 3-30 所示的兴宇书城在库图书简介页面。

2．使用锚点链接和电子邮件链接制作如图 3-31 所示的网页。

图 3-30　题 1 图

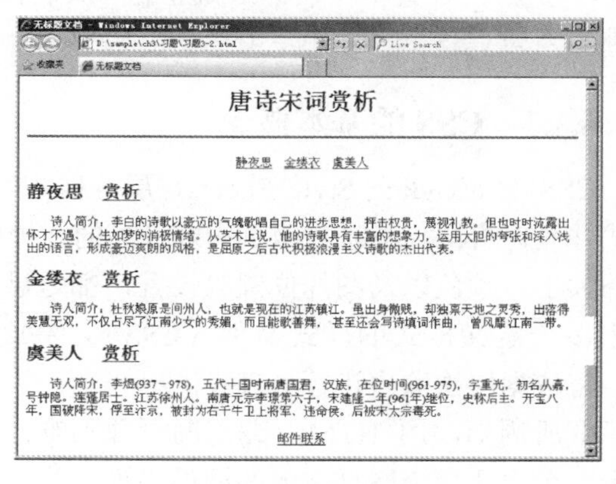

图 3-31　题 2 图

3．制作如图 3-32 所示的用户注册表单。

4．使用表格布局表单技术制作力天商务网博客留言表单，如图 3-33 所示。

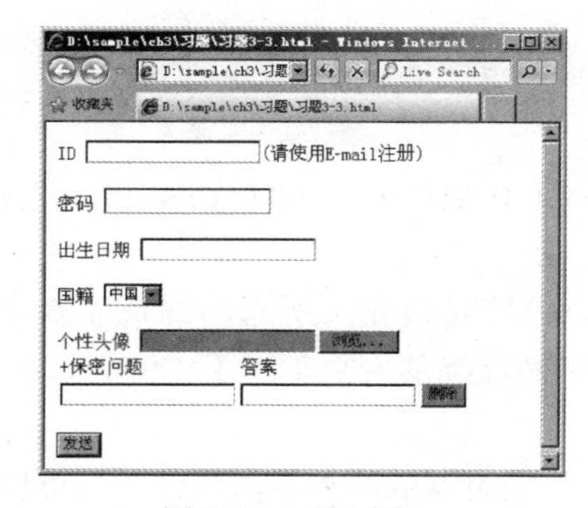

图 3-32　题 3 图

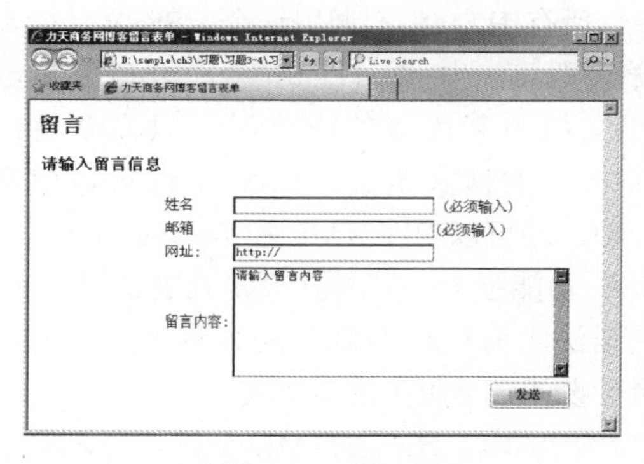

图 3-33　题 4 图

第4章　CSS样式表

CSS 是一种表现（Presentation）语言，用来格式化网页，控制字体、布局、颜色等。CSS 扩展了 HTML 的功能，减少了网页的存储空间，加快了网络传送速度。CSS 的表现与 HTML 的结构相分离，CSS 通过对页面结构的风格进行控制，从而控制整个页面的风格。当需要更改这些页面的样式设置时，只要在样式表中进行修改，而不用对每个页面逐个修改，大大简化了格式化的工作。

4.1　CSS 概述

CSS 是目前最好的网页表现语言，可以最大限度地提高制作网页的效率和灵活程度。现在，不会 CSS 就不可以称为专业的网页制作人员。如果会 HTML 语言，那么再学 CSS 并不难，因为 CSS 跟 HTML 一样也是一种标记语言，甚至很多属性都来源于 HTML。

4.1.1　CSS 的基本概念

CSS（Cascading Style Sheets，层叠样式表单，简称样式表），是用于（增强）控制网页样式并允许将样式信息与网页内容分离的一种标记性语言。样式就是格式，在网页中，像文字的大小、颜色以及图片位置等设置，都是显示内容的样式。层叠是指当在 HTML 文档中引用多个定义样式的样式文件（CSS 文件）时，若多个样式文件间所定义的样式发生冲突，将依据层次顺序进行处理。

众所周知，用 HTML 编写网页并不难，但对于一个由几百个网页组成的网站来说，统一采用相同的格式就困难了。用 CSS 就能解决这个问题，因为 CSS 可将样式的定义与 HTML 文件分离出来，只要建立一个定义样式的 CSS 文件，并让所有 HTML 都调用这个 CSS 文件所定义的样式即可，如图 4-1 所示。以后要更改 HTML 文档中某段落的样式时，只需要更改 CSS 文档中的样式定义。CSS 不仅可以用在 HTML 中，还可以用在 XML 和 JavaScript 中。

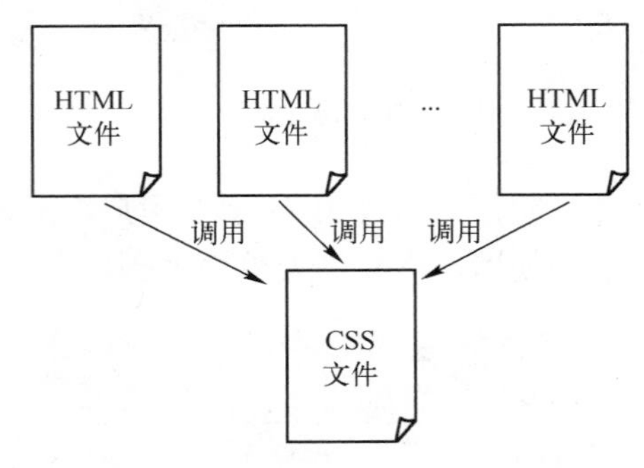

图 4-1　HTML 文件调用 CSS 文件的示意图

CSS 功能强大，其样式设定功能比 HTML 多，几乎可以定义所有的网页元素，而且 CSS 的语法比 HTML 的语法还容易学习。现在几乎所有漂亮的网页都用了 CSS，CSS 已经成为网页设计必不可少的工具之一。

CSS 的编辑方法与 HTML 一样，可以用任何文本编辑器或网页编辑软件，也可以用专门的 CSS 编辑软件。

4.1.2　CSS的发展历史

在 HTML 迅猛发展的 20 世纪 90 年代，CSS 也应运而生，用户可以使用这些样式语言来调节网页的显示方式。

1994 年，Hakon Wium Lie 为 HTML 样式提出了 CSS 的最初建议，而 Bert Bos 当时正在设计一个叫做 Argo 的浏览器，他们决定一起合作设计 CSS，于是形成了 CSS 的最初版本。当时 W3C 刚刚建立，W3C 对 CSS 的发展很感兴趣，并为此专门组织了一次讨论会。1996 年 12 月，W3C 终于推出了 CSS 规范的第一个版本 CSS1.0。这一规范立即引起了各方的积极响应，随即 Microsoft 公司和 Netscape 公司纷纷表示自己的浏览器能够支持 CSS1.0，从此 CSS 技术的发展几乎一马平川。1998 年，W3C 发布了 CSS2.0/2.1 版本，这也是至今流行最广并且主流浏览器都采用的标准。随着计算机软件、硬件及互联网日新月异的发展，浏览者对网页的视觉和用户体验提出了更高的要求，开发人员对如何快速提供高性能、高用户体验的 Web 应用也提出更高的要求。

早在 2001 年 5 月，W3C 就着手开发 CSS 第 3 版规范——CSS3 规范，它被分为若干个相互独立的模块，主要出于两方面的考虑：一方面，分成若干较小的模块较利于规范的及时更新和发布，及时调整模块的内容；另一方面，由于受支持设备和浏览器厂商的限制，设备或者厂商可以有选择地支持一部分模块，支持 CSS3 的一个子集，这样将有利于 CSS3 的推广。

CSS3 的产生大大简化了编程模型，它不仅是对已有功能的扩展和延伸，而更多的是对 Web UI 设计理念和方法的革新。相信未来，CSS3 配合 HTML5 标准，将引起一场 Web 应用的变革，甚至是整个 Internet 产业的变革。需要说明的是，到目前为止，CSS3 规范还没有最终定稿。

4.1.3　CSS的代码规范

任何一个项目或者系统开发之前都需要定制一个开发约定和规则，这样有利于项目的整体风格统一、代码维护和扩展。由于 Web 项目开发的分散性、独立性、整合的交互性等，因此定制一套完整的约定和规则显得尤为重要。

（1）目录结构命名规范

存放 CSS 样式文件的目录一般命名为 style 或 css。

（2）CSS 样式文件的命名规范

在项目初期，会把不同类别的样式放于不同的 CSS 文件中，这是为了 CSS 编写和调试的方便；在项目后期，出于对网站性能的考虑，会整合不同的 CSS 文件到一个 CSS 文件中，这个文件一般命名为 style.css 或 css.css。

（3）CSS 选择符的命名规范

所有 CSS 选择符必须由小写英文字母或“_”下画线组成，必须以字母开头，不能为纯数字。设计者要用有意义的单词或缩写组合来命名选择符，做到“见其名知其意”，这样就节省了查找样式的时间。样式名必须能够表示样式的大概含义（禁止出现如 Div1、Div2、Style1 等命名），读者可以参考表 4-1 中的样式命名。

表 4-1　样式命名参考

页面功能	命名参考	页面功能	命名参考	页面功能	命名参考
容器	wrap/container/box	头部	header	加入	joinus
导航	nav	底部	footer	注册	regsiter
滚动	scroll	页面主体	main	新闻	news
主导航	mainnav	内容	content	按钮	button
顶导航	topnav	标签页	tab	服务	service
子导航	subnav	版权	copyright	注释	note
菜单	menu	登录	login	提示信息	msg
子菜单	submenu	列表	list	标题	title
子菜单内容	subMenuContent	侧边栏	sidebar	指南	guide
标志	logo	搜索	search	下载	download
广告	banner	图标	icon	状态	status
页面中部	mainbody	表格	table	投票	vote
小技巧	tips	列定义	column_1of3	友情链接	friendlink

当定义的样式名比较复杂时，用下画线把层次分开，例如，以下定义页面导航菜单选择符的 CSS 代码：

```
#nav_logo{…}  .
#nav_logo_ico{…}
```

（4）CSS 代码注释

为代码添加注释是一种良好的编程习惯。注释可以增强 CSS 文件的可读性，后期维护也将更加便利。

在 CSS 中添加注释非常简单，它以“/*”开始，以“*/”结尾。注释可以是单行，也可以是多行，并且可以出现在 CSS 代码的任何地方。

（1）结构性注释

结构性注释仅仅是用风格统一的大注释块从视觉上区分被分隔的部分，如下所示：

```
/* header（定义网页头部区域）-----------------------------------------------------------*/
```

（2）提示性注释

在编写 CSS 文档时，可能需要某种技巧解决某个问题。在这种情况下，最好将这个解决方案简要地注释在代码后面，如下所示：

```
.news_list li span {
      float:left;          /* 设置新闻发布时间向左浮动，与新闻标题并列显示 */
      width:80px;
      color:#999;          /* 定义新闻发布时间为灰色，弱化发布的时间在视觉上的感觉 */
}
```

4.1.4　CSS 的工作环境

CSS 的工作环境需要浏览器的支持，否则即使再漂亮的样式代码，如果浏览器不支持 CSS，那么它也只是一段字符串而已。

（1）CSS 的显示环境

浏览器是 CSS 的显示环境。目前，浏览器的种类多种多样，虽然 IE、Opera、Chrome、Firefox 等主流浏览器都支持 CSS，但它们之间仍存在着符合标准的差异。也就是说，相同的 CSS 样式代码在不同的浏览器中可能显示的效果有所不同。在这种情况下，设计人员只有不断地测试，了解各主流浏览器的特性，才能让页面在各种浏览器中正确地显示。

（2）CSS 的编辑环境

能够编辑 CSS 的软件很多，如 Dreamweaver、Edit Plus、EmEditor 和 topStyle 等，这些软件有些还具有“可视化”功能，但不建议读者太依赖“可视化”。本书中所有的 CSS 样式均采用手工输入的方法，不仅能够使设计人员对 CSS 代码有更深入的了解，还可以节省很多不必要的属性声明，效率反而比“可视化”软件还要高。

4.1.5 体验 CSS

CSS 是文本文件，可以使用任何一种文本编辑器对其进行编辑，通过将其与 HTML 文档的结合，真正做到将网页的表现与内容分离。即便是一个普通的 HTML 文档，通过对其添加不同的 CSS 规则，也可以得到风格迥异的页面。

要亲身体验 CSS 功能的强大之处，读者可以访问一个名为“CSS 禅意花园”的网站（http://www.csszengarden.com）。该网站的建站目的就是为了让广大 Web 设计人员认识到 CSS 的重要性。网站提供了一套标准的 HTML 页面及 CSS 文件供浏览者下载，浏览者可以对 CSS 文件修改后让页面呈现出不同的设计风格，如图 4-2 所示。

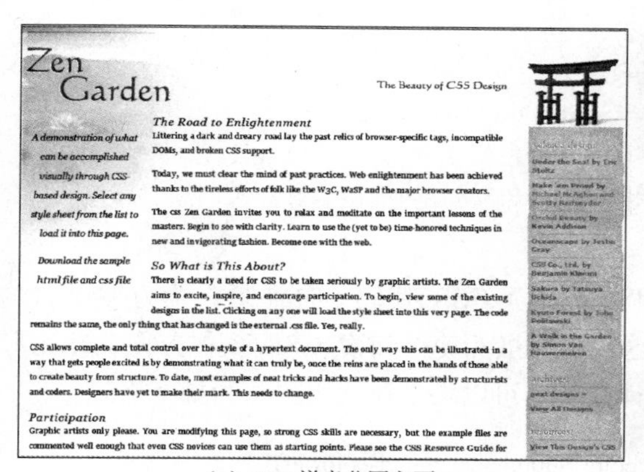

（a）CSS 禅意花园主页

（b）采用了不同样式的页面

图 4-2　CSS 禅意花园网站

通过体验 CSS 可以发现，即便是相同的 HTML 文档，只要引用了不同的 CSS 文件，页面效果将千差万别。

4.2 样式表语法

CSS 为样式化网页内容提供了一条捷径，即 CSS 规则，每条规则都是一条单独的语句。

4.2.1 CSS 规则

CSS 规则由两部分构成：选择符（selector）和声明，而声明又由属性（attribute）和属性的取值（value）组成。其语法为：

```
selector{attribute:value}          /*（选择符{属性：属性值}）*/
```

选择符就是 CSS 样式的名字，当在 HTML 文档中表现一个 CSS 样式的时候，通过 CSS 选择符来指定 HTML 标签使用此 CSS 样式。

例如，分析一条如图 4-3 所示的 CSS 规则。

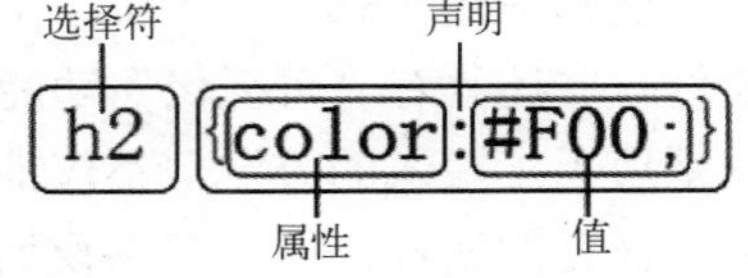

图 4-3　CSS 规则

选择符：h2 代表 CSS 样式的名字。

声明：声明包含在一对花括号“{}”内，用于告诉浏览器如何渲染页面中与选择符相匹配的对象。声明内部由属性及其属性值组成，并用冒号隔开，以分号结束，声明的形式可以是一个或者多个属性的组合。

属性（property）：属性是由官方 CSS 规范约定的，而不是自定义的。个别浏览器私有属性除外。

属性值（value）：属性值放置在属性名和冒号后面，具体内容跟随属性的类别而呈现不同形式，一般包括数值、单位及关键字。

例如，将 HTML 中<body>和</body>标签内的所有文字设置为“华文中宋”、文字大小为 12px、黑色文字、白色背景显示，则只需要在样式中定义如下：

```
body
{
  font-family:"华文中宋";          /*设置字体*/
  font-size:12px;                 /*设置文字大小为 12px*/
  color:#000;                     /*设置文字颜色为黑色*/
  background-color:#fff;          /*设置背景颜色为白色*/
}
```

从上述代码片段中可以看出，这样的结构对于阅读 CSS 代码十分清晰。为方便以后编辑，还可以在每行后面添加注释说明。但是，这种写法虽然使得阅读 CSS 变得方便，却无形中增加了很多字节，对于有一定基础的 Web 设计人员，可以将上述代码改写为如下格式：

```
body{font-family:"华文中宋";font-size:12px;color:#000;background-color:#fff;}
/*定义 body 的样式为 12px 大小的黑色华文中宋字体，且背景颜色为白色*/
```

4.2.2 常用的选择符

1．类型选择符

类型选择符是指以文档对象模型（DOM）作为选择符，即选择某个 HTML 标签为对象，设置其样式规则。类型选择符就是网页元素本身，定义时直接使用元素名称。其格式为：

```
E
{
  /*CSS 代码*/
}
```

其中，E 表示网页元素（Element）。例如以下代码定义类型选择符：

```
body{                                    /* body 类型选择符*/
    font-size:13pt;background-image:url(images/bgpic.jpg)        /*定义 body 文字和背景图像*/
}
div{                                     /*div 类型选择符*/
    border:1px solid #00f;               /*边框为 1px 蓝色实线*/
    width:774px ;                        /*定义所有 div 元素的宽度为 774 像素*/
}
```

应用上述样式的代码如下：

```
<body>
    <div>div 元素显示宽度为 774 像素</div>
</body>
```

浏览器中的浏览效果如图 4-4 所示。

图 4-4　类型选择符

2．class 类选择符

（1）定义同类标签的样式

用类选择符能够把相同的标签分类定义为不同的样式。例如，希望同一种标签（如<p>）在不同的地方使用不同的样式（一个段落向右对齐，另一个段落居中对齐），就可以先定义两个类，在应用时只要在标签中指定它属于哪个类，就可以使用该类的样式了。其格式为：

```
<style type="text/css">
<!--
    标签 1.类名称 1{属性:属性值; 属性:属性值 …}
    标签 2.类名称 2{属性:属性值; 属性:属性值 …}
      …
    标签 n.类名称 n{属性:属性值; 属性:属性值 …}
-->
</style>
```

“标签.类名称”仍然称为选择符。“类名称”为定义类的选择符名称，类名称可以是任意英文单词组合或者以英文字母开头的英文字母与数字的组合，一般根据其功能和效果简要命名。其适用范围为整个 HTML 文档中所有由类选择符所引用的设置。“标签”可以用 HTML 的标签名称。

（2）定义不同类标签的样式

还有一种用法，在选择符中省略“标签”，这样可以把几个不同的元素定义成相同的样式。其格式为：

```
<style type="text/css">
<!--
```

```
    .类名称 1{属性:属性值; 属性:属性值 …}
    .类名称 2{属性:属性值; 属性:属性值 …}
      …
    .类名称 n{属性:属性值; 属性:属性值 …}
-->
</style>
```

有无“标签”的区别在于，若在定义 class 类选择符前加上 HTML 标签，则其适用范围将只限于该标签所包含的内容。这种省略 HTML 标签的类选择符是最常用的定义方法，使用这种方法，可以很方便地在任意标签上套用预先定义好的类样式。

使用 class 类选择符时，需要使用英文“.”（点号）进行标识。例如：

```
.red{
  color:#f00 ;              /*class 类 red 定义为红色文字*/
}
div{                        /*div 类型选择符*/
  border:1px solid #00f;    /*边框为 1px 蓝色实线*/
  width:260px ; /*定义所有 div 元素的宽度为 260 像素*/
}
```

应用 class 类选择符的代码如下：

```
<p class="red">段落可以应用该样式，文字为红色</p>
<div class="red"> div 也可以应用该样式，文字为红色</div>
```

浏览器中的浏览效果如图 4-5 所示。

图 4-5　class 类选择符

3．id 选择符

id 选择符用来对某个单一元素定义单独的样式。定义 id 选择符时，要在 id 名称前加上一个“#”号。与类选择符相同，定义 id 选择符也有两种方法。

（1）定义非特定标签的 id 选择符

这种方法是用 id 选择符定义样式，格式为：

```
<style type="text/css">
<!--
    #id 名 1{属性:属性值; 属性:属性值 …}
    #id 名 2{属性:属性值; 属性:属性值 …}
      …
    #id 名 n{属性:属性值; 属性:属性值 …}
-->
</style>
```

其中，“#id 名”是定义的 id 选择符名称。该选择符名称在一个文档中是唯一的，只对页面中的唯一元素进行样式定义。这个样式定义在页面中只能出现一次，其适用范围为整个 HTML 文档中所有由 id 选择符所引用的设置。

（2）定义特定标签的 id 选择符

这种方法是在选择符中加上 HTML“标签”，其格式为：

```
<style type="text/css">
```

```
<!--
  标签 1#id 名 1{属性:属性值; 属性:属性值 …}
  标签 2#id 名 2{属性:属性值; 属性:属性值 …}
    …
  标签 n#id 名 n{属性:属性值; 属性:属性值 …}
-->
</style>
```

其中，“标签”是 HTML 标签名称。若在 id 选择符前加上 HTML 标签，则其适用范围将只限于该标签所包含的内容。id 选择符局限性很大，只能单独定义某个元素的样式，一般只在特殊情况下使用。使用 id 选择符时，需要使用“#”进行标识。例如：

```
div#top{
  border:1px solid #f00;          /*边框为 1px 红色实线*/
  width:774px ;                   /*定义 id 为 top 的元素的宽度为 774 像素*/
}
```

应用 id 选择符的代码如下：

```
<div id="top">只有 id 为“top”的元素才能单独应用该样式</div>
<p id="top">段落元素不能应用该样式</p>
```

浏览器中的浏览效果如图 4-6 所示。

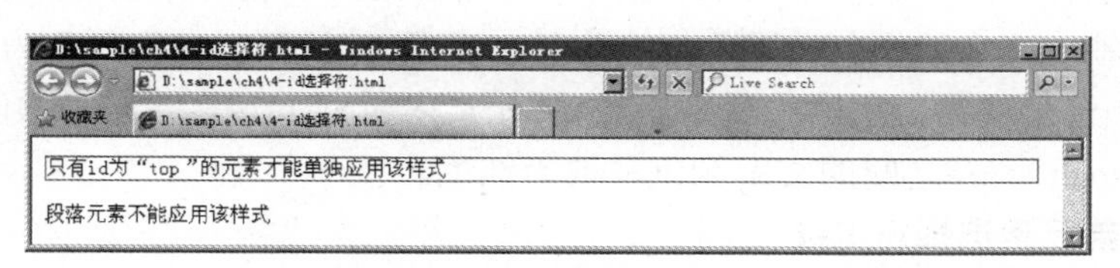

图 4-6　id 选择符

4．span 选择符

span 在样式表中作为一个选择符使用，而且它也能接受 style、class 和 id 选择符。把 span 元素加入到 HTML 中，它允许网页制作者给出样式，但无须附加在 HTML 的结构标签上。span 没有结构的意义，它纯粹是应用样式，所以当样式表失效时它将失去任何作用。

<span>标签也可以用来定义区域，但一般用于网页中某个段落。其格式为：

<span id="样式名">…</span>　或　**<span class="样式名">…</span>**

5．div 选择符

div（division，分区的简写）在功能上与 span 相似，最主要的差别在于，div 是一个块级标签。div 可以包含段落、标题、表格甚至其他部分。这使 div 便于建立不同集成的类，如章节、摘要或备注。在定义区域间使用不同样式时，可使用<div>标签。其格式为：

<div id="样式名">…</div>　或　**<div class="样式名">…</div>**

6．通配符选择符

通配符选择符是一种特殊的选择符，其作用是定义页面所有元素的样式。在编写代码时，用“*”表示通配符选择符。其格式为：

***｛CSS 代码｝**

例如，通常在制作网页时首先将页面中所有元素的外边距和内边距设置为 0，代码如下：

```
*{
  margin:0px;          /*外边距设置为 0*/
  padding:0px;         /*内边距设置为 0*/
}
```

还可以对特定元素的子元素应用样式，代码如下：

```
* {color:#000;}        /*定义所有文字的颜色为黑色*/
p {color:#00f;}        /*定义段落文字的颜色为蓝色*/
p * {color:#f00;}      /*定义段落子元素文字的颜色为红色*/
```

应用上述样式的代码如下：

```
<h1>通配符选择符</h1>
<div>这里的字体颜色是黑色</div>
<p>这里的字体颜色是蓝色</p>
<p><span>这里的字体颜色是红色</span></p>
```

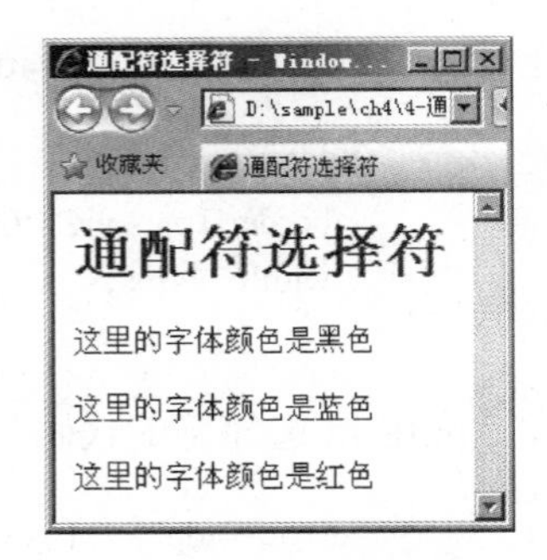

图 4-7　通配符选择符

浏览器中的浏览效果如图 4-7 所示。

从代码的执行结果可以看出，因为通配符选择符定义了所有文字的颜色为黑色，所以<h1>和<div>标签中文字的颜色为黑色。接着又定义了 p 元素的文字颜色为蓝色，所以<p>标签中文字的颜色呈现为蓝色。最后定义了 p 元素内所有子元素的文字颜色为红色，所以<p><span>和</span></p>之间的文字颜色呈现为红色。

7．通用兄弟元素选择符 E~F

通用兄弟元素选择符 E~F 表示匹配 E 元素之后的 F 元素。其格式为：

E~F：{att}

其中，E、F 均表示元素，att 表示元素的属性。例如：

```
div ~ p {background-color:#0ff;}          /*E 元素为 div，F 元素为 p*/
```

应用此样式的结构代码如下：

```
<div style="width:233px; border: 1px solid #666; padding:5px;">
<div>
  <p>匹配 E 元素后的 F 元素</p>          <!-- E 元素中的 F 元素，不匹配-->
  <p>匹配 E 元素后的 F 元素</p>          <!-- E 元素中的 F 元素，不匹配-->
</div>
<hr />
<p>匹配 E 元素后的 F 元素</p>            <!-- E 元素后的 F 元素，匹配-->
<p>匹配 E 元素后的 F 元素</p>            <!-- E 元素后的 F 元素，匹配-->
<hr />
<p>匹配 E 元素后的 F 元素</p>            <!-- E 元素后的 F 元素，匹配-->
<hr />
```

```
<div>匹配 E 元素后的 F 元素</div>          <!-- E 元素本身，不匹配-->
<hr />
<p>匹配 E 元素后的 F 元素</p>              <!-- E 元素后的 F 元素，匹配-->
</div>
```

浏览器中的浏览效果如图 4-8 所示。

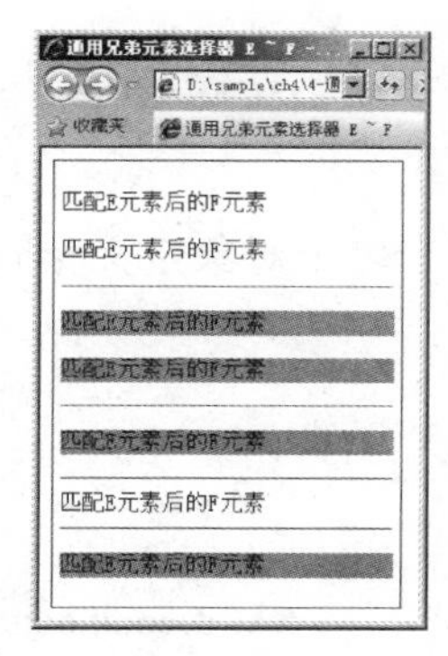

图 4-8　通用兄弟元素选择符

8．包含选择符

包含选择符在样式中很常用，因为布局中常常要用到容器层和里面的子层，使用包含选择符可以对某个容器层的子层进行控制，使其他同名的对象不受该规则影响。包含选择符将依次选择出对象，从大到小，即从容器层到子层。包含选择符能够简化代码，实现大范围的样式控制。其格式为：

```
E1 E2
{
  /*对子层控制规则*/
}
```

其中，E1 指父层对象，E2 指子层对象，即 E1 对象包含 E2 对象。例如：

```
.div1{
  width:733px;
  border: 1px solid #666;
  padding:5px;
}
.div1 h2{
  /*定义类 div1 容器中所有 h2 的标题样式*/
  font-size:40px;
}
.div1 p{
  /*定义类 div1 容器中所有 p 的标题样式*/
  font-size:30px;
}
```

应用此样式的结构代码如下：

```
<div class="div1">                                          <!--父层对象 div1-->
  <h2>子层对象 h2,标题样式为文字大小 40px</h2>               <!--子层对象 h2-->
  <p>子层对象 p,段落样式为文字大小 30px</p>                  <!--子层对象 p -->
</div>
```

浏览器中的浏览效果如图 4-9 所示。

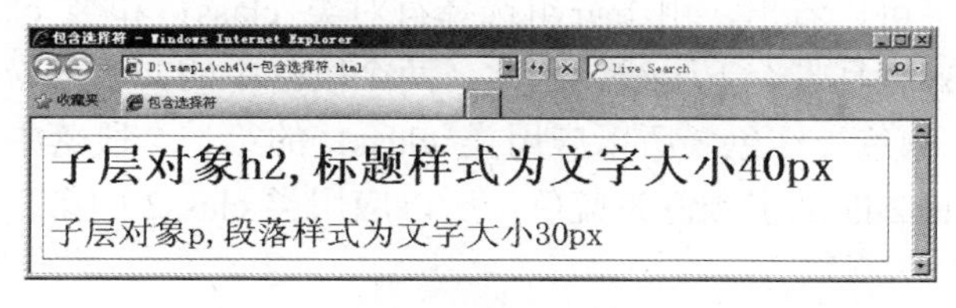

图 4-9　包含选择符

9．分组选择符

分组选择符用于对多个标签设置相同的样式，在不同的类型中，表示相同的样式。其格式为：

```
E1,E2,E3
{
  /*CSS 代码*/
}
```

当多个对象定义相同的样式时，用户可以把它们分为一组，这样能够简化代码读/写。例如：

```
.class1{
  font-size:13px;
  color:red;
  text-decoration:underline;
}
.class2{
  font-size:13px;
  color:blue;
  text-decoration:underline;
}
```

可以分组为：

```
.class1, .class2{
  font-size:13px;
  text-decoration:underline;
}
.class1{
  color:red;
}
.class2{
  color:blue;
}
```

应用此样式的结构代码如下：

```
<p class="class1">第一分组的文字颜色为红色</p>
<p class="class2">第二分组的文字颜色为蓝色</p>
```

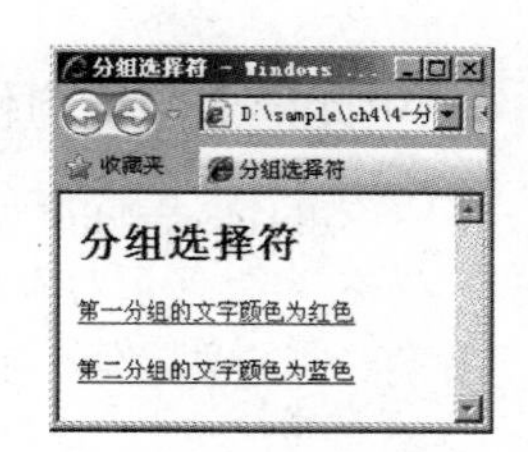

图 4-10　分组选择符

浏览器中的浏览效果如图 4-10 所示。

从代码的执行结果可以看出，由于分组选择符对类 class1 和类 class2 定义了相同的样式，即文字大小为 13px 且带有下画线，因此，两个段落中的文字都带有下画线。接着又定义了类 class1 的文字颜色为红色，所以应用类 class1 的第一个段落中的文字颜色呈现为红色。最后定义了类 class2 的文字颜色为蓝色，所以应用类 class2 的第二个段落中的文字颜色呈现为蓝色。

10．属性选择符

属性选择符是在元素后面加一个方括号，方括号中列出各种属性或者表达式。属性选择符可以匹配 HTML 文档中元素定义的属性、属性值或属性值的一部分。属性选择符存在以下 7 种具体形式。

（1）E[att]属性名选择符

E[att]属性名选择符用于存在属性的匹配，通过匹配存在的属性来控制元素的样式，一般要把匹配的属性包含在方括号中。其格式为：

```
E[att]
{
  /*CSS 代码*/
}
```

其中，E 表示网页元素，att 表示元素的属性。E[att]属性名选择符匹配文档中具有 att 属性的 E 元素。例如：

```
h1[class]{
  color:red;              /*作用于任何带 class 属性的 h1 元素*/
}
img[alt]{
  border:none;            /*作用于任何带 alt 属性的 img 元素*/
}
a[href][title]{
  font-weight:bold;       /*作用于同时带 href 和 title 属性的 a 元素*/
}
```

（2）E[att=val]属性值选择符

E[att=val]属性值选择符用于精准属性匹配，只有当属性值完全匹配指定的属性值时才会应用样式。其格式为：

```
E[att=val]
{
  /*CSS 代码*/
}
```

其中，E 表示网页元素，att 表示元素的属性，val 表示属性值。E[att=val]属性值选择符匹配文档中具有 att 属性且其值为 val 的 E 元素。例如：

```
a[href = "www.163.com"][title="网易"]{
  font-size:12px;         /*作用地址指向 www.163.com 并且 title 提示字样为"网易"的 a 元素*/
}
```

（3）E[att~=val]属性值选择符

E[att~=val]属性值选择符用于空白分隔匹配，通过为属性定义字符串列表，然后只要匹配其中任意一个字符串即可控制元素样式。其格式为：

```
E[att~=val]
```

```
{
  /*CSS 代码*/
}
```

其中，E 表示网页元素，att 表示元素的属性，val 表示属性值。E[att~=val]属性值选择符匹配文档中具有 att 属性且其中一个值（多个值使用空格分隔）为 val（val 不能包含空格）的 E 元素。例如：

```
a[title~="baidu"]
{
  color:red;
}
```

应用此样式的结构代码如下：

```
<a href="http://www.baidu.com/" title="www baidu com">红色</a>
```

其中，标签 a 的 title 属性包含 3 个值（多个值使用空格分隔），其中一个为 baidu，因此可匹配样式。

（4）E[att|=val]属性值选择符

E[att|=val]属性值选择符用于连字符匹配，与空白匹配的功能和用法相同，但是连字符匹配中的字符串列表用连字符“-”进行分割。其格式为：

```
E[att|=val]
{
  /*CSS 代码*/
}
```

其中，E 表示网页元素，att 表示元素的属性，val 表示属性值。E[att|=val]属性值选择符匹配文档中具有 att 属性且其中一个值为 val，或者以 val 开头紧随其后的是连字符“-”的 E 元素。例如：

```
*[lang|="en"]
{
  color: red;
}
```

应用此样式的结构代码如下：

```
<p lang="en">书的海洋</p>
<p lang="en-US">书的海洋</p>
```

（5）E[att^=val]属性值子串选择符

E[att^=val]属性值子串选择符用于前缀匹配，只要属性值的开始字符匹配指定字符串，就可对元素应用样式，前缀匹配使用[^=]形式来实现。其格式为：

```
E[att^=val]
{
  /*CSS 代码*/
}
```

其中，E 表示网页元素，att 表示元素的属性，val 表示属性值。E[att^=val]属性值子串选择符匹配文档中具有 att 属性且其值的前缀为 val 的 E 元素。例如：

```
p[title^="my"]{
   color:#f00;
}
```

应用此样式的结构代码如下：

```
<p title="myTest">匹配具有 att 属性且值以 val 开头的 E 元素</p>
```

（6）E[att$=val]属性值子串选择符

E[att$=val]属性值子串选择符用于后缀匹配，与前缀匹配相反，只要属性的结尾字符匹配指定字符即可，使用[$=]形式控制。其格式为：

```
E[att$=val]
{
   /*CSS 代码*/
}
```

其中，E 表示网页元素，att 表示元素的属性，val 表示属性值。E[att$=val]属性值子串选择符匹配文档中具有 att 属性且其值的后缀为 val 的 E 元素。例如：

```
p[title$="Test"]{
   color:#f00;
}
```

应用此样式的结构代码如下：

```
<p title="myTest">匹配具有 att 属性且值以 val 结尾的 E 元素</p>
```

（7）E[att*=val]属性值子串选择符

E[att*=val]属性值子串选择符用于子字符串匹配，只要属性中存在指定字符串，就可对元素应用样式，使用[*=]形式控制。其格式为：

```
E[att*=val]
{
   /*CSS 代码*/
}
```

其中，E 表示网页元素，att 表示元素的属性，val 表示属性值。E[att*=val]属性值子串选择符匹配文档中具有 att 属性且其包含 val 的 E 元素。例如：

```
p[title*="est"]{
   color:#f00;
}
```

应用此样式的结构代码如下：

```
<p title="myTest">匹配具有 att 属性且值包含 val 的 E 元素</p>
```

前面已经讲解了多个常用的选择符，除此之外还有两个比较特殊的、针对属性操作的选择符——伪类选择符和伪元素。首先讲解一下伪类选择符。

11．伪类选择符

伪类选择符和类选择符不同，不能像类选择符一样随意用别的名字。伪类可以理解为对象（选择符）在某个特殊状态下（伪类）的样式。

（1）E:first-child 与 E:last-child 结构性伪类选择符

E:first-child 结构性伪类选择符用于匹配父元素中第一个子元素。其格式为：

```
E:first-child:[att]
{
  /*CSS 代码*/
}
```

其中，E 表示网页元素，first-child 表示第一个子元素，att 表示元素的属性。

E:last-child 结构性伪类选择符用于匹配父元素中最后一个子元素。其格式为：

```
E:last-child:[att]
{
  /*CSS 代码*/
}
```

其中，E 表示网页元素，last-child 表示最后一个子元素，att 表示元素的属性。例如：

```
.texfstcld{
  width:200px;            /*父元素的样式 texfstcld*/
}
.texfstcld li{
  width:100%;
  background-color:#999;
  list-style:none;
  border:solid 1px #000;
}
.texfstcld li:first-child{
  border-top:none;        /*父元素的第一个子元素样式，上边框无框线*/
}
.texfstcld li:last-child{
  border-bottom:none;     /*父元素的最后一个子元素样式，下边框无框线*/
}
```

应用此样式的结构代码如下：

```
<ul class="texfstcld">      <!--套用父元素的样式 texfstcld-->
  <li>购物车</li>           <!--父元素中的第一个子元素-->
  <li>客服中心</li>
  <li>加入收藏</li>
  <li>登录</li>
```

```
    <li>注册</li>                <!--父元素中的最后一个子元素-->
</ul>
```

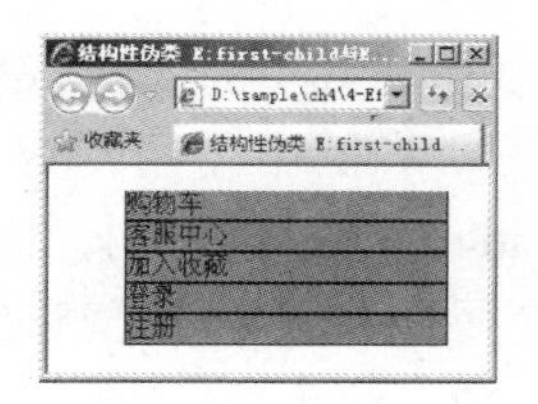

图 4-11　页面显示效果

浏览器中的浏览效果如图 4-11 所示。

（2）UI 元素状态伪类选择符

UI（User Interface）就是用户界面，常用的 UI 元素状态伪类选择符如下：

- E:hover 用来指定鼠标指针移动到元素上时元素使用的样式。
- E:active 用来指定激活被指定元素（在元素上按下鼠标还没有松手）时使用的样式。
- E:focus 用来指定元素获取光标焦点时使用的样式。

【演练 4-1】 使用 UI 元素状态伪类选择符控制表单输入框不同状态下的样式，当浏览者在表单输入框中执行不同的操作时，可以看到输入框显示出不同的样式，本例文件 4-1.html 在浏览器中的显示效果如图 4-12 所示。

（a）页面初次加载时

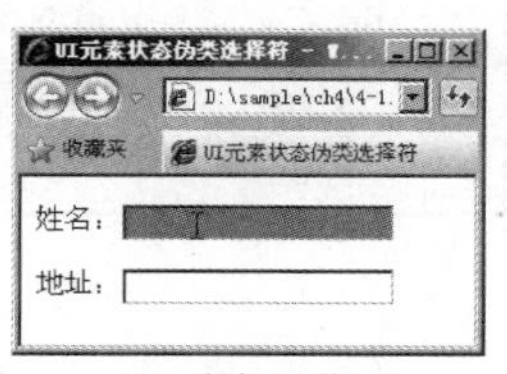

（b）鼠标悬停时

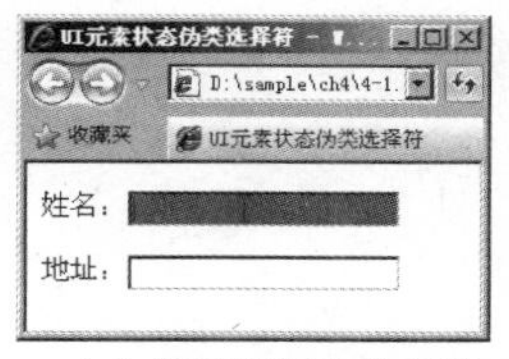

（c）按下鼠标未松手时

（d）获取焦点时

图 4-12　UI 元素状态伪类选择符的浏览效果

代码如下：

```
<html>
<head>
<style type="text/css">
  input[type="text"]:hover{ background: #6cf;}          /*鼠标悬停的样式*/
  input[type="text"]:focus{ background: #390;}          /*获取焦点的样式*/
  input[type="text"]:active{ background: #999;}         /*按下鼠标未松手的样式*/
</style>
<title>UI 元素状态伪类选择符</title>
</head>
<body>
<form>
  <p>姓名：<input type="text" name="name" /></p>
  <p>地址：<input type="text" name="address" /></p>
</form>
</body>
</html>
```

【说明】

① 需要注意的是，active 样式要写在 focus 样式后面，否则不会生效。因为浏览者按下鼠标未松手（active）的时刻其实也是获取焦点（focus）的时刻，所以如果把 focus 样式写到 active 样式后面就会重写样式。

② 样式中的元素 E 为 input[type="text"]，表示页面中的表单输入框元素。

③ 本例中使用了内部样式表定义 UI 元素状态伪类选择符，把样式表放到页面的<head>…</head>区内，样式表是用<style>标签插入的，可以在整个 HTML 文档中调用。关于在网页中插入样式表的方法将在本章后面的内容详细讲解。

12．伪元素

与伪类的方式类似，伪元素通过对插入到文档中的虚构元素进行触发，从而达到某种效果。伪元素语法的格式为：

选择符：伪元素{属性：属性值;}

伪元素的具体内容及作用见表 4-2。

表 4-2 伪元素的内容及作用

伪元素	作　用
:first-letter	将特殊的样式添加到文本的首字母
:first-line	将特殊的样式添加到文本的首行
:before	在某元素之前插入某些内容
:after	在某元素之后插入某些内容

伪元素的用法如下：

```
h4:first-letter {
        color: #ff0000;
        font-size:36px;
}
p:first-line {
        color: #ff0000;
}
h5:before {
        font-size:20px;
        color: #ff0000;
        content:"此处使用了:before，";
}
h5:after {
        font-size:20px;
        color: #ff0000;
        content:"，此处使用了:after";
}
```

应用此样式的结构代码如下：

```
<h4>此处 h4 标签内的文字使用了伪元素:first-letter，将特殊的样式附加到文本的第一个字。</h4>
<p>此 p 标签内的文字使用了伪元素:first-line，将特殊的样式附加到文本的首行。</p>
<h5>此处文本前后有不同于此句的样式，它们是通过伪元素实现的。</h5>
```

IE 浏览器在伪类和伪元素的支持方面十分有限，例如:before 与:after 就不被 IE 浏览器所支持，在 IE 8 浏览器中的浏览效果如图 4-13 所示。相比之下，Firefox 浏览器对伪类和伪元素的支持较好，在 Firefox 浏览器中的浏览效果如图 4-14 所示。

在以上示例代码中，首先分别对“h4:first-letter”、“p:first-line”、“h5:before”和“h5:after”进行了样式指派。从图 4-14 中可以看出，凡是在<h4>与</h4>之间的内容，都应用了首字号增大且变为红色的样式；凡是在<p>与</p>之间的内容，都应用了首行文字变为红色的样式；最后一段文字，虽然在页面结构中并没有第一句和最后一句的内容，但通过浏览器解析后，除在<h5>与</h5>之间的内容外，还在其前后添加了红色的文字，其原因就是 h5 元素预定义了:before 和:after 的样式。

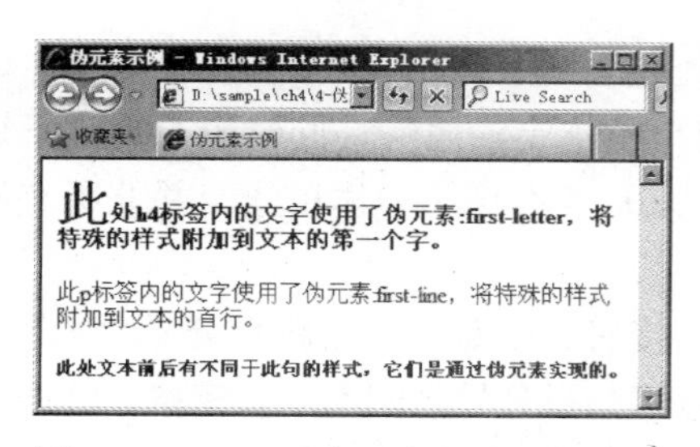

图 4-13　IE 8 浏览器中的伪元素效果

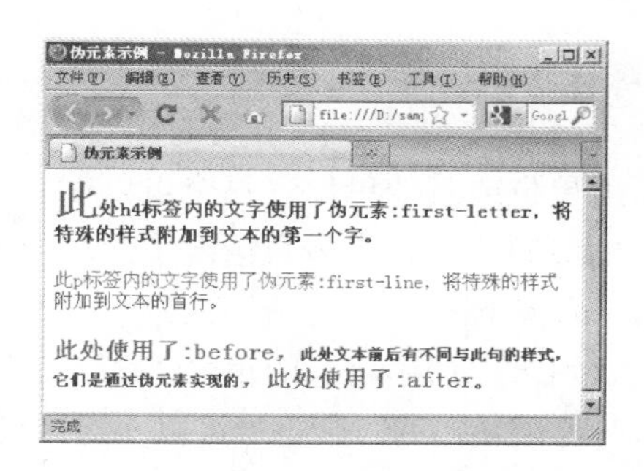

图 4-14　Firefox 浏览器中的伪元素效果

4.3　CSS 的属性单位

样式表是由属性和属性值组成的，有些属性值会用到单位。在 CSS 中，属性值的单位与在 HTML 中的有所不同。

4.3.1　长度、百分比单位

使用 CSS 进行排版时，常常会在属性值后面加上长度或者百分比的单位。

1．长度单位

长度单位有相对长度单位和绝对长度单位两种类型。

相对长度单位是指以该属性前一个属性的单位值为基础来完成目前的设置。

绝对长度单位不会随着显示设备的不同而改变。换句话说，如果属性值使用绝对长度单位，则不论在哪种设备上，显示效果都是一样的，如屏幕上的 1cm 与打印机上的 1cm 是一样长的。

由于相对长度单位确定的是一个相对于另一个长度属性的长度，因而它能更好地适应不同的媒体，所以它是首选。一个长度的值由可选的正号“+”或负号“-”，接着一个数字，后跟标明单位的两个字母组成。

长度单位见表 4-3。当使用 pt 作为单位时，设置显示字体大小不同，显示效果也会不同。

表 4-3　长度单位

长度单位	简　介	示　例	长度单位类型
em	相对于当前对象内大写字母 M 的宽度	div { font-size : 1.2em }	相对长度单位
ex	相对于当前对象内小写字母 x 的高度	div { font-size : 1.2ex }	相对长度单位
px	像素（pixel），像素是相对于显示器屏幕分辨率而言的	div { font-size : 12px }	相对长度单位
pt	点（point），1pt = 1/72in	div { font-size : 12pt }	绝对长度单位
pc	派卡（pica），相当于汉字新四号铅字的尺寸，1pc =12pt	div { font-size : 0.75pc }	绝对长度单位
in	英寸（inch），1in = 2.54cm = 25.4mm = 72pt = 6pc	div { font-size : 0.13in }	绝对长度单位
cm	厘米（centimeter）	div { font-size : 0.33cm }	绝对长度单位
mm	毫米（millimeter）	div { font-size : 3.3mm }	绝对长度单位

设置属性时，大多数仅能使用正数，只有少数属性可使用正、负数。若属性值设置为负数，且超过浏览器所能接受的范围，浏览器将会选择比较靠近且能支持的数值。

2．百分比单位

百分比单位也是一种常用的相对类型。百分比值总是相对于另一个值来说的，该值可以是长度单位或其他单位。每个可以使用百分比值单位指定的属性，同时也自定义了这个百分比值的参照值。在大多数情况下，这个参照值是该元素本身的字体尺寸。并非所有属性都支持百分比单位。

一个百分比值由可选的正号“+”或负号“-”，接着一个数字，后跟百分号“%”组成。如果百分比值是正的，则正号可以不写。正负号、数字与百分号之间不能有空格。例如：

```
p{ line-height: 150% }          /* 本段文字的高度为标准行高的 1.5 倍 */
hr{ width: 80% }                /* 线段长度是相对于浏览器窗口宽度的 80% */
```

注意，不论使用哪种单位，在设置时，数值与单位之间都不能加空格。

4.3.2 色彩单位

在 HTML 网页或者 CSS 样式的色彩定义中，设置色彩的方式是 RGB 方式。在 RGB 方式中，所有色彩均由红色（Red）、绿色（Green）、蓝色（B1ue）三种色彩混合而成。

在 HTML 中只提供了两种设置色彩的方法：十六进制数和色彩英文名称。CSS 则提供了三种定义色彩的方法：十六进制数、色彩英文名称、rgb 函数与 rgba 函数。

1．用十六进制数方式表示色彩值

在计算机中，定义每种色彩的强度范围为 0～255。当所有色彩的强度都为 0 时，将产生黑色；当所有色彩的强度都为 255 时，将产生白色。

在 HTML 中，使用 RGB 概念指定色彩时，前面是一个“#”号，再加上 6 个十六进制数字，表示方法为：#RRGGBB。其中，前两个数字代表红光强度（Red），中间两个数字代表绿光强度（Green），后两个数字代表蓝光强度（Blue）。以上三个参数的取值范围为：00～ff。参数必须是两位数。对于只有 1 位的参数，应在前面补 0。这种方法共可表示 256×256×256 种色彩，即 16M 种色彩。而红色、绿色、蓝色、黑色、白色的十六进制设置值分别为：#ff0000、#00ff00、#0000ff、#000000、#ffffff。例如：

```
div { color: #ff0000 }
```

如果每个参数各自在两位上的数字都相同，也可缩写为#RGB 的方式。例如，#cc9900 可以缩写为#c90。

2．用色彩名称方式表示色彩值

在 CSS 中也提供了与 HTML 一样的用色彩英文名称表示色彩的方式。CSS 只提供了 16 种色彩名称，见表 2-1。例如：

```
div {color: red }
```

3．用 rgb 函数方式表示色彩值

在 CSS 中，可以用 rgb 函数设置所要的色彩。语法格式为：rgb(R,G,B)。其中，R 为红色值，G 为绿色值，B 为蓝色值。这三个参数可取正整数值或百分比值，正整数值的取值范围为 0～255，百分比值的取值范围为色彩强度的百分比 0.0%～100.0%。例如：

```
div { color: rgb(128,50,220) }
div { color: rgb(15%,100,60%) }
```

4.4 网页中插入 CSS 的方法

CSS 控制网页内容显示格式的方式是通过许多定义的样式属性（如字号、段落控制等）实现的，并将多个样式属性定义为一组可供调用的选择符（selector）。其实，选择符就是某个样式的名称，称为选择符的原因是，当 HTML 文档中某元素要使用该样式时，必须利用该名称来选择样式。

要想在浏览器中显示出样式表的效果，就要让浏览器识别并调用。当浏览器读取样式表时，要依照文本格式来读。这里介绍 4 种在页面中插入样式表的方法：定义内部样式表、定义行内样式、链入外部样式表和导入外部样式表。

4.4.1 定义内部样式表

内部样式表是指把样式表放到页面的<head>…</head>区内，这些定义的样式就应用到页面中了，样式表是用<style>标签插入的。定义的样式表可以在整个 HTML 文档中调用。可以在 HTML 文档的<html>和<body>标签之间插入一个<style>…</style>标签对，在其中定义样式。

1．内部样式表的格式

内部样式表的格式为：

```
<style type="text/css">
<!--
  选择符 1{属性:属性值; 属性:属性值 …}        /* 注释内容 */
  选择符 2{属性:属性值; 属性:属性值 …}
    …
  选择符 n{属性:属性值; 属性:属性值 …}
-->
</style>
```

<style>…</style>标签对用来说明所要定义的样式。type 属性指定 style 使用 CSS 的语法来定义。当然，也可以指定使用像 JavaScript 之类的语法来定义。属性和属性值之间用冒号“:”隔开，定义之间用分号“;”隔开。

<!-- … -->的作用是避免旧版本浏览器不支持 CSS，把<style>…</style>的内容以注释的形式表示，这样，不支持 CSS 的浏览器会自动略过此段内容。

选择符可以使用 HTML 标签的名称，所有 HTML 标签都可以作为 CSS 选择符使用。

/* … */为 CSS 的注释符号，主要用于注释 CSS 的设置值。注释内容不会被显示或引用在网页上。

2．组合选择符的格式

除了在<style>…</style>内分别定义各种选择符的样式外，如果多个选择符具有相同的样式，还可以采用组合选择符，以减少重复定义的麻烦，其格式为：

```
<style type="text/css">
<!--
  选择符 1, 选择符 2, … , 选择符 n{属性:属性值; 属性:属性值 …}
-->
</style>
```

【演练 4-2】 使用内部样式表排版图书促销页面，本例文件 4-2.html 在浏览器中的显示效果如图 4-15 所示。

图 4-15　使用内部样式表

代码如下：

```
<html>
  <head>
  <title>内部样式表实例</title>
  </head>
  <style type="text/css">
  body {font-size:11pt}
  h1 {font-family:宋体;font-size:30pt;font-weight:bold;color:purple;text-align:center}
  h1.title {font-size:13pt; font-weight:bold;color:#666;text-align:center}
  p {font-size:11pt;color:black;text-indent: 2em}   /*定义段落文字大小 11pt，蓝色，文本缩进 2 字符*/
  p.author{color:blue;text-align:right}              /*定义作者文字蓝色、右对齐*/
  p.img{text-align:center}                           /*定义图像居中对齐*/
  p.content{color:blue}                              /*定义内容文字蓝色*/
  p.note{color:green;text-align:left}                /*定义注释文字绿色、左对齐*/
  </style>
  <body>
    <h1>兴宇书城图书促销</h1>
    <p>8 月 1 日至 8 月 31 日，回答问题即可获得书城……（此处省略文字）</p>
    <h1 class="title">简单美食系列</h1>
    <p class="author">发布：美食天使</p>
    <p class="img"><img src="images/book.jpg" /></p>
    <p class="content">简单的烹调技法，科学的营养搭配……（此处省略文字）</p>
```

```
    <p class="note">购买兴宇书城的图书，享受一流的服务和专业的指导。</p>
  </body>
</html>
```

【说明】

① p 元素定义了 4 个类：author、img、content 和 note。当<p>标签使用定义的这些类时，会按照类所定义的属性来显示。如果不是指定的类中的标签，就不能使用该设置的属性。

② 当一个网页文档具有唯一的样式时，可以使用内部样式表。但是，如果多个网页都使用同一样式表，则采用外部样式表会更适合。内部样式表仅适用于对特殊的页面设置单独的样式风格时使用。

4.4.2 定义行内样式表

行内样式表也称内嵌样式表，是指在 HTML 标签中插入 style 属性，再定义要显示的样式表，而 style 属性的内容就是 CSS 的属性和值。用这种方法，可以很简单地对某个标签单独定义样式表。这种样式表只对所定义的标签起作用，并不对整个页面起作用。

行内样式的格式为：

```
<标签 style="属性:属性值; 属性:属性值 …">
```

需要说明的是，行内样式虽然是最简单的 CSS 使用方法，但由于需要为每个标记设置 style 属性，后期维护成本依然很高，而且网页文件容易过大，因此不推荐使用。

【演练 4-3】 使用行内样式表排版图书促销页面，本例文件 4-3.html 在浏览器中的显示效果如图 4-16 所示。

图 4-16 使用行内样式表

代码如下：

```
<!doctype html>
<html>
```

```
<head>
<title>使用行内样式表</title>
</head>
<body>
  <!--行内定义的 h3 样式,不影响其他 h3 标题-->
  <h3 style="font-size:30pt;color:purple;text-align:center">兴宇书城图书促销</h3>
  <!--行内定义的 h3 样式,不影响其他 h3 标题-->
  <h3 style="font-size:13pt; font-weight:bold;color:#666;text-align:center">简单美食系列</h1>
  <h3 align="right">发布：美食天使</h3>
  <p style="text-align:center"><img src="images/book.jpg" /></p>
  <!--下面的段落文字为 10 磅大小,蓝色,不影响其他段落-->
  <p style="font-size:11pt;color:blue;text-indent:2em">简单的烹调技法……（此处省略文字）</p>
  <!--下面的段落不受影响，仍然为默认显示-->
  <p>购买兴宇书城的图书，享受一流的服务和专业的指导。</p>
</body>
</html>
```

【说明】 需要注意的是，行内样式表与需要显示的内容混合在一起，并且在标签中采用设置 style 属性的方法，一次只能控制一个标签的样式。因此，使用行内样式表会失去一些样式表的优点，这种方法应该尽量少用。

4.4.3 链入外部样式表

链入外部样式表就是当浏览器读取到 HTML 文档的样式表链接标签时，将向所链接的外部样式表文件索取样式。先将样式表保存为一个样式表文件（.css），然后在网页中用<link>标签链接这个样式表文件。

1．用<link>标签链接样式表文件

<link>标签必须放在页面的<head>…</head>标签对内。其格式为：

```
<head>
  …
  <link rel="stylesheet" href="外部样式表文件名.css" type="text/css">
  …
</head>
```

其中，<link>标签表示浏览器从“外部样式表文件.css”中以文档格式读出定义的样式表。rel="stylesheet"属性定义在网页中使用外部的样式表，type="text/css"属性定义文件的类型为样式表文件，href 属性定义.css 文件的 URL。

2．样式表文件的格式

样式表文件可以用任何文本编辑器（如记事本）打开并编辑，一般样式表文件的扩展名为.css。样式表文件的内容是定义的样式表，不包含 HTML 标签。样式表文件的格式为：

```
选择符 1{属性:属性值; 属性:属性值 …}          /* 注释内容 */
选择符 2{属性:属性值; 属性:属性值 …}
  …
选择符 n{属性:属性值; 属性:属性值 …}
```

一个外部样式表文件可以应用于多个页面。当改变这个样式表文件时，所有页面的样式都会随之改变。在设计者制作大量相同样式页面的网站时，这非常有用，不仅减少了重复的工作量，而且有利于以后的修改。浏览时也减少了重复下载的代码，加快了显示网页的速度。

【演练 4-4】 链入外部样式表制作图书促销页面，在一个 HTML 文档中链入外部样式表文件，至少需要两个文件，一个是 HTML 文件，另一个是 CSS 文件 style.css。本例文件 4-4.html 在浏览器中的显示效果如图 4-17 所示。

图 4-17　链入外部样式表

CSS 文件名为 style.css，存放于文件夹 style 中，代码如下：

```
body {font-size:11pt}
h1 {font-family:宋体;font-size:30pt;font-weight:bold;color:purple;text-align:center}
h1.title {font-size:13pt; font-weight:bold;color:#666;text-align:center}
p {font-size:11pt;color:black;text-indent: 2em}    /*定义段落文字大小 11pt, 蓝色, 文本缩进 2 字符*/
p.author{color:blue;text-align:right}              /*定义作者文字蓝色、右对齐*/
p.img{text-align:center}                           /*定义图像居中对齐*/
p.content{color:blue}                              /*定义内容文字蓝色*/
p.note{color:green;text-align:left}                /*定义注释文字绿色、左对齐*/
```

网页结构文件的 HTML 代码如下：

```
<html>
  <head>
  <title>外部样式表的应用</title>
  <link rel="stylesheet" href="style/style.css" type="text/css">
  </head>
  <body>
    <h1>兴宇书城图书促销</h1>
    <p>8 月 1 日至 8 月 31 日，回答问题即可获得书城……（此处省略文字）</p>
    <h1 class="title">简单美食系列</h1>
    <p class="author">发布：美食天使</p>
    <p class="img"><img src="images/book.jpg" /></p>
    <p class="content">简单的烹调技法，科学的营养搭配……（此处省略文字）</p>
```

```
        <p class="note">购买兴宇书城的图书，享受一流的服务和专业的指导。</p>
    </body>
</html>
```

【说明】 为了实现段落首行缩进的效果，在定义 p 的样式中加入属性 text-indent:2em，即可实现段落首行缩进两个字符的效果。

4.4.4 导入外部样式表

导入外部样式表就是当浏览器读取 HTML 文件时，复制一份样式表到这个 HTML 文件中，即在内部样式表的<style>标签对中导入一个外部样式表文件。其格式为：

```
<style type="text/css">
<!--
  @import url("外部样式表的文件名 1.css");
  @import url("外部样式表的文件名 2.css");
  其他样式表的声明
-->
</style>
```

“外部样式表的文件名”指出要导入的样式表文件，扩展名为.css。其方法与链入样式表文件的方法相似，但导入外部样式表文件在输入方式上更有优势，实质上它相当于内部样式表。

注意，@import 语句后的“;”号不能省略。所有的@import 声明必须放在样式表的开始部分，并且放在其他样式表声明的前面，其他 CSS 规则放在其后的<style>标签对中。如果在内部样式表中指定了规则（如.bg{ color: black; background: orange }），则其优先级将高于导入的外部样式表中相同的规则。

【演练 4-5】 导入外部样式表制作图书促销页面，导入的外部样式表文件（如 extstyle.css）中包含.bgcolor{background: blue}，但结果不是蓝色的背景，依然是浅灰色的背景。本例文件 4-5.html 在浏览器中的显示效果如图 4-18 所示。

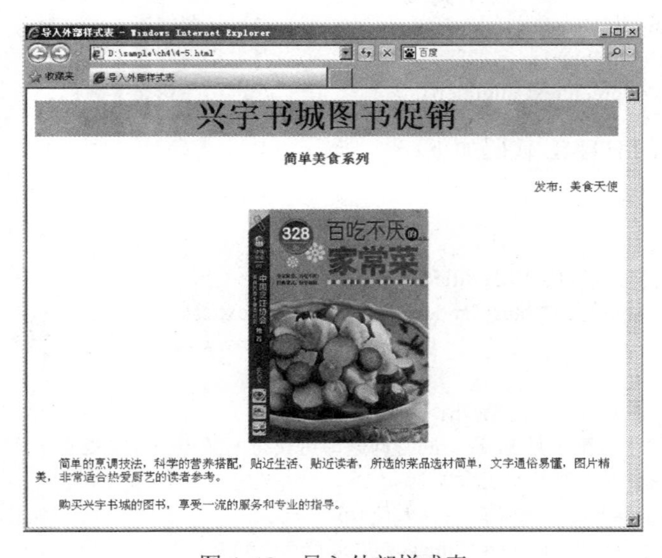

图 4-18　导入外部样式表

CSS 文件名为 extstyle.css，存放于文件夹 style 中，代码如下：

```
h3{font-size:30pt;font-weight:bold;color:purple; text-align:center}
p{font-size:11pt; color:black;text-indent: 2em} /*定义段落文字大小 11pt，黑色，文本缩进 2 字符*/
p.author{color:blue;text-align:right}          /*定义作者文字蓝色、右对齐*/
p.img{text-align:center}                       /*定义图像居中对齐*/
p.content{color:blue}                          /*定义内容文字蓝色*/
p.note{color:green;text-align:left}            /*定义注释文字绿色、左对齐*/
.bgcolor{background:blue}                      /*定义类，背景为蓝色*/
```

网页结构文件的 HTML 代码如下：

```
<html>
  <head>
  <title>导入外部样式表</title>
    <style type="text/css">
      @import url(style/extstyle.css);
      .bgcolor{ color: black; background: #ccc }/* 定义类，字体为黑色；背景为浅灰色 */
    </style>
  </head>
  <body>
    <!-- 由内部样式表.bgcolor 决定，背景显示为浅灰色，而不是外部样式表中定义的蓝色-->
    <h3 class="bgcolor">兴宇书城图书促销</h3>
    <!--下面的标题 3 中使用了行内样式，其优先级别高于导入的外部样式表-->
    <h3 style="font-size:13pt; font-weight:bold;color:#666;text-align:center">简单美食系列</h1>
    <p class="author">发布：美食天使</p>
    <p class="img"><img src="images/book.jpg" /></p>
    <p class="content">简单的烹调技法，科学的营养搭配……（此处省略文字）</p>
    <!--下面的段落中使用了行内样式，其优先级别高于导入的外部样式表-->
    <p style="color:purple">购买兴宇书城的图书，享受一流的服务和专业的指导。</p>
  </body>
</html>
```

【说明】 被@import 导入的样式表的顺序决定了它们如何层叠，在不同规则中出现的相同元素由排在后面的规则决定。例如，在本例中，<h3 class="bgcolor">兴宇书城图书促销</h3>中文字的背景色由行内样式.bgcolor 决定。

4.4.5 案例——制作兴宇书城图书详细信息

以上讲解的在网页中插入 CSS 的 4 种方法中，最常用的是先将样式表保存为一个样式表文件，然后使用链入外部样式表的方法在网页中插入 CSS。

下面将结合本章所讲的基础知识制作一个较为综合的案例，但由于尚未讲解 CSS 盒模型的浮动与定位，因此，在制作某些页面效果时使用 HTML 标签实现。在第 5 章讲解了 CSS 盒模型的知识后，读者可以参考本书提供的兴宇书城完整网站的页面，在本案例的基础上进一步美化页面效果。

【演练 4-6】 使用链接外部样式表的方法制作兴宇书城图书详细信息的局部内容，本例文件 4-6.html 在浏览器中的显示效果如图 4-19 所示。

1．前期准备

（1）栏目目录结构

在栏目文件夹中创建文件夹 images 和 style，分别用来存放图像素材和外部样式表文件。

（2）页面素材

将本页面需要使用的图像素材存放在文件夹 images 中。

（3）外部样式表

在文件夹 style 中新建一个名为 css.css 的样式表文件。

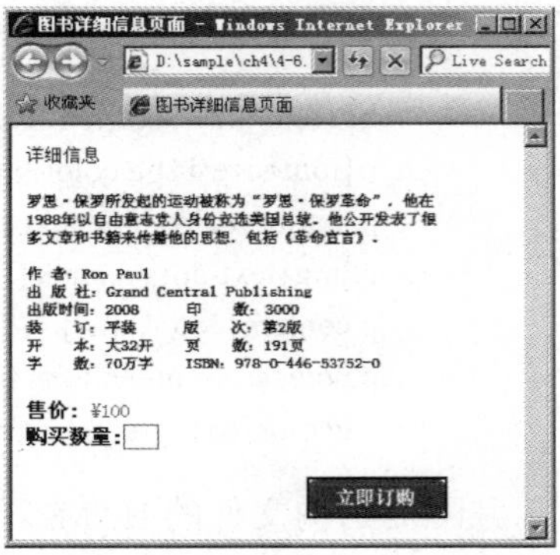

图 4-19　图书详细信息

2．制作页面

CSS 文件的代码如下：

```
.box_center{                    /*设置图书详细信息的容器*/
    width:295px;                /*设置容器宽度*/
    height:auto;                /*设置容器宽度自适应*/
}
.prod_title{                    /*设置标题文字的样式*/
    color:#42b1e5;              /*设置标题文字颜色为青色*/
    font-size:13px;             /*设置标题文字大小*/
}
p.details{                      /*设置详细信息段落*/
    font-size:11px;             /*设置段落文字的大小*/
}
.price,.count{                  /*设置售价和购买数量文字的样式*/
    font-size:14px;             /*设置文字的大小*/
}
span.cyan{                      /*设置售价文字的颜色*/
    color:#42b1e5;              /*设置文字颜色为青色*/
}
input.count_input{              /*设置购买数量文本框的样式*/
    width:25px;                 /*设置文本框宽度*/
    height:18px;                /*设置文本框高度*/
    background-color:#fff;      /*设置文本框背景色为白色*/
    color:#999999;              /*设置文本框文字的颜色为灰色*/
    border:1px #959595 solid;/*设置文本框的边框为 1px 灰色实线*/
}
```

网页结构文件的 HTML 代码如下：

```
<html>
<head>
<title>图书详细信息页面</title>
<link rel="stylesheet" type="text/css" href="style/css.css" />    <!--链入外部样式表-->
</head>
<body>
    <div class="box_center">
```

```
<div class="prod_title">详细信息</div>
  <p class="details">罗恩・保罗所发起的运动被称为“罗恩・保罗革命”，他在1988年以自
  由意志党人身份竞选美国总统。他公开发表了很多文章和书籍来传播他的思想，包括
  《革命宣言》。
  <br><br>
            作    者：Ron Paul<br>
            出 版 社：Grand Central Publishing<br>
            出版时间：2008          印    数：3000<br>
            装    订：平装          版    次：第2版<br>
            开    本：大32开        页    数：191页<br>
            字    数：70万字        ISBN：978-0-446-53752-0 </p>
<div class="price">
  <strong>售价:</strong> <span class="cyan"> &yen;100 </span>
</div>
<div class="count">
  <strong class="count">购买数量:</strong><input type="text" class="count_input" />
</div>
<p style="text-align:right;"><a href="#"><img src="images/order_now.gif" /></a></p>
</div>
</body>
</html>
```

【说明】 “立即订购”图片按钮在页面中是右对齐的，但这种效果是通过段落的行内样式“style="text-align:right;"”来实现的。其实，这种效果可以通过盒模型的定位与浮动更精确地定位到输出的位置，请读者参考第5章讲解的CSS盒模型的定位与浮动的相关知识。

4.5 样式表的层叠、特殊性与重要性

4.5.1 样式表的层叠

前面介绍了在网页中插入样式表的4种方法，如果这4种方法同时出现，浏览器会以哪种方法定义的规则为准？这就涉及了样式表的优先级和叠加。一般原则是，最接近目标的样式定义优先级最高。高优先级样式将继承低优先级样式的未重叠定义，但覆盖重叠的定义。根据规定，样式表的优先级别从高到低为：行内样式表、内部样式表、链入外部样式表、导入外部样式表和默认浏览器样式表。浏览器将按照上述顺序执行样式表的规则。

样式表的层叠性就是继承性，样式表的继承规则是：外部的元素样式会保留下来，由这个元素所包含的其他元素继承；所有在元素中嵌套的元素都会继承外层元素指定的属性值，有时会把多层嵌套的样式叠加在一起，除非进行更改；遇到冲突的地方，以最后定义的为准。

【演练4-7】 样式表的层叠示例。

首先链入一个外部样式表，其中定义了h3选择符的color、text-align和font-size属性（标题3的文字色彩为红色，向左对齐，大小为8pt）：

```
h3{
  color: red;
```

```
    text-align: left;
    font-size: 8pt;
}
```

然后在内部样式表中定义 h3 选择符的 text-align 和 font-size 属性：

```
h3{                       /* 标题 3 文字向右对齐，大小为 20pt */
    text-align:
    right;
    font-size: 20pt;
}
```

那么这个页面叠加后的样式等价于以下代码：

```
h3{
    color: red;
    text-align: right;
    font-size: 20pt;
}
```

以上代码表示<h3>标签的叠加样式效果为“文字颜色为红色，向右对齐，大小为 20pt”。应用此样式的结构代码为：

```
<h3>文字颜色为红色，向右对齐，大小为 20pt</h3>
```

浏览器中的显示效果如图 4-20 所示。

图 4-20　<h3>标签的叠加样式

【说明】 字体颜色从外部样式表保留下来，而当对齐方式和字体尺寸各自都有定义时，按照“后定义的优先”规则使用内部样式表的定义。

【演练 4-8】 样式表的层叠示例。

在 div 标签中嵌套 p 标签：

```
div {
    color: red;
    font-size:9pt;
}
p {
    color: blue;
}
```

应用此样式的结构代码为：

```
<div>
```

```
    <p>这个段落的文字为蓝色 9 号字</p>    <!-- p 元素里的内容会继承 div 定义的属性 -->
</div>
```

浏览器中的显示效果如图 4-21 所示。

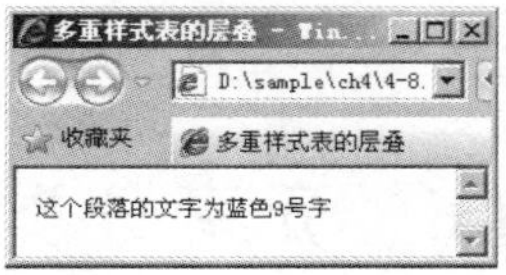

图 4-21　样式表的层叠

【说明】 由显示结果可见，段落里的文字大小为 9 号字，继承 div 属性；而 color 属性则依照最后的定义，为蓝色。

4.5.2　特殊性

特殊性描述了不同规则的相对权重，当多个规则应用到同一个元素时权重越大的样式会被优先采用。

例如有以下 CSS 代码片段：

```
.color_red{
   color:red;
}
p{
   color:blue;
}
```

应用此样式的结构代码为：

```
<div>
   <p class="color_red">这里的文字是红色</p>
</div>
```

图 4-22　样式的特殊性

浏览器中的显示效果如图 4-22 所示。

正如上述代码所示，预定义的<p>标签样式和.color_red 类样式都能匹配上面的 p 元素，那么<p>标签中的文字该使用哪种样式呢？

根据规范，通配符选择符具有特殊性值 0，一个简单的选择符（如 p）具有特殊性值 1，类选择符具有特殊性值 10，id 选择符具有特殊性值 100，行内样式（style=""）具有特殊性值 1000。选择符的特殊性值越大，规则的相对权重就越大，样式会被优先采用。

对于上面的示例，显然，类选择符.color_red 要比简单选择符 p 的特殊性值大，因此<p>标签中文字的颜色为红色。

4.5.3　重要性

不同的选择符定义相同的元素时，要考虑不同选择符之间的优先级（id 选择符、类选择符和 HTML 标签选择符），id 选择符的优先级最高，其次是类选择符，HTML 标签选择符最低。如果要超越这三者之间的关系，可以用!important 来提升样式表的优先权，例如：

```
p { color: #f00!important }
.blue { color: #00f}
#id1 { color: #ff0}
```

同时对页面中的一个段落加上这三种样式，它会依照被!important 申明的 HTML 标签选择符的样式，显示红色文字。如果去掉!important，则依照优先级最高的 id 选择符，显示黄色文字。

最后还需注意，不同的浏览器对于 CSS 的理解是不完全相同的。这就意味着，并非全部的 CSS 都能在各种浏览器中得到同样的结果。所以，最好使用多种浏览器检测一下。

4.6 元素分类

在 CSS 中，使用 display 属性规定元素应该生成的框的类型。

1．块级元素（display:block）

块级元素从一个新行开始显示，其后面的元素也需要另起一行显示。块级元素只能作为其他块级元素的子元素，而且需要一定的条件。标题、段落、列表、表格、分区 div 和 body 等元素都是块级元素。

2．行级元素（display:inline）

行级元素也称内联元素，该类型的元素不需要另起一行显示，其后面的元素也不需要另起一行显示，它可以作为其他任何元素的子元素。超链接、图像、范围 span、表单元素等都是行级元素。

3．列表项元素（display:list-item）

列表项元素如果出现在有序列表中，则具有顺序性，此元素会作为列表显示。

4．隐藏元素（display:none）

如果将某一元素的 display 设置为 none，则元素的存在会被浏览器忽略，而且所占用的空间也会被忽略，即使该元素在文档中仍然存在。

5．其他分类

除了上述常用的分类之外，还包括以下分类：

display : inline-table | run-in | table | table-caption | table-cell | table-column | table-column-group | table-row | table-row-group | inherit

由于目前浏览器对这些分类的支持并不理想，这里不再详述。

4.7 实训——制作力天商务网商机发布信息区

本实训的内容为制作力天商务网商机发布信息区，本例文件 4-9.html 在浏览器中的显示效果如图 4-23 所示。

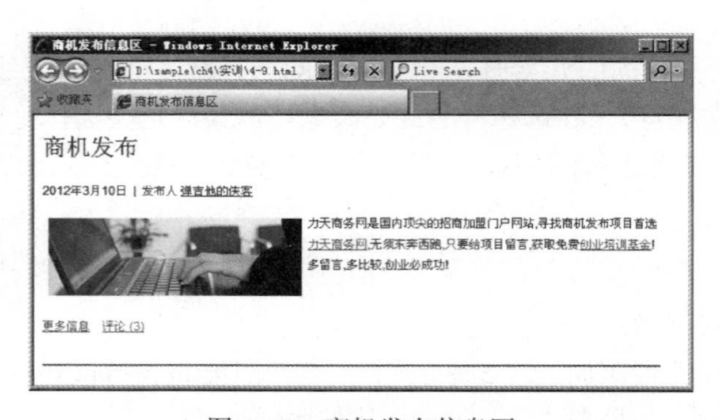

图 4-23 商机发布信息区

1．前期准备

（1）文件夹结构

在实训文件夹中创建文件夹 images 和 style，分别用来存放图像素材和外部样式表文件。

（2）页面素材

将本页面需要使用的图像素材存放在文件夹 images 中。

（3）外部样式表

在文件夹 style 中新建一个名为 style.css 的样式表文件。

2．制作页面

CSS 文件的代码如下：

```
.article {                          /*设置商机发布信息区的容器*/
  width:620px;                      /*设置容器宽度*/
  /*设置背景图像水平重复底端对齐以显示信息区底部的虚线*/
  background:url(../images/menu_line.gif) repeat-x bottom;
}
.article img {                      /*设置信息区中图像的样式*/
  margin:5px;                       /*设置图像的外边距*/
  border:1px solid #f2f2f1;         /*设置图像的边框为 1px 的浅色灰细线*/
  background:#fff;                  /*设置图像的背景色为白色*/
}
h2 {                                /*修改二级标题的样式*/
  font:normal 24px Arial, Helvetica, sans-serif;
  color:#595959;                    /*商机发布标题的文字颜色为深灰色*/
}
p {                                 /*设置普通段落的样式*/
  font:normal 12px/1.8em Arial, Helvetica, sans-serif;
}
a {                                 /*设置超链接的样式*/
  color:#78bbe6;                    /*颜色为天蓝色*/
  text-decoration:underline;        /*加下画线*/
}
.post-data a {                      /*设置应用类 post-data 超链接的样式*/
  color:#595959;                    /*文字颜色为深灰色*/
}
a.more {                            /*设置更多信息超链接的样式*/
  text-decoration:none;             /*无修饰*/
}
.left{
  text-align:left;                  /*设置文字左对齐*/
}
```

网页结构文件的 HTML 代码如下：

```
<html>
<head>
<title>商机发布信息区</title>
```

```
<link rel="stylesheet" type="text/css" href="style/style.css" />  <!--链入外部样式表-->
</head>
<body>
  <div class="article">
    <h2><span>商机发布</span></h2>
    <p class="post-data">
      2012 年 3 月 10 日   |   发布人  <a href="#">弹吉他的侠客</a>
    </p>
    <img src="images/images_1.jpg" width="254" height="80" alt="image" align="left"/>
    <p>力天商务网是国内顶尖的招商加盟门户网站,寻找商机发布项目首选<a href="#">力天商务
    网</a>,无须东奔西跑,只要给项目留言,获取免费<a href="#">创业培训基金</a>!多留言,多比
    较,创业必成功!</p>
    <br>
    <p class="left">
      <a href="#" >更多信息</a>    <a href="#">评论  (3)</a>
    </p>
    <br>
  </div>
</body>
</html>
```

【说明】

① 在本页面中，图片四周的空白间隙是通过“margin:5px;”来实现的，表示图像的外边距为 5px，使图像和四周的文字之间具有一定的空隙。这种效果可以通过盒模型的边距来设置，请读者参考第 5 章讲解的 CSS 盒模型边距的相关知识。

② 在本实训完整网站的商机发布信息区中“评论（3）”的位置位于区域的右侧，这种效果需要使用盒模型的浮动来实现。

习题 4

1．使用伪类相关的知识制作鼠标悬停效果。当鼠标未悬停在链接上时，显示如图 4-24（a）所示；当鼠标悬停在链接上时，显示如图 4-24（b）所示。

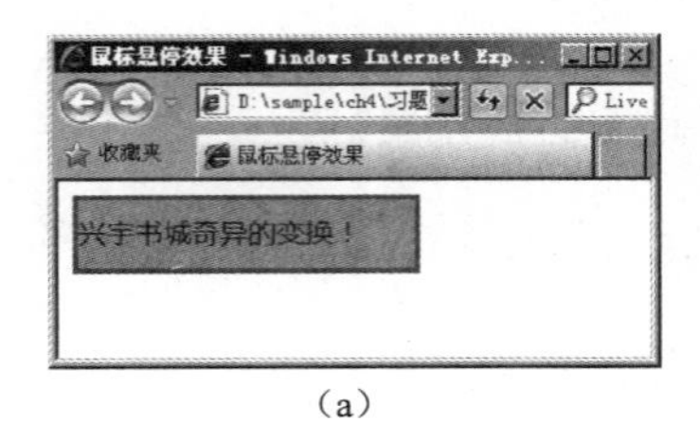

（a）

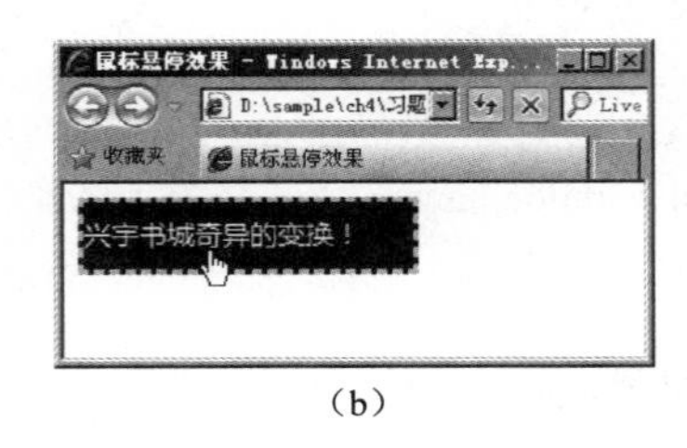

（b）

图 4-24　题 1 图

2．使用 rgba 函数实现透明效果，背景图像是透明的，而上方显示的文字是不透明的，如图 4-25 所示。

3．使用 CSS 制作兴宇书城书库简介页面，如图 4-26 所示。

图 4-25　题 2 图

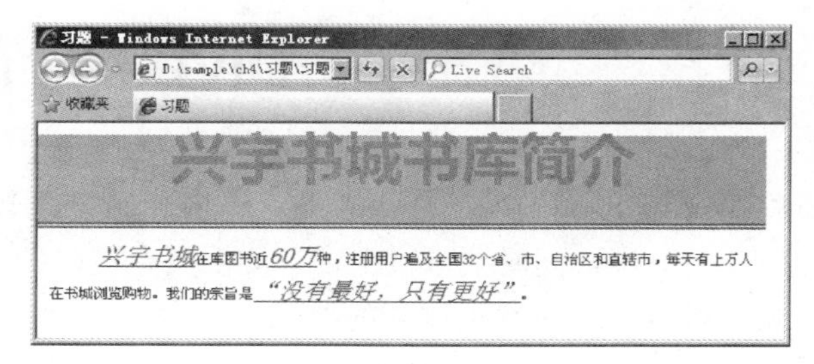

图 4-26　题 3 图

4．使用 CSS 制作力天商务网博客文章页面，如图 4-27 所示。

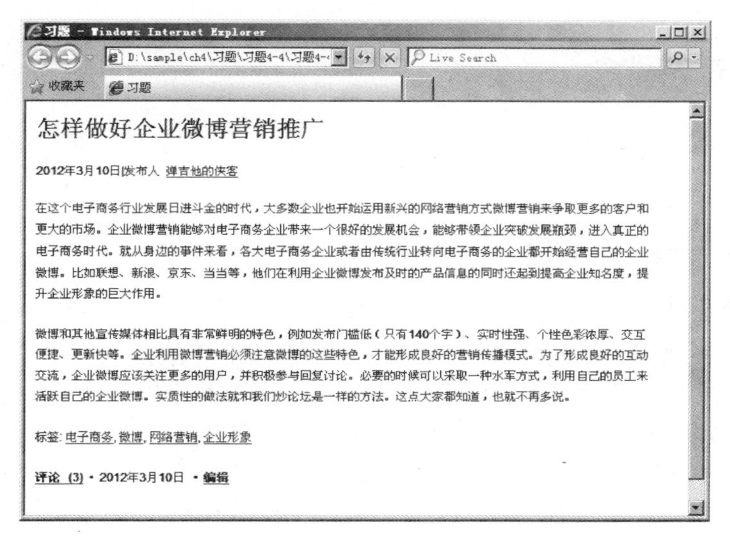

图 4-27　题 4 图

第5章　Div+CSS布局方法

随着 Web 标准在国内的逐渐普及，许多网站已经开始重构。由于 Web 标准提出将网页的内容与表现分离，同时要求 HTML 文档具有良好的结构，因此，传统的采用表格布局页面的方式越来越不适应网页制作的要求。

采用 Div 布局，结合使用 CSS 样式表制作页面的技术正在形成业界的标准，大到各大门户网站，小到不计其数的个人网站，在 Div+CSS 标准化的影响下，网页设计人员已经把这一要求作为行业标准。

5.1　Div 布局理念

在读者掌握 Div 布局技术之前，首先要了解为什么要使用 Div 布局技术，读者在了解了采用 Div 布局页面的优点后就会明白其中的缘由。

5.1.1　Div 布局页面的优点

传统的 HTML 标签中，既有控制结构的标签（如<title>标签和<p>标签），又有控制表现的标签（如<font>标签和<b>标签），还有本意是用于结构后来被滥用于控制表现的标签（如<h1>标签和<table>标签）。页面的整个结构标签与表现标签混合在一起。

Div+CSS 的页面布局不仅仅是设计方式的转变，而且是设计思想的转变，这一转变为网页设计带来了许多便利。虽然在设计中使用的元素依然没有改变，在旧的表格布局中，也会使用到 Div 和 CSS，但它们却没有被用于页面布局。采用 Div+CSS 布局方式的优点如下：

- 缩减了页面代码，提高了页面的浏览速度。
- 缩短了网站的改版时间，设计者只要简单地修改 CSS 文件就可以轻松地改版网站。
- 强大的字体控制和排版能力，使设计者能够更好地控制页面布局。
- 表现和内容相分离，设计者将设计部分剥离出来放在一个独立样式文件中，减少了网页无效的可能。
- 方便搜索引擎的搜索，使用只包含结构化内容的 HTML 代替嵌套的标签，搜索引擎将更有效地搜索到用户的内容。
- 用户可以将许多网页的风格格式同时更新。

5.1.2　使用嵌套的 Div 容器实现页面排版

Div 容器是可以被嵌套的，这种嵌套的 Div 容器主要用于实现更为复杂的页面排版。下面以两个示例说明嵌套的 Div 容器之间的关系。

【演练 5-1】 未嵌套的 Div 容器，本例文件的 Div 布局效果如图 5-1 所示。

代码如下：

```
<body>
<div id="top">此处显示 id "top" 的内容</div>
<div id="main">此处显示 id "main" 的内容</div>
<div id="footer">此处显示 id "footer" 的内容</div>
</body>
</html>
```

以上代码中分别定义了 id="top"、id="main"和 id="footer"的三个<div>标签，它们之间是并列关系，没有嵌套，在页面布局结构中以垂直方向顺序排列。而在实际的工作中，这种布局方式并不能满足需要，经常会遇到 Div 容器之间的嵌套。

【演练 5-2】 嵌套的 Div 容器，本例文件的 Div 布局效果如图 5-2 所示。

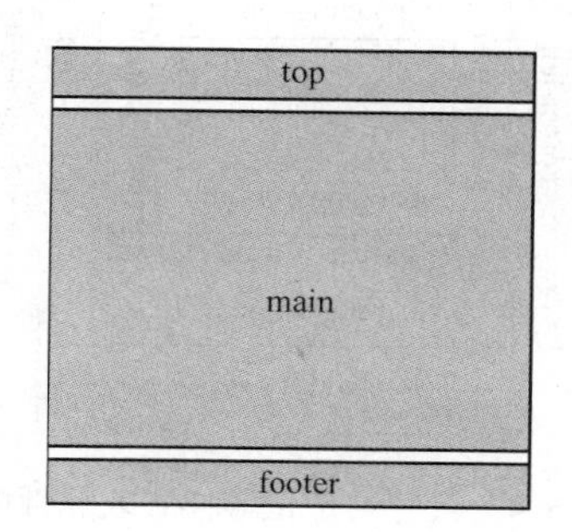

图 5-1 未嵌套的 Div 容器

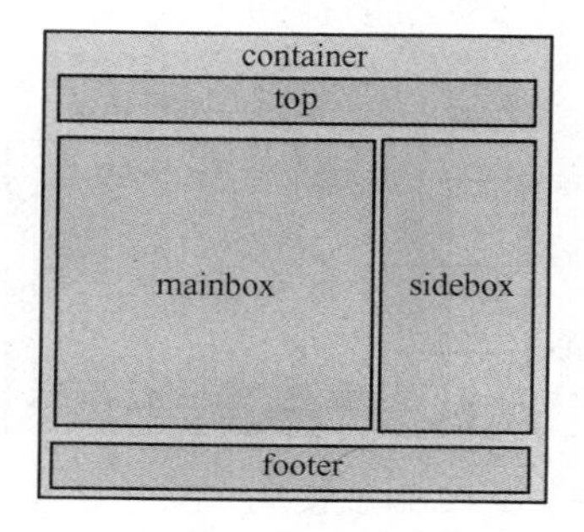

图 5-2 嵌套的 Div 容器

代码如下：

```
<body>
<div id="container">
  <div id="top">此处显示 id "top" 的内容</div>
  <div id="main">
    <div id="mainbox">此处显示 id "mainbox" 的内容</div>
    <div id="sidebox">此处显示 id "sidebox" 的内容</div>
  </div>
  <div id="footer">此处显示 id "footer" 的内容</div>
</div>
</body>
```

本例中，id="container"的<div>作为盛放其他元素的容器，它所包含的所有元素对于 id="container"的<div>来说都是嵌套关系。对于 id="main"的<div>，则根据实际情况进行布局，这里分别定义 id="mainbox"和"sidebox"两个<div>标签，虽然新定义的<div>标签之间是并列的关系，但都处于 id="main"的<div>标签内部，因此它们与 id="main"的<div>形成一个嵌套关系。

5.2 CSS 盒模型

在使用 CSS 进行布局的过程中，CSS 盒模型、定位和浮动是最重要的概念，这些概念控制着页面上元素的显示方式。

5.2.1 盒模型的概念

样式表规定了一个 CSS 盒模型（Box Model），每个整块对象或替代对象都包含在样式表生成器的 Box 容器内，它存储一个对象的所有可操作的样式。

盒模型将页面中的每个元素看做一个矩形框，这个框由元素的内容、内边距（padding）、边框（border）和外边距（margin）组成，如图 5-3 所示。对象的尺寸与边框等样式表属性的关系如图 5-4 所示。

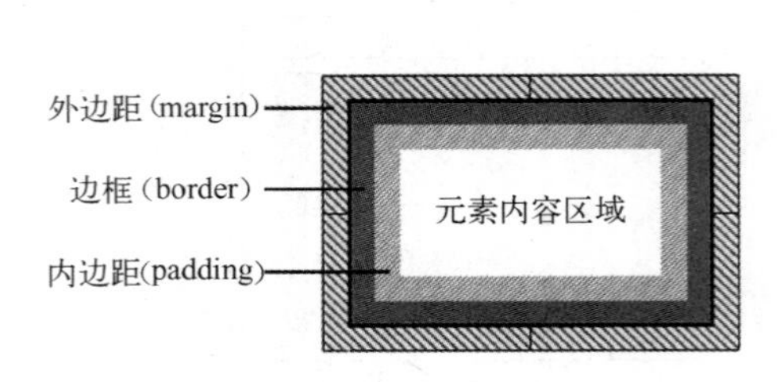

图 5-3　CSS 盒模型

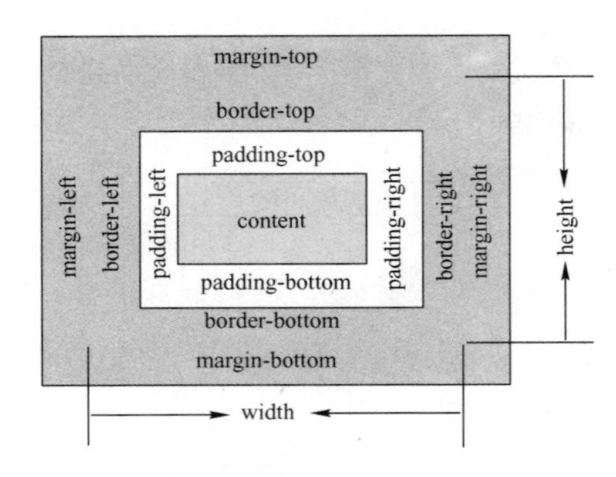

图 5-4　尺寸与边框等样式表属性的关系

盒模型最里面的部分就是实际的内容，内边距紧紧包围在内容区域的周围，如果给某个元素添加背景色或背景图像，那么该元素的背景色或背景图像也将出现在内边距中。在内边距的外侧边缘是边框，边框以外是外边距。边框的作用就是在内、外边距之间创建一个隔离带，以避免视觉上的混淆。

内边距、边框和外边距这些属性都是可选的，默认值都是 0。但是，许多元素将由用户代理样式表设置外边距和内边距。为了解决这个问题，可以通过将元素的 margin 和 padding 设置为 0 来覆盖这些浏览器样式。通常在 CSS 样式文件中输入以下代码：

```
*{
  margin: 0;
  padding: 0;
}
```

5.2.2 盒模型的属性

1．外边距

外边距也称为外补丁。外边距设置属性有：margin-top、margin-right、margin-bottom、margin-left，可分别设置，也可以用 margin 属性，一次设置所有边距。语法中的“|”表示多项选其一。

（1）上外边距（margin-top）

语法：**margin-top:length | auto**

参数：length 是由数字和单位标识符组成的长度值或者百分数，百分数是基于父对象的高度。auto 值被设置为对边的值。

说明：设置对象上外边距，外边距始终透明。内联元素要使用该属性，必须先设定元素的 height 或 width 属性，或者设定 position 属性为 absolute。

示例：设置页面整体的上外边距。

```
body { margin-top: 11.5% }
```

（2）右外边距（margin-right）

语法：**margin-right:length | auto**

参数：同 margin-top。

说明：同 margin-top。

示例：设置页面整体的右外边距。

```
body { margin-right: 11.5%; }
```

（3）下外边距（margin-bottom）

语法：**margin-bottom:length | auto**

参数：同 margin-top。

说明：同 margin-top。

示例：设置页面整体的下外边距。

```
body { margin-bottom: 11.5%; }
```

（4）左外边距（margin-left）

语法：**margin-left:length | auto**

参数：同 margin-top。

说明：同 margin-top。

示例：设置页面整体的上外边距。

```
body { margin-left: 11.5%; }
```

以上 4 项属性可以控制一个要素四周的边距，每个边距都可以有不同的值。也可以只设置一个边距，然后让浏览器用默认设置设定其他几个边距。还可以将边距应用于文字和其他元素。

示例：设置四级标题的四周外边距。

```
h4 { margin-top: 20px; margin-bottom: 5px; margin-left: 100px; margin-right: 55px }
```

设定边距参数值最常用的方法是利用长度单位（px、pt 等），也可以用比例值设定边距。

将边距值设为负值，就可以将两个对象叠在一起，例如下边距设为-55px，右边距设为 60px。

（5）外边距（margin）

语法：**margin:length | auto**

参数：length 是由数字和单位标识符组成的长度值或百分数，百分数是基于父对象的高度；对于内联元素来说，左、右外边距可以是负数值。auto 值被设置为对边的值。

说明：设置对象 4 边的外边距，如图 5-4 所示，位于盒模型的最外层，包括 4 项属性：margin-top（上外边距）、margin-right（右外边距）、margin-bottom（下外边距）、margin-left（左外边距）。外边距始终是透明的。

如果提供全部 4 个参数值，将按 margin-top（上）、margin-right（右）、margin-bottom（下）、margin-left（左）的顺序作用于 4 边（顺时针）。每个参数中间用空格分隔。

如果只提供 1 个，将用于全部的 4 边。

如果提供 2 个，则第 1 个用于上、下边，第 2 个用于左、右边。

如果提供 3 个，则第 1 个用于上边，第 2 个用于左、右边，第 3 个用于下边。

内联元素要使用该属性，必须先设定对象的 height 或 width 属性，或者设定 position 属性为 absolute。

示例：使用多种格式设置页面整体的外边距。

```
body { margin: 36pt 24pt 36pt }
body { margin: 11.5% }
body { margin: 10% 10% 10% 10% }
```

2．边框

常用的边框属性有 7 项：border-top、border-right、border-bottom、border-left、border-width、border-color、border-style。其中 border-width 可以一次性设置所有的边框宽度；用 border-color 同时设置 4 个边框的颜色时，可以连续写上 4 种颜色，并用空格分隔。上述连续设置的边框都按 border-top、border-right、border-bottom、border-left 的顺序（顺时针）。

（1）所有边框宽度（border-width）

语法：**border-width:medium | thin | thick | length**

参数：medium 为默认宽度，thin 为小于默认宽度，thick 为大于默认宽度。Length 是由数字和单位标识符组成的长度值，不可为负值。

说明：如果提供全部 4 个参数值，将按上、右、下、左的顺序作用于 4 个边框。如果只提供 1 个，将用于全部的 4 条边。如果提供 2 个，则第 1 个用于上、下边，第 2 个用于左、右边。如果提供 3 个，则第 1 个用于上边，第 2 个用于左、右边，第 3 个用于下边。

要使用该属性，必须先设定对象的 height 或 width 属性，或者设定 position 属性为 absolute。如果 border-style 设置为 none，本属性将失去作用。

示例：设置范围内容的边框宽度。

```
span { border-style: solid; border-width: thin }
span { border-style: solid; border-width: 1px thin }
```

（2）边框样式（border-style）

语法：**border-style:none | hidden | dotted | dashed | solid | double | groove | ridge | inset | outset**

参数：border-style 属性包括了多个边框样式的参数。

- none：无边框。与任何指定的 border-width 值无关。
- dotted：边框为点线。
- dashed：边框为长短线。
- solid：边框为实线。
- double：边框为双线。两条单线与其间隔的和等于指定的 border-width 值。
- groove：根据 border-color 的值画 3D 凹槽。
- ridge：根据 border-color 的值画菱形边框。

- inset：根据 border-color 的值画 3D 凹边。
- outset：根据 border-color 的值画 3D 凸边。

说明：如果提供全部 4 个参数值，将按上、右、下、左的顺序作用于 4 个边框。如果只提供 1 个，将用于全部的 4 条边。如果提供 2 个，则第 1 个用于上、下边，第 2 个用于左、右边。如果提供 3 个，则第 1 个用于上边，第 2 个用于左、右边，第 3 个用于下边。

要使用该属性，必须先设定对象的 height 或 width 属性，或者设定 position 属性为 absolute。如果 border-width 不大于 0，本属性将失去作用。

示例：设置页面整体和段落的边框样式。

```
body { border-style: double groove }
body { border-style: double groove dashed }
p { border-style: double; border-width: 3px }
```

（3）边框颜色（border-color）

语法：**border-color:color**

参数：color 指定颜色。

说明：要使用该属性，必须先设定对象的 height 或 width 属性，或者设定 position 属性为 absolute。如果 border-width 等于 0 或 border-style 设置为 none，本属性将失去作用。

示例：设置页面整体、四级标题及段落的边框颜色和边框宽度。

```
body { border-color: silver red }
body { border-color: silver red rgb(223, 94, 77) }
body { border-color: silver red rgb(223, 94, 77) black }
h4 { border-color: #ff0033; border-width: thick }
p { border-color: green; border-width: 3px }
p { border-color: #666699 #ff0033 #000000 #ffff99; border-width: 3px }
```

（4）上边框宽度（border-top）

语法：**border-top:border-width || border-style || border-color**

参数：该属性是复合属性，请参阅各参数对应的属性。

说明：请参阅 border-width 属性。

示例：设置 Div 容器的边框宽度、边框样式和边框颜色。

```
div { border-bottom: 25px solid red; border-left: 25px solid yellow; border-right: 25px solid blue;
    border-top: 25px solid green }
```

（5）右边框宽度（border-right）

语法：**border-right:border-width || border-style || border-color**

参数：该属性是复合属性，请参阅各参数对应的属性。

说明：请参阅 border-width 属性。

（6）下边框宽度（border-bottom）

语法：**border-bottom:border-width || border-style || border-color**

参数：该属性是复合属性，请参阅各参数对应的属性。

说明：请参阅 border-width 属性。

（7）左边框宽度（border-left）

语法：**border-left:border-width || border-style || border-color**

参数：该属性是复合属性，请参阅各参数对应的属性。

说明：请参阅 border-width 属性。

示例：设置四级标题的边框宽度。

```
h4{border-top-width: 2px; border-bottom-width: 5px; border-left-width: 1px; border-right-width: 1px}
```

【演练 5-3】 使用外边距（margin）属性实现某个分区的缩进及位置的居中，本例文件 5-3.html 在浏览器中的显示效果如图 5-5 所示。

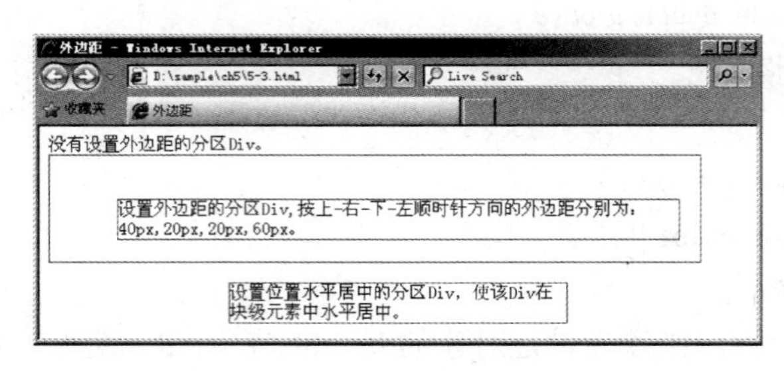

图 5-5　页面的显示效果

代码如下：

```
<!DOCTYPE html PUBLIC "-//W3C//DTD XHTML 1.0 Transitional//EN"
"http://www.w3.org/TR/xhtml1/DTD/xhtml1-transitional.dtd">
<html>
<head>
<title>外边距</title>
</head>
<style type="text/css">
.margin{
  border:1px solid #999;           /*边框为 1px 灰色实线*/
  width:500px;
  margin:40px 20px 20px 60px;  /*按上-右-下-左方向的外边距分别为：40px,20px,20px,60px*/
}
.automargin{
  border:1px solid #999;
  width:300px;
  margin:0px auto;                 /*块级元素的水平居中*/
}
</style>
<body>
  <div>没有设置外边距的分区 Div。</div><br/>
  <div style="width:580px;border:1px solid #999;"> <!--外层容器，用于观察内层 Div 外边距效果-->
    <div class="margin">设置外边距的分区 Div,按上-右-下-左顺时针方向的外边距分别为：40px,
    20px, 20px, 60px。</Div>
  </div><br/>
  <div class="automargin">设置位置水平居中的分区 Div, 使该 Div 在块级元素中水平居中。</div>
```

```
</body>
</html>
```

【说明】

① 本例代码的第 1 行添加文档类型声明，其目的是使 IE 浏览器支持块级元素的水平居中“margin:0px auto;”。代码如下：

```
<!DOCTYPE html PUBLIC "-//W3C//DTD XHTML 1.0 Transitional//EN"
"http://www.w3.org/TR/xhtml1/DTD/xhtml1-transitional.dtd">
```

上面这些代码称做 DOCTYPE 声明。DOCTYPE 是 document type（文档类型）的简写，用来说明使用的 XHTML 或者 HTML 是什么版本。

其中的 DTD（例如本例中的 xhtml1-transitional.dtd）称做文档类型定义，里面包含了文档的规则，浏览器根据定义的 DTD 来解释页面的标识，并展现出来。这里使用过渡（Transitional）的且要求非常宽松的 DTD，允许继续使用 HTML4.01 的标签。这种 DTD 还允许使用表现层的标签、元素和属性，也比较容易通过 W3C 的代码校验。

如果页面第 1 行中没有上述文档类型声明，在 IE 8 浏览器中，块级元素将不能实现水平居中。但在 Firefox 和 Opera 浏览器中，不需要加入上述文档类型声明就能实现块级元素水平居中。

② 要实现文字内容的水平居中，例如，设置段落<p>内的文字水平居中，设置块级元素的“text-align:center;”属性即可实现文字水平居中。

③ 要实现文字内容的垂直居中，可以设置文字所在行的高度 height，使之与文字行高属性 line-height 一致。

【演练 5-4】 实现如图 5-6 所示的文字垂直居中效果。

代码如下：

```
<html>
<head>
<title>文字垂直居中</title>
</head>
<style type="text/css">
div{
  width:300px;              /*设置容器的宽度*/
  height:200px;             /*设置容器（文字所在行）的高度*/
  line-height:200px;        /*设置文字行高*/
  border:1px solid #999;    /*边框为 1px 灰色实线*/
}
</style>
<body>
  <div>文字垂直居中</div>
</body>
</html>
```

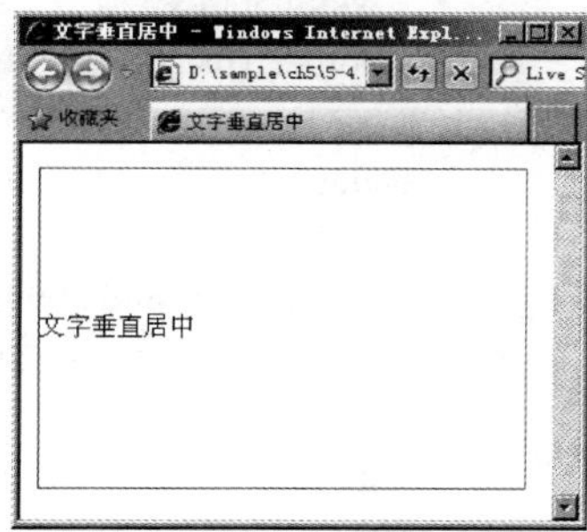

图 5-6　文字垂直居中效果

3．内边距

内边距也称内补丁，位于对象边框和对象之间，用于设置边框与内容之间的距离。内边距包括了 4 个属性：padding-top（上内边距）、padding-right（右内边距）、padding-bottom（下内边距）、padding-left（左内边距），内边距属性不允许为负值。与外边距类似，内边距也可以用 padding 一次性设置所有的对象间隙，格式也和 margin 类似，这里不再一一列举。

【演练 5-5】 使用内边距（padding）属性设置分区的内容与边框之间的距离，本例文件 5-5.html 在浏览器中的显示效果如图 5-7 所示。

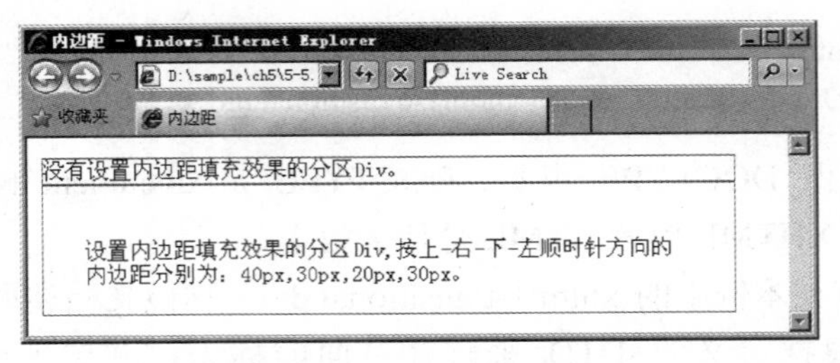

图 5-7　页面的显示效果

代码如下：

```
<html>
<head>
<title>内边距</title>
</head>
<style type="text/css">
.nopadding{
   width:500px;
   border:1px solid #999;     /*边框为 1px 灰色实线*/
}
.padding{
   width:500px;
   border:1px solid #999;     /*边框为 1px 灰色实线*/
   padding:40px 30px 20px 30px; /*按上-右-下-左的顺序设置内边距*/
}
</style>
<body>
   <div class="nopadding">没有设置内边距填充效果的分区 Div。</div>
   <div class="padding">设置内边距填充效果的分区 Div,按上-右-下-左顺时针方向的内边距分别
   为：40px, 30px, 20px, 30px。
</div>
</body>
</html>
```

【说明】 内边距（padding）并非实体，而是透明留白的，所以没有修饰属性。

5.2.3　盒模型的宽度与高度

在 CSS 中，width 和 height 属性也经常用到，它们分别表示内容区域的宽度和高度。增大或减小内边距、边框和外边距不会影响内容区域的尺寸，但是会增大元素的总尺寸。盒模型的宽度与高度是元素内容、内边距、边框和外边距这 4 部分的属性值之和。

1．盒模型的宽度

盒模型的宽度=左外边距（margin-left）+左边框（border-left）+

左内边距（padding-left）+内容宽度（width）+右内边距（padding-right）+

右边框（border-right）+右外边距（margin-right）

2．盒模型的高度

盒模型的高度=上外边距（margin-top）+上边框（border-top）+

上内边距（padding-top）+内容高度（height）+

下内边距（padding-bottom）+下边框（border-bottom）+下外边距（margin-bottom）

为了更好地理解盒模型的宽度与高度，定义某个元素的 CSS 样式，代码如下：

```
#test{
   margin:10px 20px;            /*定义元素上下外边距为 10px，左右外边距为 20px*/
   padding:20px 10px;           /*定义元素上下内边距为 20px，左右内边距为 10px*/
   border-width:10px 20px;      /*定义元素上下边框宽度为 10px，左右边框宽度为 20px*/
   border:solid #f00;           /*定义元素边框类型为实线型，颜色为红色*/
   width:100px;                 /*定义元素宽度*/
   height:100px;                /*定义元素高度*/
}
```

盒模型的宽度=20px+20px+10px+100px+10px+20px+20px=200px。

盒模型的高度=10px+10px+20px+100px+20px+10px+10px=180px。

5.2.4 外边距的叠加

用户在进行 CSS 网页布局时经常会遇见外边距叠加的问题，如果不理解其内涵就容易造成许多麻烦。简单地说，当两个元素的垂直外边距相遇时，这两个元素的外边距就会进行叠加，合并为一个外边距。

1．两个元素垂直相遇时叠加

当两个元素垂直相遇时，第一个元素的下外边距与第二个元素的上外边距会发生叠加合并，合并后的外边距的高度等于这两个元素的外边距值较大者，如图 5-8 所示。

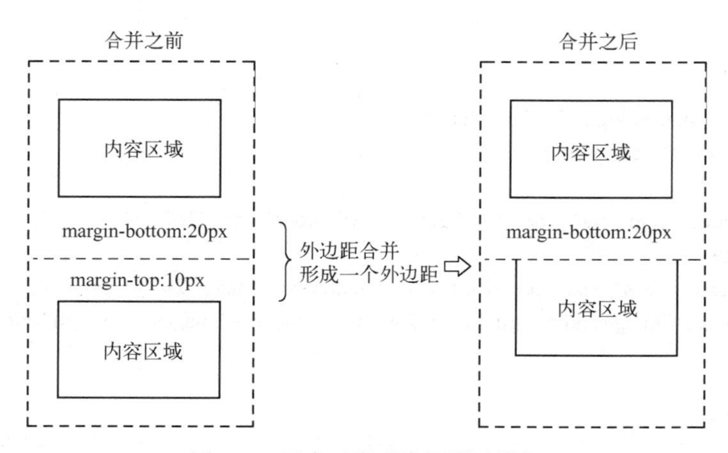

图 5-8　两个元素垂直相遇时叠加

2．两个元素包含时叠加

假设两个元素没有内边距和边框，且一个元素包含另一个元素，它们的上外边距或下外边距也会发生叠加合并，如图 5-9 所示。

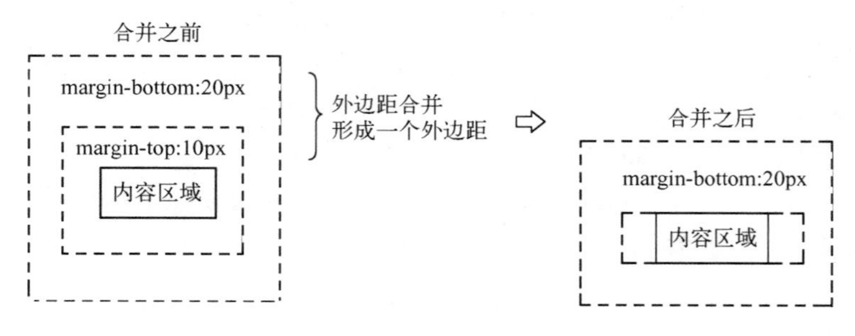

图 5-9　两个元素包含时叠加

5.2.5　盒模型综合案例

【演练 5-6】 修饰兴宇书城管理员登录表单，将输入框设置为只显示下边框线的虚线框，本例文件 5-6.html 在浏览器中的显示效果如图 5-10 所示。

代码如下：

```
<html>
<head>
<style type="text/css">
.textBorder{
  border-top-width: 0px;          /*上边框宽度为 0px，不显示*/
  border-right-width: 0px;        /*右边框宽度为 0px，不显示*/
  border-bottom-width: 1px;       /*下边框宽度为 1px，显示*/
  border-left-width: 0px;         /*左边框宽度为 0px，不显示*/
  border-style: dashed;           /*虚线边框*/
  border-color: #666;             /*灰色边框*/
}
</style>
</head>
<body>
<img src="images/log.gif" align="left">
<form action="" method="post">
<p>账号：
<input name="logname" type="text" class="textBorder" size="20" /></p>
<p>密码：、
<input name="pass" type="password" class="textBorder" size="20" ></p>
<p><img src="images/admin.gif">  <img src="images/logout.gif"></p>
</form>
</body>
</html>
```

图 5-10　修饰后的表单输入框

【说明】 登录表单的输入框应用了样式.textBorder，虽然设置输入框 4 边的样式都是虚线（border-style: dashed;），但由于只有下边框线的宽度为 1px（border-bottom-width: 1px;），因此只有下边框线显示为虚细线，其他 3 边均不显示边框线。

【演练 5-7】 兴宇书城 Logo 图片的布局，本例文件 5-7.html 的显示效果如图 5-11 所示。

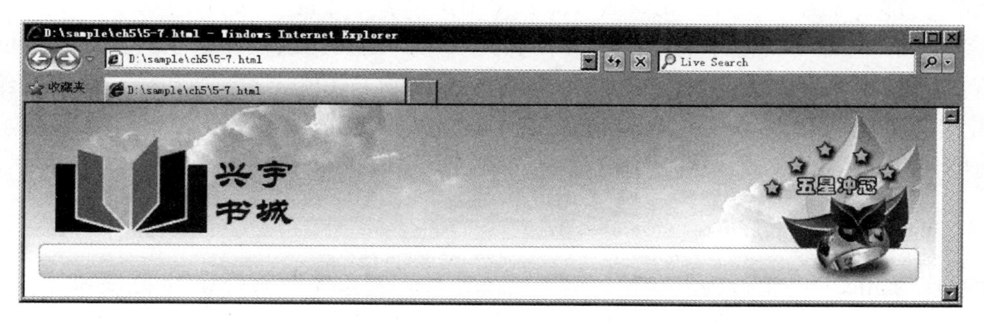

图 5-11　兴宇书城 Logo 图片的布局

代码如下：

```
<html>
<head>
<style type="text/css">
body {                        /*body 容器的样式*/
  margin:0px;                 /*外边距为 0px*/
  padding:0px;                /*内边距为 0px*/
}
.header{                      /*头部背景区域的样式*/
  width:900px;                /*背景区域宽度为 900px*/
  height:181px;               /*背景区域宽度为 181px*/
  background:url(images/header.jpg) no-repeat center;    /*背景图像无重复，居中对齐*/
}
#logo {                       /*logo 的样式*/
  width:260px;                /*logo 宽度为 260px*/
  padding:30px 0 0 20px;      /*上、右、下、左内边距分别为 30px，0px，0px，20px*/
}
</style>
</head>
<body>
<div class="header">
  <div id="logo">
    <img src="images/logo.png" alt="logo"/>
  </div>
</div>
</body>
</html>
```

【说明】 页面中头部背景区域使用了“background:url(images/header.jpg) no-repeat center;”样式，指定背景图像在背景区域中无重复显示并且居中对齐。

5.3 盒子的定位

CSS 为定位和浮动提供了一些属性，利用这些属性，可以建立列式布局，将布局的一部分与另一部分重叠，还可以完成通常需要使用多个表格才能完成的任务。

定位（Position）的基本思想很简单，它允许用户定义元素框相对于其正常位置应该出现的位置，这个属性定义建立元素布局所用的定位机制。任何元素都可以定位，不过绝对或固定元素会生成一个块级框，而不论该元素本身是什么类型。position 属性可以选择 4 种不同类型的定位模式，语法如下：

position:static | relative | absolute | fixed

参数：static 静态定位为默认值，为无特殊定位，对象遵循 HTML 定位规则。

relative 生成相对定位的元素，相对于其正常位置进行定位。

absolute 生成绝对定位的元素。元素的位置通过 left、top、right 和 bottom 属性进行规定。

fixed 生成绝对定位的元素，相对于浏览器窗口进行定位。元素的位置通过 left、top、right 和 bottom 属性进行规定。

5.3.1 静态定位

静态定位是 position 属性的默认值，即该元素出现在文档的常规位置，不会重新定位。通常此属性可以不设置，除非要覆盖以前的定义。

【演练 5-8】 静态定位的使用。假设有这样一个页面布局，页面中分别定义了 id="top"、id="box"和 id="footer"这三个 Div 容器（以下分别简称为 top、box 和 footer），彼此是并列关系。id="box"的容器又包含 id="box-1"、id="box-2"和 id="box-3"这三个子 Div 容器（以下分别简称为 box-1、box-2 和 box-3），彼此也是并列关系。编写相应的 CSS 样式，生成的文件 5-8.html 在浏览器中的显示效果如图 5-12 所示。

代码如下：

```
<html>
<head>
<title>静态定位</title>
<style type="text/css">
body {
      width:400px;                  /*设置 body 宽度*/
      font-size:30px;
}
#top {
      width:400px;                  /*设置元素宽度*/
      background-color:#6cf;        /*背景色为浅蓝色*/
      line-height:30px;             /*设置行高*/
      padding-left:5px;             /*设置左内边距*/
}
#box {
```

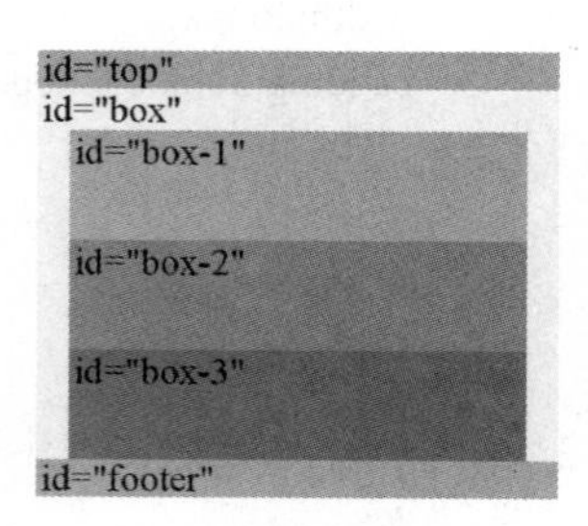

图 5-12　静态定位的效果

```
        width:400px;                /*设置元素宽度*/
        background-color:#ff6;      /*背景色为深黄色*/
        padding-left:5px;           /*设置左内边距*/
        position:static;            /*静态定位*/
  }
  #box-1 {
        width:350px;                /*设置元素宽度*/
        background-color:#c9f;      /*设置背景色*/
        margin-left:20px;           /*设置左外边距*/
        padding-left:5px;           /*设置左内边距*/
  }
  #box-2 {
        width:350px;                /*设置元素宽度*/
        background-color:#c6f;      /*设置背景色*/
        margin-left:20px;           /*设置左外边距*/
        padding-left:5px;           /*设置左内边距*/
  }
  #box-3 {
        width:350px;                /*设置元素宽度*/
        background-color:#c3f;      /*设置背景色*/
        margin-left:20px;           /*设置左外边距*/
        padding-left:5px;           /*设置左内边距*/
  }
  #footer {
        width:400px;                /*设置元素宽度*/
        background-color:#6cf;      /*背景色为浅蓝色*/
        line-height:30px;           /*设置行高*/
        padding-left:5px;           /*设置左内边距*/
  }
</style>
</head>
<body>
<div id="top">id=&quot;top&quot;</div>
<div id="box">id=&quot;box&quot;
  <div id="box-1">
    <p>id=&quot;box-1&quot;</p>
    <p> </p>
  </div>
  <div id="box-2">
    <p>id=&quot;box-2&quot;</p>
    <p> </p>
  </div>
  <div id="box-3">
    <p>id=&quot;box-3&quot;</p>
    <p> </p>
  </div>
</div>
```

```
<div id="footer">id=&quot;footer&quot;</div>
</body>
</html>
```

【说明】 由于 position 属性值为 static，并没有特殊的定位含义，所以即使对 box 元素增加定位方面的代码，页面布局也没有发生任何变化。

5.3.2 相对定位

相对定位（position:relative）是指通过设置水平或垂直位置的值，让这个元素“相对于”它原始的起点进行移动。需要特别注意的是，即便将某元素进行相对定位，并赋予新的位置值，元素仍然会占据原来的空间位置，移动后会导致覆盖其他元素。

【演练 5-9】 相对定位的使用。使用前面的演练实例，将 box 元素向下移动 50px，同时向右移动 50px。编写相应的 CSS 样式，生成的文件 5-9.html 在浏览器中的显示效果如图 5-13 所示。

本例修改了 box 元素的 CSS 定义，代码如下：

```
#box {
    width:400px;                /*设置元素宽度*/
    background-color:#ff6;      /*设置背景色*/
    padding-left:5px;           /*设置左内边距*/
    position:relative;          /*设置相对定位*/
    top:50px;                   /*设置向下移动 50px*/
    left:50px;                  /*设置向右移动 50px*/
}
```

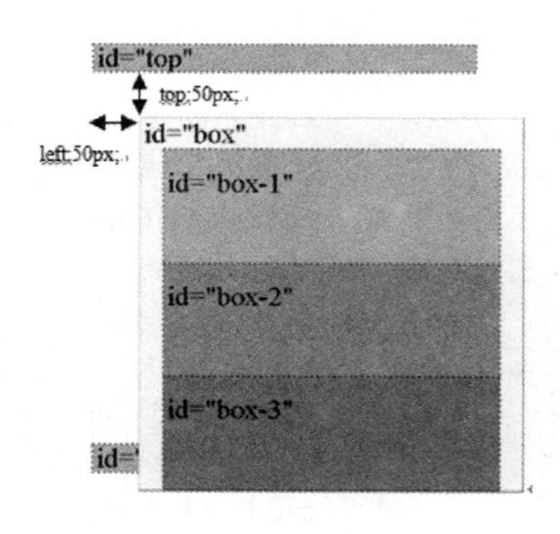

图 5-13　相对定位的效果

【说明】 box 元素“相对于”初始位置向下并且向右各移动了 50px，原来的位置不但没有让 footer 元素占据，反而还将其遮盖了一部分。

5.3.3 绝对定位

绝对定位（position:absolute）是指对象可以被放置在文档中任何位置，位置将依据浏览器左上角的 0 点开始计算。绝对定位的对象可以层叠，层叠的顺序由 z-index 控制，z-index 值越高其位置就越高。

【演练 5-10】 绝对定位的使用。继续使用前面的演练实例，将 box-1 元素进行绝对定位，向下移动 50px，同时向右移动 200px。编写相应的 CSS 样式，生成的文件 5-10.html 在浏览器中的显示效果如图 5-14 所示。

本例只修改了 box-1 元素的 CSS 定义，代码如下：

```
#box-1 {
    width:350px;                /*设置元素宽度*/
    background-color:#c9f;      /*设置背景色*/
    margin-left:20px;           /*设置左外边距*/
    padding-left:5px;           /*设置左内边距*/
    position:absolute;          /*设置绝对定位*/
```

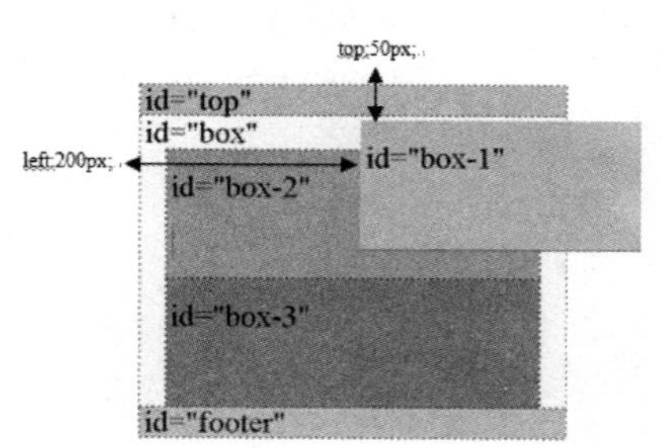

图 5-14　绝对定位的效果

```
        top:50px;                    /*设置距顶部距离*/
        left:200px;                  /*设置距左边距离*/
    }
```

【说明】 当 box-1 元素被移走后，页面中其他元素位置也相应变化，box-2、box-3 和 footer 这些元素都因此上移。由此可见，使用绝对定位元素的位置与文档流无关，且不占据空间。文档中的其他元素布局就像绝对定位的元素不存在一样。

5.3.4 相对定位与绝对定位的混合使用

如果要将 box-1 元素相对于 box 元素进行定位又该如何操作呢？请看下面示例的讲解。

【演练 5-11】 相对定位与绝对定位的混合使用。首先对 box 元素进行相对定位，则 box 中的所有元素都将相对于 box 元素。然后将 box-1 元素进行绝对定位，便可以实现子元素相对于父元素进行定位。编写相应的 CSS 样式，生成的文件 5-11.html 在浏览器中的显示效果如图 5-15 所示。

本例只修改了 box 元素和 box-1 元素的 CSS 定义，代码如下：

```
    #box {
        width:400px;                 /*设置元素宽度*/
        background-color:#ff6;       /*背景色为深黄色*/
        padding-left:5px;            /*设置左内边距*/
        position:relative;           /*相对定位*/
    }
    #box-1 {
        width:150px;                 /*设置元素宽度*/
        background-color:#c9f;       /*设置背景色*/
        margin-left:20px;            /*设置左外边距*/
        padding-left:5px;            /*设置左内边距*/
        position:absolute;           /*绝对定位*/
        top:0px;                     /*设置距顶部距离*/
        right:0px;                   /*设置距左边距离*/
    }
```

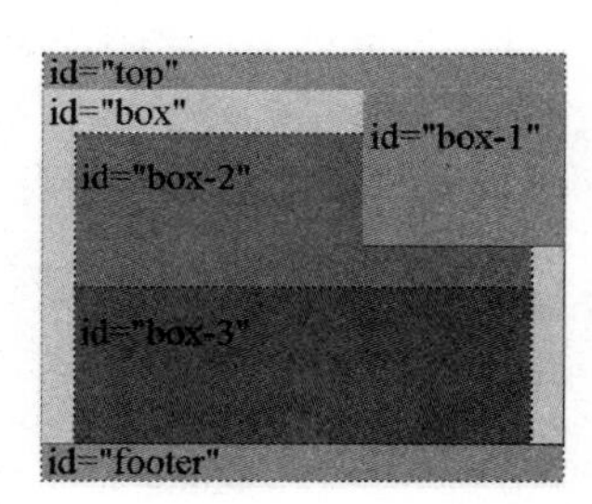

图 5-15 混合定位的效果

【说明】 页面预览后，可以清楚地看到，box-1 元素被置于 box 元素的右上角，实现了子元素相对于父元素进行定位。

5.3.5 固定定位

固定定位（position:fixed）其实是绝对定位的子类别，一个设置了 position:fixed 的元素是相对于视窗固定的，就算页面文档发生了滚动，它也会一直待在相同的地方。

需要说明的是，IE 8 及更早版本的浏览器不支持固定定位，读者需要用 Opera 浏览器或 Firefox 浏览器浏览才能看到固定定位的效果，下面演示的案例使用的就是 Opera 浏览器。

【演练 5-12】 固定定位。为了对固定定位演示得更加清楚，将 box-1 元素进行固定定位，同时将 box-2 元素的高度设置得尽量大，以便能看到固定定位的效果。编写相应的 CSS

样式，生成的文件 5-12.html 在浏览器中的显示效果如图 5-16 所示。

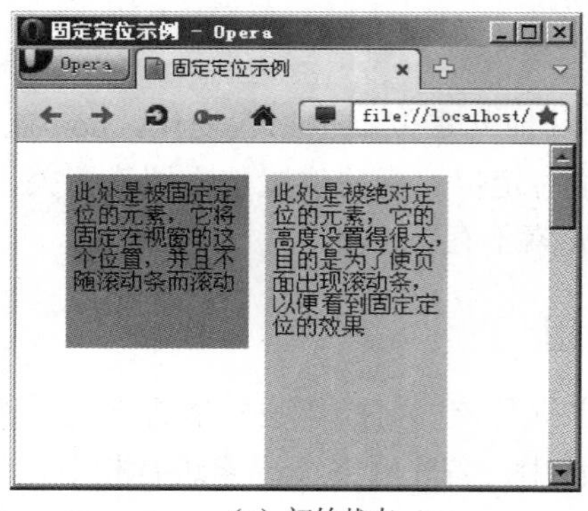

（a）初始状态

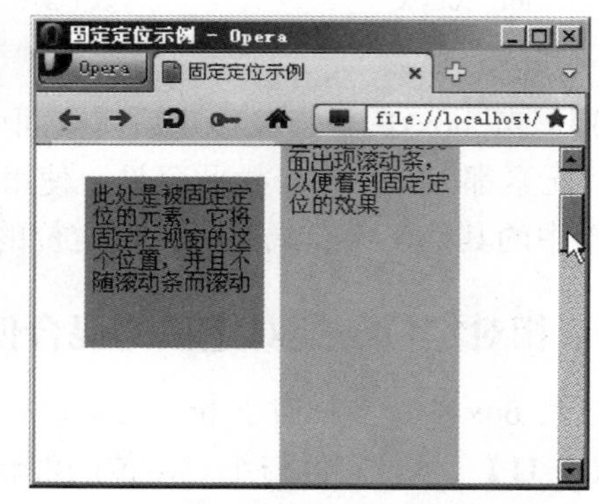

（b）向下拖动滚动条时的状态

图 5-16　固定定位的效果

代码如下：

```
<html>
<head>
<title>固定定位示例</title>
<style type="text/css">
body {
	font-size:14px;
}
#box-1 {
	width:100px;			/*设置元素宽度*/
	height:100px;			/*设置元素高度*/
	padding:5px;			/*设置内边距*/
	background-color:#9c0;
	position: fixed;		/*固定定位*/
	top:20px;			/*设置距顶部距离*/
	left:30px;			/*设置距左边距离*/
}
#box-2 {
	width:100px;			/*设置元素宽度*/
	height:1000px;			/*设置足够的高度让浏览器出现滚动条*/
	padding:5px;			/*设置内边距*/
	background-color:#ff0;
	position: absolute;		/*绝对定位*/
	top:20px;			/*设置距顶部距离*/
	left:150px;			/*设置距左边距离*/
}
</style>
</head>
<body>
<div id="box-1">此处是被固定定位的元素，它将固定在视窗的这个位置，并且不随滚动条而滚
动</div>
```

```
<div  id="box-2">此处是被绝对定位的元素，它的高度设置得很大，目的是为了使页面出现滚动条，以便看到固定定位的效果</div>
</body>
</html>
```

【说明】 页面预览后，box-2 元素的高度已经足够让浏览器出现滚动条，当向下滚动页面时注意观察左边的块级元素 box-1，其仍然固定于屏幕上同样的位置。

5.4 盒子的浮动

5.4.1 浮动

利用 CSS 样式布局页面结构时，浮动（float）是使用率较高的一种定位方式。当某个元素被赋予浮动属性后，该元素便脱离文档流向左或向右移动，直到它的外边缘碰到包含框或另一个浮动框的边框为止。浮动的元素会生成一个块级框，而不论它本身是何种元素。

语法：**float:none | left |right**

参数：none 表示对象不浮动，left 表示对象浮在左边，right 表示对象浮在右边。

说明：该属性的值指出了对象是否浮动及如何浮动。

【演练 5-13】 向右浮动的元素。本例页面布局的初始状态如图 5-17（a）所示，元素 box-1 向右浮动后的结果如图 5-17（b）所示。

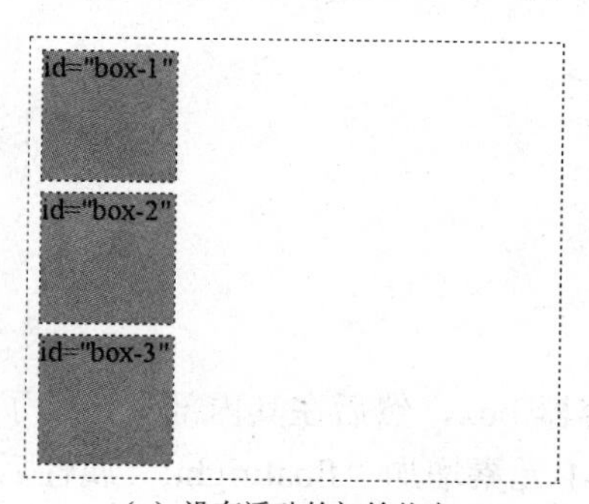

（a）没有浮动的初始状态

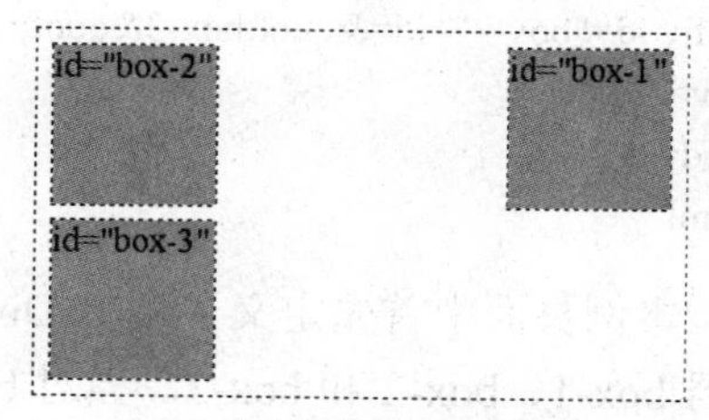

（b）向右浮动的 box-1 元素

图 5-17 向右浮动的元素

代码如下：

```
<html>
<head>
<title>向右浮动示例</title>
<style type="text/css">
body {
      font-size:22px;
}
#box {
```

```
        width:400px;                /*设置元素宽度*/
    }
    #box-1 {
        width:100px;                /*设置元素宽度*/
        height:100px;               /*设置元素高度*/
        background-color:#ff0;
        margin:10px;                /*设置外边距*/
        float:right;                /*向右浮动*/
    }
    #box-2 {
        width:100px;                /*设置元素宽度*/
        height:100px;               /*设置元素高度*/
        background-color:#ff0;
        margin:10px;                /*设置外边距*/
    }
    #box-3 {
        width:100px;                /*设置元素宽度*/
        height:100px;               /*设置元素高度*/
        background-color:#ff0;
        margin:10px;                /*设置外边距*/
    }
    </style>
    </head>
    <body>
    <div id="box">
      <div id="box-1">id=&quot;box-1&quot;</div>
      <div id="box-2">id=&quot;box-2&quot;</div>
      <div id="box-3">id=&quot;box-3&quot;</div>
    </div>
    </body>
    </html>
```

【说明】 本例页面中首先定义了一个 Div 容器 box，然后在其内部又定义了三个并列关系的 Div 容器 box-1、box-2 和 box-3。当对 box-1 元素增加“float:right;”属性后，其将脱离文档流向右移动，直到它的右边缘碰到包含框的右边缘为止。

【演练 5-14】 向左浮动的元素。使用前面的演练实例，只将 box-1 元素向左浮动的页面布局如图 5-18（a）所示，所有元素向左浮动后的结果如图 5-18（b）所示。

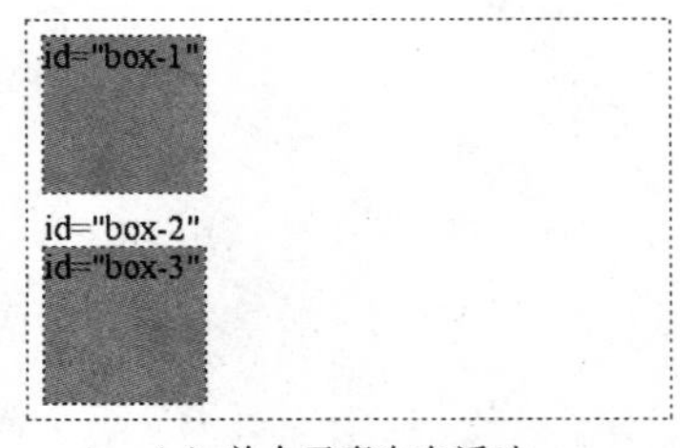

（a）单个元素向左浮动

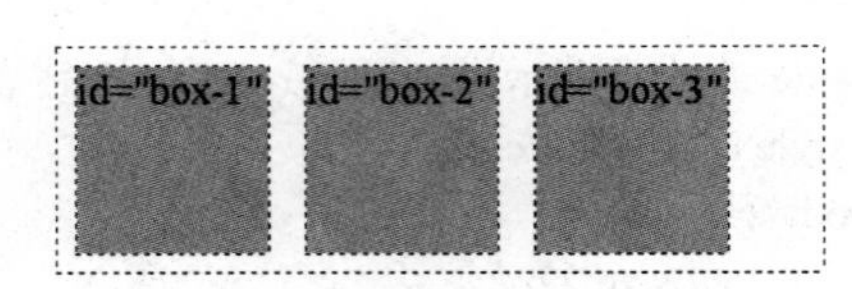

（b）所有元素向左浮动

图 5-18　向左浮动的元素

在单个元素向左浮动的布局中只修改了 box-1 元素的 CSS 定义，代码如下：

```
#box-1 {
    width:100px;                /*设置元素宽度*/
    height:100px;               /*设置元素高度*/
    background-color:#ff0;
    margin:10px;                /*设置外边距*/
    float:left;                 /*向左浮动*/
}
```

在所有元素向左浮动的布局中修改了 box-1、box-2 和 box-3 元素的 CSS 定义，代码如下：

```
#box-1 {
    width:100px;                /*设置元素宽度*/
    height:100px;               /*设置元素高度*/
    background-color:#ff0;
    margin:10px;                /*设置外边距*/
    float:left;                 /*向左浮动*/
}
#box-2 {
    width:100px;                /*设置元素宽度*/
    height:100px;               /*设置元素高度*/
    background-color:#ff0;
    margin:10px;                /*设置外边距*/
    float:left;                 /*向左浮动*/
}
#box-3 {
    width:100px;                /*设置元素宽度*/
    height:100px;               /*设置元素高度*/
    background-color:#ff0;
    margin:10px;                /*设置外边距*/
    float:left;                 /*向左浮动*/
}
```

【说明】

① 在本例页面中，如果只将 box-1 向左浮动，该元素将同样脱离文档流向左移动，直到它的左边缘碰到包含框的左边缘为止，如图 5-18（a）所示。由于 box-1 不再处于文档流中，因此它不占据空间，实际上覆盖了 box-2，导致 box-2 从布局中消失。

② 如果所有元素向左浮动，那么 box-1 向左浮动直到碰到左边框时静止，另外两个元素也向左浮动，直到碰到前一个浮动框也静止，如图 5-18（b）所示，这样就将纵向排列的 Div 容器，变成了横向排列。

【演练 5-15】 空间不够时的元素浮动。继续使用前面的演练实例，如果 box 元素宽度不够，无法容纳三个浮动元素 box-1、box-2 和 box-3 并排放置，那么部分浮动元素将会向下移动，直到有足够的空间放置它们为止，如图 5-19（a）所示。如果浮动元素的高度彼此不同，那么当它们向下移动时可能会被其他浮动元素“挡住”，如图 5-19（b）所示。

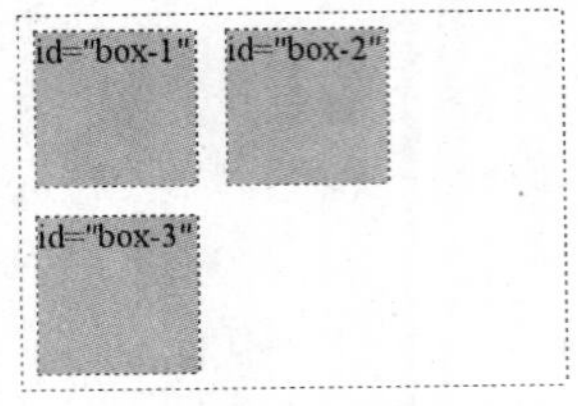

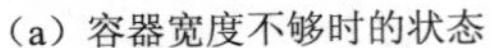
（a）容器宽度不够时的状态

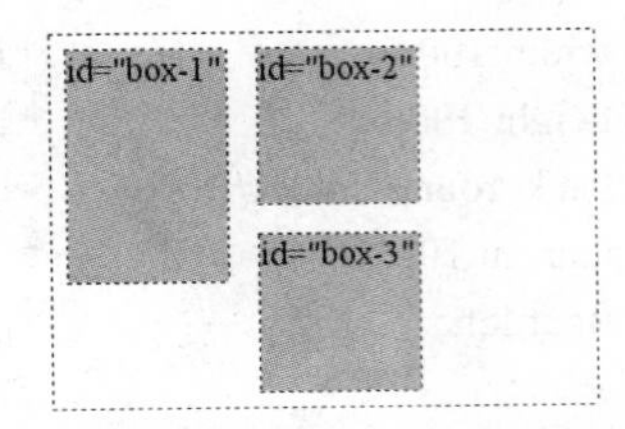

（b）容器宽度不够且不同高度的浮动元素

图 5-19　空间不够时的元素浮动

当容器宽度不够时，浮动元素 box-1、box-2 和 box-3 的 CSS 定义同演练 5-14，此处只修改了 box 元素的 CSS 定义，代码如下：

```
#box {
    width:340px;                /* box 元素宽度不够，导致浮动元素 box-3 向下移动*/
    float:left;
}
```

当容器宽度不够且有不同高度的浮动元素时，box、box-1、box-2 和 box-3 的 CSS 定义代码如下：

```
#box {
    width:340px;                /* box 元素宽度不够，导致浮动元素 box-3 向下移动*/
    float:left;
}
#box-1 {
    width:100px;
    height:150px;               /*浮动元素高度不同，导致 box-3 向下移动时被 box-1“挡住”*/
    background-color:#ff0;
    margin:10px;                /*设置外边距*/
    float:left;                 /*向左浮动*/
}
#box-2 {
    width:100px;                /*设置元素宽度*/
    height:100px;               /*设置元素高度*/
    background-color:#ff0;
    margin:10px;                /*设置外边距*/
    float:left;                 /*向左浮动*/
}
#box-3 {
    width:100px;                /*设置元素宽度*/
    height:100px;               /*设置元素高度*/
    background-color:#ff0;
    margin:10px;                /*设置外边距*/
    float:left;                 /*向左浮动*/
}
```

【说明】 由于浮动元素 box-1 的高度超过了向下移动的浮动元素 box-3 的高度，因此才会出现 box-3 向下移动时被 box-1“挡住”的现象。如果浮动元素 box-1 的高度小于浮动元素 box-3 的高度，就不会发生 box-3 向下移动时被 box-1“挡住”的现象。

5.4.2 清除浮动

在页面布局时，浮动属性的确能帮助用户实现良好的布局效果，但如果使用不当就会导致页面出现错位的现象。

在 CSS 样式中，浮动与清除浮动（Clear）是相互对立的，使用清除浮动不仅能够解决页面错位的问题，还能解决子级元素浮动导致父级元素背景无法自适应子级元素高度的问题。

语法：**clear:none | left |right | both**

参数：none 表示允许两边都可以有浮动对象，both 表示不允许有浮动对象，left 表示不允许左边有浮动对象，right 表示不允许右边有浮动对象。

【演练 5-16】 清除浮动。使用演练 5-14，页面所有元素均已向左浮动，在 box-3 后面再增加一个没有设置浮动的元素 box-4，未清除浮动时的状态如图 5-20（a）所示，清除浮动后的状态如图 5-20（b）所示。

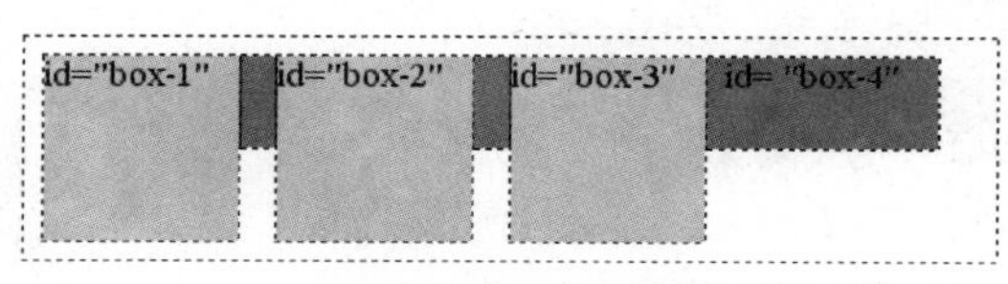

（a）未清除浮动时的状态

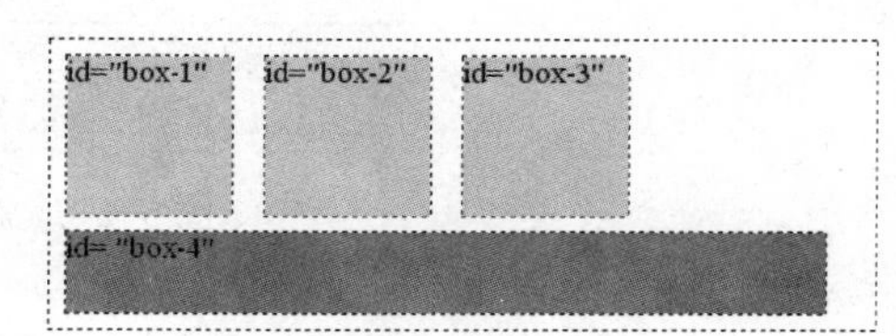

（b）清除浮动后的状态

图 5-20 向左浮动的元素

元素 box-4 在未清除浮动时的 CSS 定义代码如下：

```
#box-4 {
    width:460px;                /*设置元素宽度*/
    height:50px;                /*设置元素高度*/
    background-color:#39f;
    margin:10px;                /*设置外边距*/
}
```

元素 box-4 在清除浮动时的 CSS 定义代码如下：

```
#box-4 {
    width:460px;                /*设置元素宽度*/
    height:50px;                /*设置元素高度*/
    background-color:#39f;
    margin:10px;                /*设置外边距*/
    clear:both;                 /*清除浮动*/
}
```

【说明】 由于 box-4 起初并没有设置浮动，其虽然独占一行，但整体却跑到了页面顶部，并且被之前的元素所覆盖，出现了严重的页面错位现象，如图 5-20（a）所示。在对 box-4 设置了“clear:both;”清除浮动后，可以将该元素之前的浮动全部清除，如图 5-20（b）所示。

5.4.3 定位与浮动综合案例

本节通过两个综合案例的讲解，回顾使用 CSS 定位与浮动实现页面布局的各种技巧。

【演练 5-17】 兴宇书城注册页面整体布局，未使用盒子浮动前的布局效果如图 5-21 所示，使用盒子浮动后的布局效果如图 5-22 所示。

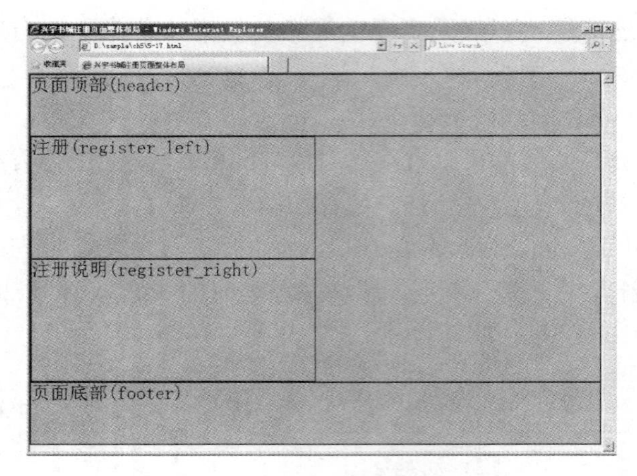

图 5-21　盒子浮动前的布局效果

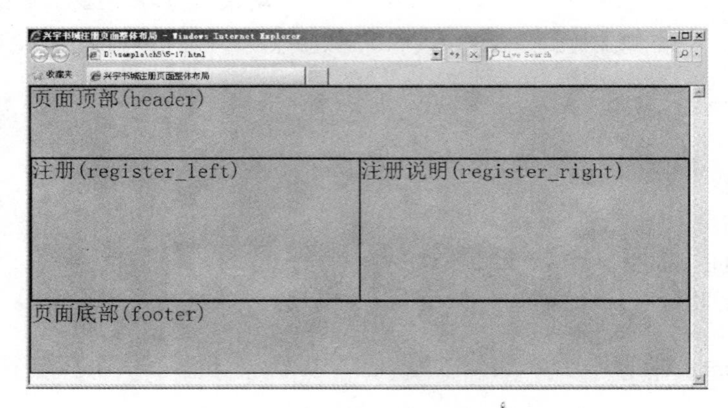

图 5-22　盒子浮动后的布局效果

在布局规划中，container 是整个页面的容器，header 是页面的顶部区域，main 是页面的主体内容，其中又包含注册表单区域 register_left 和表单说明区域 register_right，footer 是页面的底部区域。

代码如下：

```
<html>
<head>
<title>兴宇书城注册页面整体布局</title>
```

```
</head>
<style type="text/css">
body {                          /*body 容器的样式*/
   margin:0px;                  /*外边距为 0px*/
   padding:0px;                 /*内边距为 0px*/
}
div{                            /*设置各 div 块的边框、字体和颜色*/
   border:1px solid #00f;
   font-size:30px;
   font-family:宋体;
}
#container{                     /*整个页面容器 container 的样式*/
   width:900px;
   margin:0px auto;             /*容器自动居中*/
}
#header{                        /*顶部区域的样式*/
   width:100%;                  /*宽度为 100%*/
   height:100px;                /*高度为 100px*/
   background:#6cf;
}
#main{                          /*主体内容区域的样式*/
   width:100%;                  /*宽度为 100%*/
   height:200px;                /*高度为 200px*/
   background:#c9f;
}
.register_left,.register_right{ /*注册表单区域和表单说明区域的样式*/
   width:50%;                   /*宽度各占 50%*/
   height:100%;                 /*高度为 100%*/
   float:left;                  /*向左浮动*/
}
#footer{                        /*底部区域的样式*/
   width:100%;                  /*宽度为 100%*/
   height:100px;                /*高度为 100px*/
   background:#6cf;
}
</style>
<body>
   <div id="container">
      <div id="header">页面顶部(header)</div>
      <div id="main">
         <div class="register_left">注册(register_left)</div>
         <div class="register_right">注册说明(register_right)</div>
      </div>
      <div id="footer">页面底部(footer)</div>
   </div>
</body>
</html>
```

【说明】 在定义 register_left 和 register_right 的样式时，如果没有设置“float:left;”向左浮动，则表单说明区域将另起一行显示（见图 5-21），显然不符合布局要求。

【演练 5-18】 兴宇书城特别推荐图书的局部布局，页面效果如图 5-23 所示，页面局部布局示意图如图 5-24 所示。

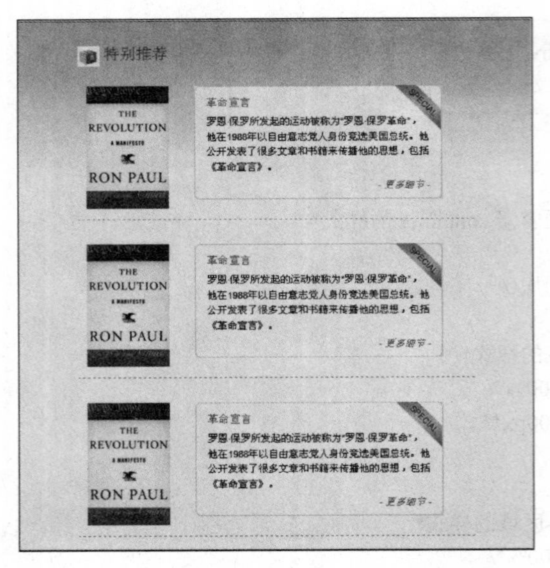
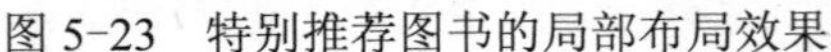

图 5-23 特别推荐图书的局部布局效果

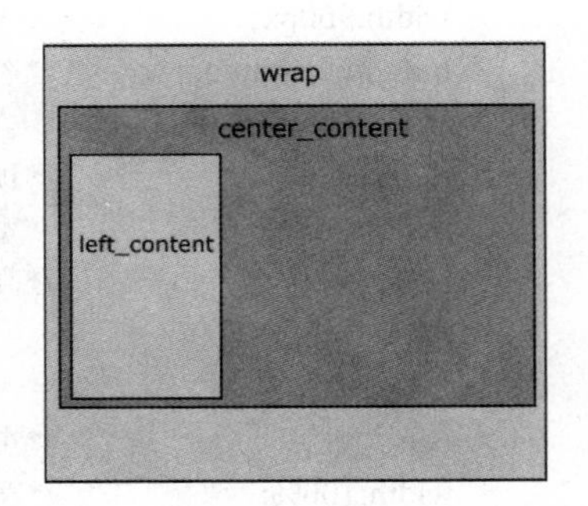

图 5-24 页面局部布局示意图

由于“特别推荐图书”局部信息在整个页面中位于主体内容的左侧，因此，在布局规划中，wrap 是整个页面的容器，center_content 是页面主体内容区域，left_content 是页面主体内容的左侧区域。

本例的样式表文件为 style.css，代码如下：

```
body{
    background:url(../images/bg.jpg) repeat-x top #fff;  /*body 背景图像水平重复，顶端对齐*/
    font-family:Arial, Helvetica, sans-serif;
    padding:0;                    /*内边距为 0px*/
    font-size:12px;
    margin:0px auto auto auto;    /*自动水平居中*/
    color:#000000;
}
#wrap{                            /*设置网页容器的样式*/
    width:900px;                  /*设置容器宽度为 900px*/
    height: auto;                 /*设置容器高度自适应*/
    margin:auto;
    background-color:#fff;        /*网页容器的背景色为白色*/
}
a{
    color:#d81e7a;                /*设置普通链接的颜色*/
}
.clear{
```

```
        clear:both;                         /*清除浮动*/
}
p{                                          /*设置普通段落的样式*/
        padding:5px 0 5px 0;                /*上、右、下、左内边距分别为 5px，0px，5px，0px*/
        margin:0px;                         /*外边距为 0px*/
        text-align:justify;                 /*文字两端对齐*/
        line-height:19px;                   /*行高为 19px*/
}
p.details{                                  /*设置详细信息段落的样式*/
        padding:5px 15px 5px 15px;          /*上、右、下、左内边距分别为 5px，15px，5px，15px*/
        font-size:11px;
}
/*------------------------------------center content 主体内容--------------------*/
.center_content{                            /*设置主体内容区域的样式*/
        width:900px;                        /*设置容器宽度为 900px*/
        padding:0px;                        /*内边距为 0px*/
        background:url(../images/center_bg.gif) no-repeat center top;/*背景图像无重复，顶端对齐*/
}
.left_content{                              /*设置主体内容左侧区域的样式*/
        width:490px;                        /*设置容器宽度为 490px*/
        float:left;                         /*向左浮动*/
        padding:20px 0 20px 20px;           /*上、右、下、左内边距分别为 20px，0px，20px，20px*/
}
.title{                                     /*设置“特别推荐”标题的样式*/
        color:#ee4699;
        padding:0px;                        /*内边距为 0px*/
        float:left;                         /*向左浮动*/
        font-size:19px;
        margin:10px 0 10px 0;               /*上、右、下、左外边距分别为 10px，0px，10px，0px*/
}
span.title_icon{                            /*设置“特别推荐”图标的样式*/
        float:left;                         /*向左浮动*/
        padding:0 5px 0 0;                  /*上、右、下、左内边距分别为 0px，5px，0px，0px*/
}
a.more{                                     /*设置“更多细节”链接的样式*/
        font-style:italic;                  /*斜体*/
        color:#42b1e5;
        float:right;                        /*向右浮动*/
        text-decoration:none;               /*无修饰*/
        font-size:11px;
        padding:0 15px 0 0 ;                /*上、右、下、左内边距分别为 0px，15px，0px，0px*/
}
/*--------feat_prod_box 图书展示-----------*/
.feat_prod_box{                             /*设置“图书展示”区域的样式*/
        padding:10px 0 10px 10px;           /*上、右、下、左内边距分别为 10px，0px，10px，10px*/
        margin:0 20px 20px 0;               /*上、右、下、左外边距分别为 0px，20px，20px，0px*/
        border-bottom:1px #b2b2b2 dashed; /*区域底端的边框线为 1px 灰色虚线*/
```

```
        clear:both;                     /*清除浮动*/
    }
    .prod_title{                        /*设置图书标题的样式*/
        color:#42b1e5;
        padding:5px 0 0 15px;           /*上、右、下、左内边距分别为 5px，0px，0px，15px*/
        font-size:13px;
    }
    .prod_img{                          /*设置图书图片的样式*/
        float:left;                     /*向左浮动*/
        padding:0 5px 0 0;              /*上、右、下、左内边距分别为 0px，5px，0px，0px*/
        text-align:center;              /*居中对齐*/
    }
    .prod_det_box{                      /*设置图书细节区域的样式*/
        width:295px;
        float:left;                     /*向左浮动*/
        padding:0 0 0 25px;             /*上、右、下、左内边距分别为 0px，0px，0px，25px*/
        position:relative;              /*相对定位*/
    }
    .box_top{                           /*设置图书细节区域顶部的样式*/
        width:295px;
        height:9px;
        background:url(../images/box_top.gif) no-repeat center bottom; /*背景图像居中底端对齐*/
    }
    .box_center{                        /*设置图书细节区域中部的样式*/
        width:295px;
        height:auto;
        background:url(../images/box_center.gif) repeat-y center; /*背景图像垂直重复，居中对齐*/
    }
    .box_bottom{                        /*设置图书细节区域底部的样式*/
        width:295px;
        height:9px;
        background:url(../images/box_bottom.gif) no-repeat center top; /*背景图像居中顶端对齐*/
    }
    .special_icon{                      /*设置“特别推荐”图片的样式*/
        position:absolute;              /*绝对定位*/
        top:0px;                        /*设置距顶部的距离为 0px*/
        _top:6px;
        right:2px;                      /*设置距右边的距离为 2px*/
        z-index:250;                    /*置于所有元素的上方，以显示 SPECIAL 标志*/
    }
```

网页的结构文件 5-18.html 的代码如下：

```
<html>
<head>
<title>特别推荐</title>
<link rel="stylesheet" type="text/css" href="style/style.css" />
</head>
<body>
```

```
<div id="wrap">
  <div class="center_content">
    <div class="left_content">
      <div  class="title"><span  class="title_icon"><img  src="images/bullet1.gif"  alt=""  title=""  />
</span>特别推荐</div>
      <div class="feat_prod_box">
        <div class="prod_img">
          <a href="details.html"><img src="images/prod1.gif" alt="" title="" border="0" /></a>
        </div>
        <div class="prod_det_box">
          <span class="special_icon"><img src="images/special_icon.gif" alt="" title="" /></span>
          <div class="box_top"></div>
          <div class="box_center">
            <div class="prod_title">革命宣言</div>
            <p class="details">罗恩·保罗所发起的运动被称为……（此处省略文字）</p>
            <a href="details.html" class="more">- 更多细节 -</a>
            <div class="clear"></div>
          </div>
          <div class="box_bottom"></div>
        </div>
        <div class="clear"></div>
      </div>
      <div class="feat_prod_box">
        <!--第 2 本推荐书的 div 区间代码同上，此处省略-->
      </div>
      <div class="feat_prod_box">
        <!--第 3 本推荐书的 div 区间代码同上，此处省略-->
      </div>
    </div>
  </div>
</div>
</body>
</html>
```

【说明】 本例采用链接外部样式表的方法将网页结构文件 5-18.html 与 CSS 样式文件 style.css 结合起来。为了便于管理样式表文件，特将其存放在一个名为 style 的文件夹中。

5.5 CSS 常用布局样式

本节结合目前经典的网站布局讲解 CSS 常用的布局样式，包括两列布局样式和三列布局样式。

5.5.1 两列布局样式

许多网站都有一些共同的特点，即顶部放置一个大的导航或广告条，右侧是链接或图片，左侧放置主要内容，页面底部放置版权信息等。如图 5-25 所示的布局就是经典的两列布局。

一般，此类页面布局的两列都有固定的宽度，而且从内容上很容易区分主要内容区域和侧边栏。页面布局从整体上分为上、中、下三个部分，即 header 区域、container 区域和 footer 区域。其中的 container 又包含 mainBox（主要内容区域）和 sideBox（侧边栏），布局示意图如图 5-26 所示。

图 5-25　经典的两列布局

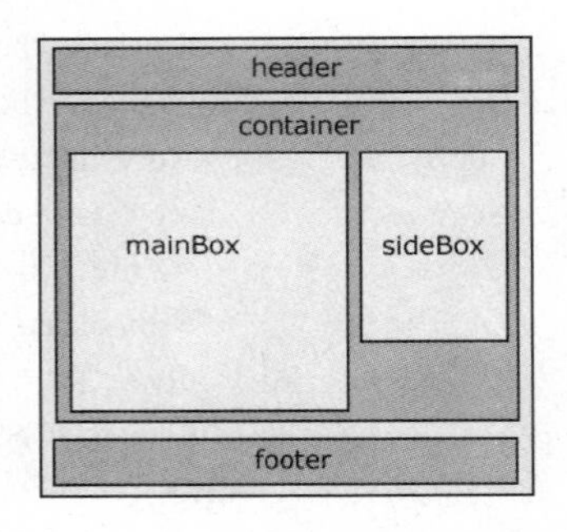

图 5-26　两列页面布局示意图

这里以最经典的三行两列宽度固定布局为例讲解最基础的固定分栏布局。

【演练 5-19】 三行两列宽度固定布局。该布局比较简单，首先使用名为 wrap 的 Div 容器将所有内容包裹起来。在 wrap 内部，名为 header、container 和 footer 的 Div 容器把页面分成三个部分，而中间的 container 又再被 mainBox 和 sideBox 的 Div 容器分成两块，页面效果如图 5-27 所示。

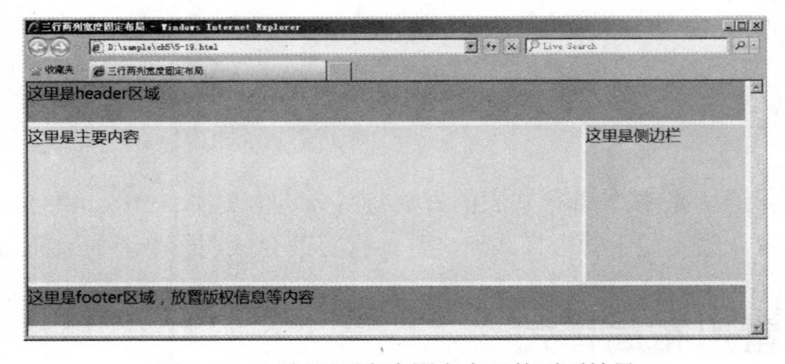

图 5-27　三行两列宽度固定布局的页面效果

代码如下：

```
<html>
<head>
<title>常用的 CSS 布局</title>
<style type="text/css">
* {
```

```
        margin:0;
        padding:0;
}
body {
        font-family:"微软雅黑";
        font-size:20px;
}/*设置页面全局参数*/
#wrap {
        margin:0 auto;
        width:900px;
}/*设置页面容器的宽度，并居中放置*/
#header {
        height:50px;
        width:900px;
        background:#6cf;
        margin-bottom:5px;
}/*设置页面头部信息区域*/
#container {
        width:900px;
        height:200px;
        margin-bottom:5px;
}/*设置页面中部区域*/
#mainBox {
        float:left;                    /*因为是固定宽度，所以采用浮动方法可避免 IE 像素 bug*/
        width:695px;
        height:200px;
        background:#cff;
}/*设置页面主内容区域*/
#sideBox {
        float:right;                   /*向右浮动*/
        width:200px;
        height:200px;
        background:#9ff;
}/*设置侧边栏区域*/
#footer {
        width:900px;
        height:50px;
        background:#6cf;
}/*设置页面底部区域*/
</style>
</head>
<body>
<div id="wrap">
  <div id="header">这里是 header 区域</div>
  <div id="container">
    <div id="mainBox">这里是</div>
    <div id="sideBox">这里是侧边栏</div>
  </div>
```

```
    <div id="footer">这里是 footer 区域，放置版权信息等内容</div>
</div>
</body>
</html>
```

【说明】

① 两列宽度固定指的是 mainBox 和 sideBox 两个块级元素的宽度固定，通过样式控制将其放置在 container 区域的两侧。两列布局的方式主要是通过 mainBox 和 sideBox 的浮动实现的。

② 需要注意的是，本例中的布局规则并不能满足实际情况的需要。例如，如果 mainBox 中的内容过多，在 Opera 浏览器和 Firefox 浏览器中就会出现错位的情况，如图 5-28 所示。

图 5-28　在 Opera 浏览器中因为 mainBox 内容过多出现错位情况

对于高度和宽度都固定的容器，当内容超过容器所容纳的范围时，可以使用 CSS 样式中的 overflow 属性将溢出的内容隐藏起来或者设置滚动条。

如果要真正解决这个问题，就要使用高度自适应的方法，即当内容超过容器高度时，容器能够自动地延展。要实现这种效果，就要修改 CSS 样式的定义。首先要做的是删除样式中容器的高度属性，并将其后面的元素清除浮动。

下面讲解如何对 CSS 样式进行修改。

【演练 5-20】 使用高度自适应的方法进行三行两列宽度固定布局。在演练 5-19 的基础上，删除 CSS 样式中 container、mainBox 和 sideBox 的高度，并且清除 footer 的浮动效果，最终的页面效果如图 5-29 所示。

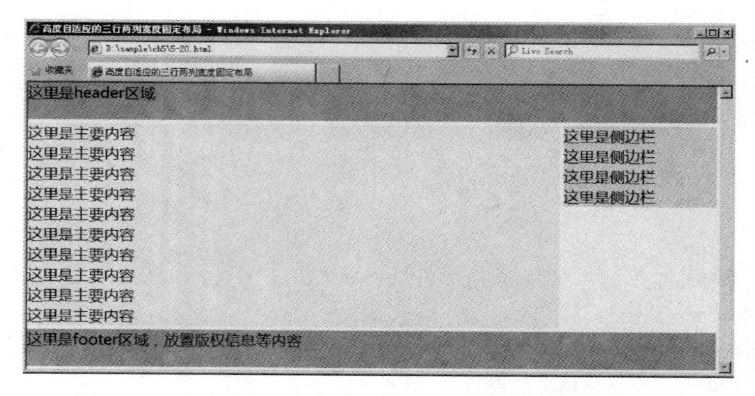

图 5-29　高度自适应的三行两列宽度固定布局的页面效果

修改 container、mainBox、sideBox 和 footer 的 CSS 定义，代码如下：

```
#container {
    margin-bottom:5px;
}/*设置页面中部区域*/
#mainBox {
    float:left;         /*因为是固定宽度，采用浮动方法可避免 IE 像素 bug*/
    width:695px;
    background:#cff;
}                       /*设置页面主内容区域*/
#sideBox {
    float:right;
    width:200px;
    background:#9ff;
}                       /*设置侧边栏区域*/
#footer {
    clear:both;         /*清除 footer 的浮动效果*/
    width:900px;
    height:50px;
    background:#6cf;
}/*设置页面底部区域*/
```

【说明】 通过修改 CSS 样式定义，在 mainBox 和 sideBox 标签内部添加任何内容，都不会出现溢出容器之外的现象，容器会根据内容的多少自动调节高度。

5.5.2 三列布局样式

三列布局在网页设计时更为常用，如图 5-30 所示。对于这种类型的布局，浏览者的注意力最容易集中在中栏的信息区域，其次才是左、右两侧的信息。

图 5-30　经典的三列布局

三列布局与两列布局非常相似，在处理方式上可以利用两列布局结构的方式处理，如图 5-31 所示就是三个独立的列组合而成的三列布局。三列布局仅比两列布局多了一列内容，无论形式上怎么变化，最终还是基于两列布局结构演变出来的。

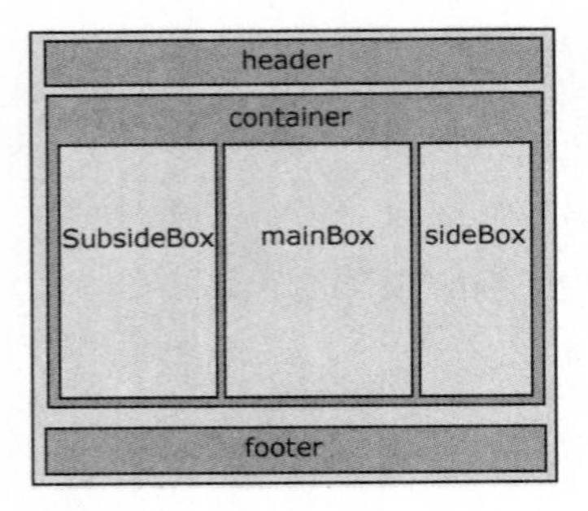

图 5-31　三列页面布局示意图

1．两列定宽中间自适应的三列结构

设计人员可以利用负边距原理实现两列定宽中间自适应的三列结构，这里负边距值是指将某个元素的 margin 属性值设置成负值，使用负边距值的元素可以将其他容器“吸引”到身边，从而解决页面布局的问题。

【演练 5-21】 两列定宽中间自适应的三列结构。页面中名为 container 的 Div 容器包含了主要内容区域（mainBox）、次要内容区域（submainBox）和侧边栏（sideBox），效果如图 5-32 所示。如果将浏览器窗口缩小，可以看到中间列自适应宽度的效果，如图 5-33 所示。

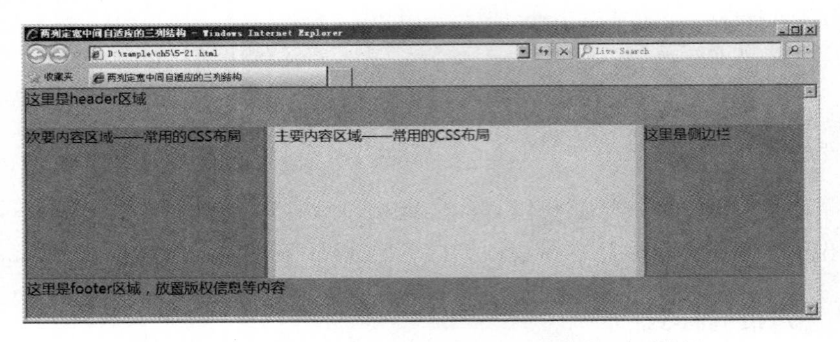

图 5-32　两列定宽中间自适应的三列结构的页面效果

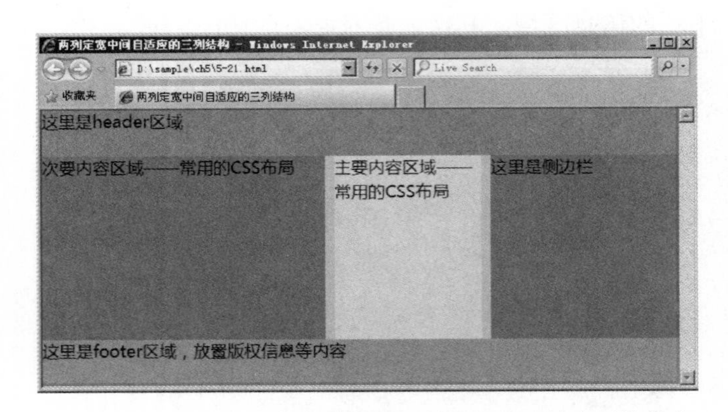

图 5-33　中间列自适应宽度的效果（浏览器窗口缩小时的状态）

代码如下：

```
<html>
<head>
<title>两列定宽中间自适应的三列结构</title>
<style type="text/css">
```

```
* {
        margin:0;
        padding:0;
}
body {
        font-family:"微软雅黑";
        font-size:18px;
        color:#000;
}
#header {
        height:50px;                  /*设置元素高度*/
        background:#0cf;
}
#container {
        overflow:auto;                /*溢出自动延展*/
}
#mainBox {
        float:left;                   /*向左浮动*/
        width:100%;
        background:#6ff;
        height:200px;                 /*设置元素高度*/
}
#content {
        height:200px;                 /*设置元素高度*/
        background:#ff0;
        margin:0 210px 0 310px;       /*右外边距空白 210px，左外边距空白 310px*/
}
#submainBox {
        float:left;                   /*向左浮动*/
        height:200px;                 /*设置元素高度*/
        background:#c63;
        width:300px;
        margin-left:-100%;            /*使用负边距值的元素可以将其他容器“吸引”到身边*/
}
#sideBox {
        float:left;                   /*向左浮动*/
        height:200px;                 /*设置元素高度*/
        width:200px;                  /*设置元素宽度*/
        margin-left:-200px;           /*使用负边距值的元素可以将其他容器“吸引”到身边*/
        background:#c63;
}
#footer {
        clear:both;                   /*清除浮动*/
        height:50px;                  /*设置元素高度*/
        background:#3cf;
}
</style>
```

```
</head>
<body>
<div id="header">这里是 header 区域</div>
<div id="container">
  <div id="mainBox">
    <div id="content">主要内容区域——常用的 CSS 布局</div>
  </div>
  <div id="submainBox">次要内容区域——常用的 CSS 布局</div>
  <div id="sideBox">这里是侧边栏</div>
</div>
<div id="footer">这里是 footer 区域，放置版权信息等内容</div>
</body>
</html>
```

【说明】 本例中的主要内容区域（mainBox）中又包含具体的内容区域（content），设计思路是利用 mainBox 的浮动特性，将其宽度设置为 100%，再结合 content 的左、右外边距所留下的空白，并利用负边距原理将次要内容区域（submainBox）和侧边栏（sideBox）"吸引"到身边。

2．三列自适应结构

5.5.1 节演练示例中，左、右两列都是固定宽度的，能否将其中一列或两列都变成自适应结构呢？首先，介绍一下三列自适应结构的特点，如下所示。

- 三列都设置为自适应宽度。
- 中间列的主要内容首先出现在网页中。
- 可以允许任一列的内容为最高。

下面用实例说明如何实现。

【演练 5-22】 三列自适应结构，其页面效果如图 5-34 所示。将浏览器窗口缩小，可以清楚地看到三列自适应宽度的效果，如图 5-35 所示。

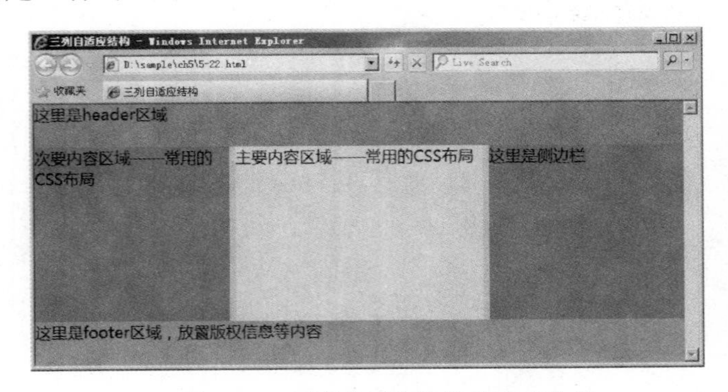

图 5-34　三列自适应结构的页面效果

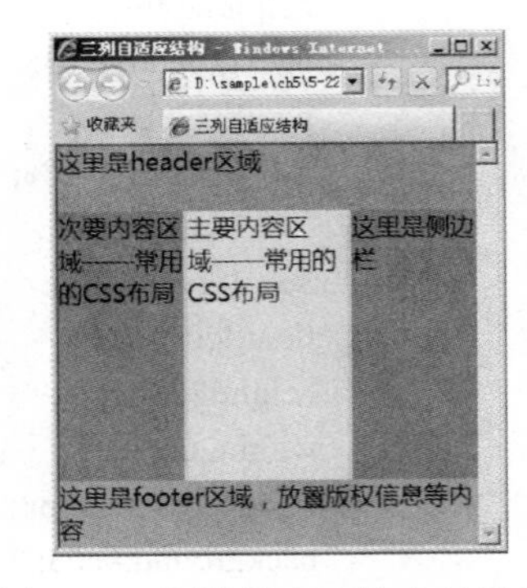

图 5-35　浏览器窗口缩小时的状态

本例只修改了 content、submainBox 和 sideBox 元素的 CSS 定义，代码如下：

```
#content {
    height:200px;            /*设置元素高度*/
    background:#ff0;
    margin:0 31% 0 31%;      /*设置外边距左右距离为自适应*/
```

```
}
#submainBox {
        float:left;                     /*向左浮动*/
        height:200px;                   /*设置元素高度*/
        background:#c63;
        width:30%;                      /*设置宽度为 30%*/
        margin-left:-100%;              /*设置负边距为-100%*/
}
#sideBox {
        float:left;                     /*向左浮动*/
        height:200px;                   /*设置元素高度*/
        width:30%;                      /*设置宽度为 30%*/
        margin-left:-30%;               /*设置负边距为-30%*/
        background:#c63;
}
```

【说明】 要实现三列自适应结构，要从改变列的宽度入手。首先，要将 submainBox 和 sideBox 两列的宽度设置为自适应。其次，要调整左、右两列有关负边距的属性值。最后，要对内容区域 content 容器的外边距 margin 值加以修改。

5.6 Div+CSS 布局综合案例

在前面讲解兴宇书城注册会员页面整体布局的基础上，本节主要讲解注册会员局部内容的制作，重点练习 Div+CSS 布局页面的相关知识。

5.6.1 页面布局规划

页面布局的首要任务是弄清网页的布局方式，分析版式结构，待整体页面搭建有明确规划后，再根据成熟的规划切图。

通过构思与设计，注册会员局部内容的页面效果如图 5-36 所示，页面局部布局示意图如图 5-37 所示。

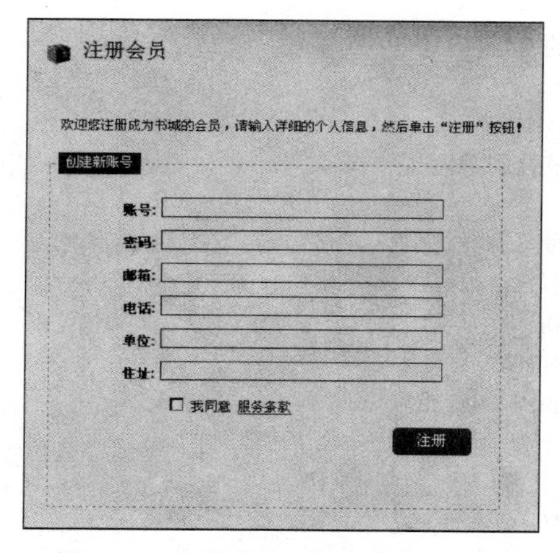

图 5-36 注册会员局部内容的页面效果

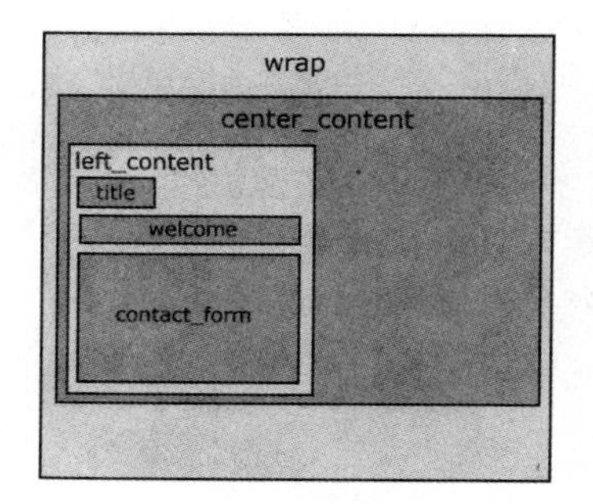

图 5-37 页面布局示意图

从页面布局示意图可以看出，由于“注册会员”局部信息在整个页面中位于主体内容的左侧，因此，在布局规划中，wrap 是整个页面的容器，center_content 是页面主体内容区域，left_content 是页面主体内容的左侧区域。

5.6.2 页面的制作过程

1．前期准备

（1）栏目文件夹结构

在栏目文件夹中创建文件夹 images 和 style，分别用来存放图像素材和外部样式表文件。

（2）页面素材

将本页面需要使用的图像素材存放在文件夹 images 中。

（3）外部样式表

在文件夹 style 中新建一个名为 style.css 的样式表文件。

2．制作页面

（1）页面整体的布局

页面的整体布局包括 body 样式、wrap 容器样式、普通超链接样式、段落样式和清除浮动的类样式。

CSS 代码如下：

```
body{                               /*设置页面整体的样式*/
    background:#fff;                /*body 背景色为白色*/
    font-family:Arial, Helvetica, sans-serif;
    padding:0;                      /*内边距为 0px*/
    font-size:12px;
    margin:0px auto auto auto;      /*自动水平居中*/
    color:#000000;
}
#wrap{                              /*设置网页容器的样式*/
    width:900px;                    /*设置容器宽度*/
    height: auto;                   /*设置容器高度自适应*/
    margin:auto;
    background-color:#fff;          /*网页容器的背景色为白色*/
}
a{
    color:#d81e7a;                  /*设置普通链接的颜色*/
}
p{                                  /*设置普通段落的样式*/
    padding:5px 0 5px 0;            /*上、右、下、左内边距分别为 5px，0px，5px，0px*/
    margin:0px;                     /*外边距为 0px*/
    text-align:justify;             /*文字两端对齐*/
    line-height:19px;               /*行高为 19px*/
}
.clear{
    clear:both;                     /*清除浮动*/
}
```

（2）页面主体区域（包含左侧区域）的布局

页面主体区域的内容被放置在名为 center_content 的 Div 容器中，主要用来作为放置左侧注册会员区域 left_content 和右侧区域 right_content（该区域包括购物车、在库图书简介、促销及分类等内容，其布局将在书城首页的制作中讲解）的容器，如图 5-38 所示。

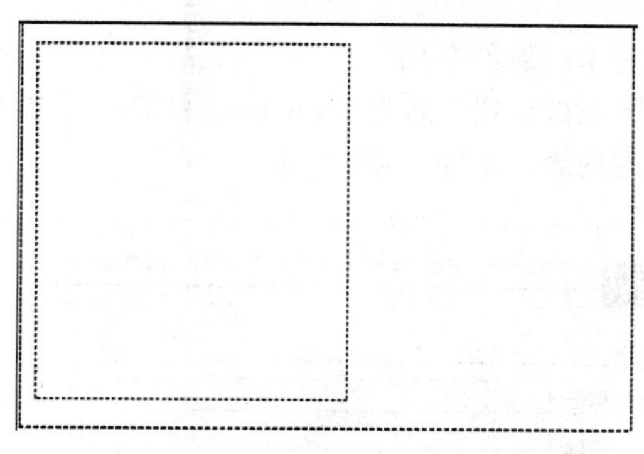

图 5-38 页面主体区域的布局

CSS 代码如下：

```
.center_content{                    /*设置主体内容区域的样式*/
    width:900px;                    /*设置容器宽度*/
    padding:0px;                    /*内边距为 0px*/
    background:url(../images/center_bg.gif) no-repeat center top;   /*背景图像无重复，顶端对齐*/
}
.left_content{                      /*设置主体内容左侧区域的样式*/
    width:490px;                    /*设置容器宽度*/
    float:left;                     /*向左浮动*/
    padding:20px 0 20px 20px;  /*上、右、下、左内边距分别为 20px，0px，20px，20px*/
}
```

（3）会员注册标题区的布局

会员注册标题区的内容被放置在名为 title 的 Div 容器中，主要用来显示注册会员的图标和文字，如图 5-39 所示。

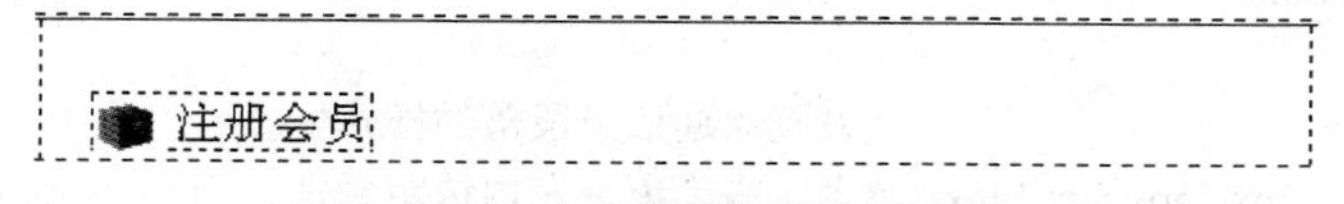

图 5-39 会员注册标题区的布局

CSS 代码如下：

```
.title{                             /*设置“注册会员”标题的样式*/
    color:#ee4699;
    padding:0px;                    /*内边距为 0px*/
    float:left;                     /*向左浮动*/
    font-size:19px;
    margin:10px 0 10px 0;           /*上、右、下、左外边距分别为 10px，0px，10px，0px*/
```

```
}
span.title_icon{                /*设置“注册会员”图标的样式*/
      float:left;               /*向左浮动*/
      padding:0 5px 0 0;        /*上、右、下、左内边距分别为 0px，5px，0px，0px*/
}
```

（4）欢迎信息区域和表单区域的布局

欢迎信息区域和表单区域被放置在名为 form_box 的 Div 容器中，主要用来显示欢迎用户注册的信息和注册表单的内容，如图 5-40 所示。

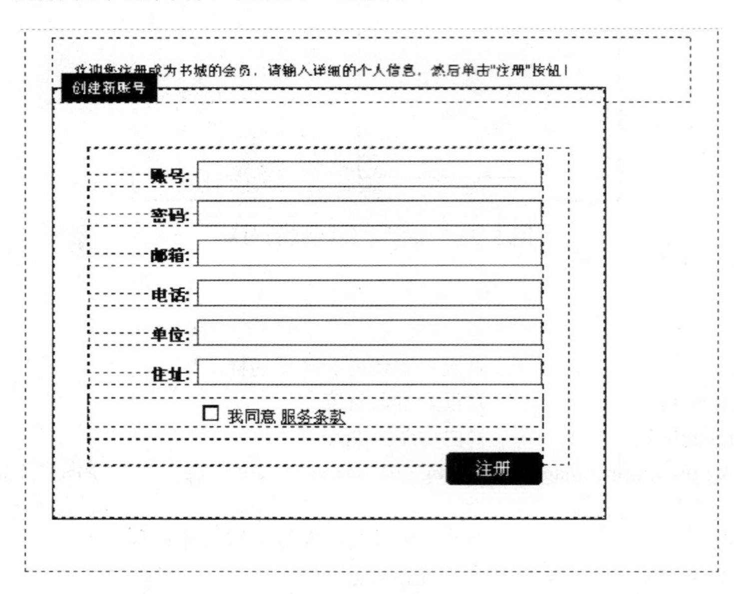

图 5-40　欢迎信息区域和表单区域的布局

CSS 代码如下：

```
.form_box{                      /*设置容器的样式*/
      padding:10px 0 10px 0;    /*上、右、下、左内边距分别为 10px，0px，10px，0px*/
      margin:0 20px 10px 0;     /*上、右、下、左外边距分别为 0px，20px，10px，0px*/
      clear:both;               /*清除浮动*/
}
p.details{                      /*设置欢迎信息段落的样式*/
      padding:5px 15px 5px 15px; /*上、右、下、左内边距分别为 5px，15px，5px，15px*/
      font-size:11px;
}
.contact_form{                  /*设置表单区域的样式*/
      width:355px;              /*设置元素宽度*/
      float:left;               /*向左浮动*/
      padding:25px;
      margin:20px 0 0 15px;     /*上、右、下、左外边距分别为 20px，0px，0px，15px*/
      _margin:20px 0 0 5px;     /*_margin 是为了兼容 IE6 及更早版本的浏览器*/
      border:1px #dfd1d2 dashed; /*虚线边框*/
```

```
        position:relative;              /*相对定位*/
    }
    .form_subtitle{                     /*设置表单标题的样式*/
        position:absolute;              /*绝对定位*/
        top:-11px;        /*设置表单标题距离顶部的距离为-11px，使表单的虚线上边框穿越标题*/
        left:7px;                       /*设置表单标题距离左边的距离为 7px*/
        width:auto;                     /*宽度自适应*/
        height:20px;                    /*设置元素高度*/
        background-color:#d81e7a;
        text-align:center;              /*文字居中对齐*/
        padding:0 7px 0 7px;            /*上、右、下、左内边距分别为 0px，7px，0px，7px*/
        color:#fff;
        font-size:11px;
        line-height:20px;               /*行高为 20px*/
    }
    .form_row{                          /*设置表单行的样式*/
        width:335px;                    /*设置元素宽度*/
        _width:355px;                   /*_width 是为了兼容 IE6 及更早版本的浏览器*/
        clear:both;                     /*清除浮动*/
        padding:10px 0 10px 0;          /*上、右、下、左内边距分别为 10px，0px，10px，0px*/
        _padding:5px 0 5px 0;           /*_padding 是为了兼容 IE6 及更早版本的浏览器*/
        color:#a53d17;
    }
    label.contact{                      /*设置表单中提示文字标签的样式*/
        width:75px;
        float:left;                     /*向左浮动*/
        font-size:12px;
        text-align:right;               /*文字右对齐*/
        padding:4px 5px 0 0;            /*上、右、下、左内边距分别为 4px，5px，0px，0px*/
        color: #333;                    /*文字深灰色*/
    }
    input.contact_input{                /*设置表单中 input 元素的样式*/
        width:253px;                    /*设置元素宽度*/
        height:18px;                    /*设置元素高度*/
        background-color:#fff;
        color:#999;
        border:1px #dfdfdf solid;       /*边框为 1px 浅灰色细实线*/
        float:left;                     /*向左浮动*/
    }
    textarea.contact_textarea{          /*设置表单中多行文本域的样式*/
        width:253px;                    /*设置元素宽度*/
        height:120px;                   /*设置元素高度*/
        font-family:Arial, Helvetica, sans-serif;
        font-size:12px;
        color: #999;
        background-color:#fff;
```

```
        border:1px # dfdfdf solid;    /*边框为 1px 浅灰色细实线*/
        float:left;                   /*向左浮动*/
    }
    input.register{                   /*设置表单中“注册”提交按钮的样式*/
        width:71px;                   /*设置元素宽度*/
        height:25px;                  /*设置元素高度*/
        border:none;                  /*无边框*/
        cursor:pointer;
        text-align:center;            /*文字居中对齐*/
        float:right;
        color:#fff;
        background:url(../images/register_bt.gif) no-repeat center;/*背景图像无重复，居中对齐*/
    }
    .terms{                           /*设置表单中服务条款区域的样式*/
        padding:0 0 0 80px;           /*上、右、下、左内边距分别为 0px，0px，0px，80px*/
    }
```

（5）页面结构代码

为了使读者对页面的样式与结构有一个全面的认识，最后说明整个页面（register.html）的结构代码，代码如下：

```
<html>
<head>
<title>免费注册</title>
<link rel="stylesheet" type="text/css" href="style/style.css" />
</head>
<body>
<div id="wrap">
  <div class="center_content">
    <div class="left_content">
      <div class="title">
        <span class="title_icon"><img src="images/bullet1.gif" alt="" title="" /></span>注册会员
      </div>
      <div class="form_box">
        <p class="details">欢迎您注册成为书城的会员，请输入详细……（此处省略文字）</p>
        <div class="contact_form">
          <div class="form_subtitle">创建新账号</div>
          <form name="register" action="#">
            <div class="form_row">
              <label class="contact"><strong>账号:</strong></label>
              <input type="text" class="contact_input" />
            </div>
            <div class="form_row">
              <label class="contact"><strong>密码:</strong></label>
              <input type="text" class="contact_input" />
            </div>
```

```
                <div class="form_row">
                    <label class="contact"><strong>邮箱:</strong></label>
                    <input type="text" class="contact_input" />
                </div>
                <div class="form_row">
                    <label class="contact"><strong>电话:</strong></label>
                    <input type="text" class="contact_input" />
                </div>
                <div class="form_row">
                    <label class="contact"><strong>单位:</strong></label>
                    <input type="text" class="contact_input" />
                </div>
                <div class="form_row">
                    <label class="contact"><strong>住址:</strong></label>
                    <input type="text" class="contact_input" />
                </div>
                <div class="form_row">
                    <div class="terms">
                        <input type="checkbox" name="terms" />
                      我同意 <a href="#">服务条款</a> </div>
                </div>
                <div class="form_row">
                    <input type="submit" class="register" value="注册" />
                </div>
              </form>
          </div>
        </div>
        <div class="clear"></div>
      </div>
    </div>
</div>
</body>
</html>
```

【说明】

① 由于样式表文件夹 style 和图像文件夹 images 是同级文件夹，因此，样式中访问图像时使用的是相对路径“../images/图像文件名”的写法。

② 本例代码中出现的诸如“_margin”、“_width”等写法是为了兼容 IE6 及更早版本的浏览器。

5.7 实训——力天商务网博客页面的布局

本节主要讲解力天商务网博客页面的布局，重点练习 Div+CSS 布局页面的相关知识。

5.7.1 页面布局规划

通过成熟的构思与设计，力天商务网博客页面的局部效果如图 5-41 所示，页面局部布局示意图如图 5-42 所示。

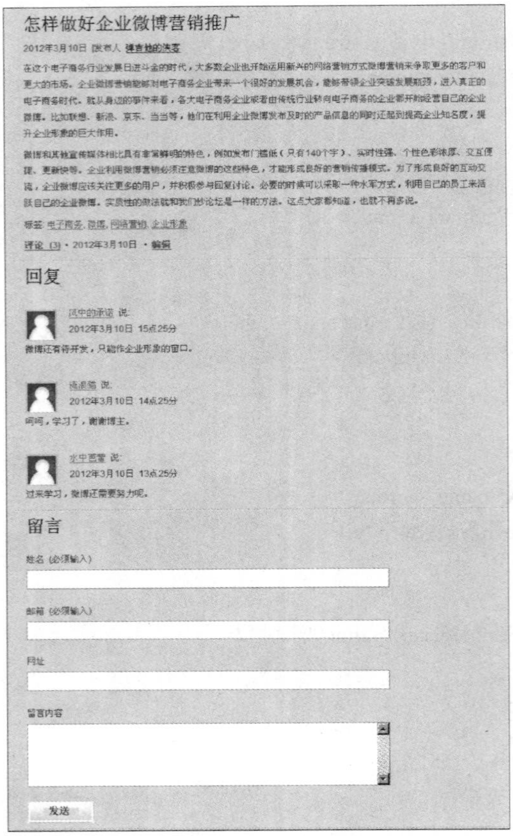

图 5-41　博客页面局部内容的页面效果

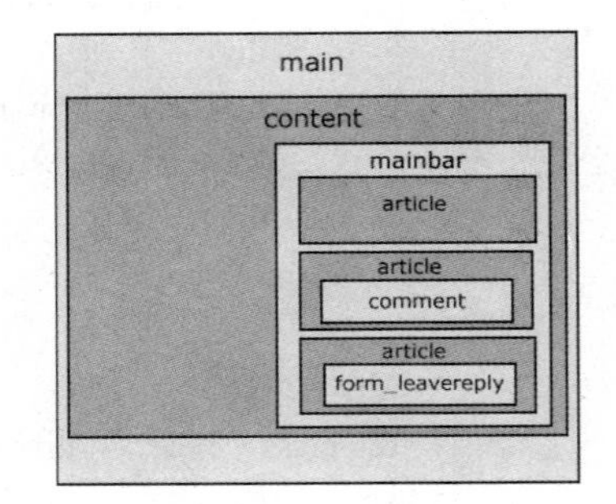

图 5-42　页面局部布局示意图

从页面布局示意图可以看出，由于博客页面局部信息在整个页面中位于主体内容的右侧，因此，在布局规划中，main 是整个页面的容器，content 是页面主体内容区域，mainbar 是页面主体内容的右侧区域。

右侧区域分为三个分区。其中，最上面的分区 article 用于显示文章，中间的分区 article（comment）用于显示文章的评论，最下面的分区 article（form_leavereply）用于显示留言的表单。

5.7.2 页面的制作过程

1．前期准备

（1）栏目文件夹结构

在栏目文件夹中创建文件夹 images 和 style，分别用来存放图像素材和外部样式表文件。

（2）页面素材

将本页面需要使用的图像素材存放在文件夹 images 中。

（3）外部样式表

在文件夹 style 中新建一个名为 style.css 的样式表文件。

2．制作页面

（1）页面整体的布局

页面的整体布局包括 body 样式、main 容器样式、h2 标题样式、普通超链接样式、段落样式、表单样式、列表样式和清除浮动的类样式。

CSS 代码如下：

```
body {                          /*设置页面整体的样式*/
  margin:0;                     /*外边距为 0px*/
  padding:0;                    /*内边距为 0px*/
  width:100%;                   /*宽度使用相对值 100%*/
  color:#959595;                /*页面文字颜色为灰色*/
  font:normal 12px/1.8em Arial, Helvetica, sans-serif;
  background:#eaeaea;           /*页面背景颜色为浅灰色*/
}
.main {                         /*设置网页容器的样式*/
  padding:0;                    /*内边距为 0px*/
  margin:0 auto;                /*自动居中对齐*/
  width:970px;                  /*设置容器宽度为 970px*/
}
h2 {                            /*设置 h2 标题的样式*/
  font:normal 24px Arial, Helvetica, sans-serif;
  padding:2px 0;                /*上、下内边距为 2px，左、右内边距为 0px*/
  margin:0;                     /*外边距为 0px*/
  color:#595959;                /*文字颜色为深灰色*/
}
p {                             /*设置普通段落的样式*/
  font:normal 12px/1.8em Arial, Helvetica, sans-serif;
  margin: 4px 0px 4px 0px ;     /*上、右、下、左外边距分别为 4px，0px，4px，0px*/
  padding: 0px 0px 2px 0px;     /*上、右、下、左内边距分别为 0px，0px，2px，0px*/
}
a {                             /*设置普通链接的样式*/
  color:#78bbe6;                /*链接颜色为浅蓝色*/
  text-decoration:underline;    /*下画线*/
}
form, ol, ol li, ul{            /*表单和列表的样式*/
  margin:0;                     /*外边距为 0px*/
  padding:0;                    /*内边距为 0px*/
}
.clr {                          /*清除浮动的样式*/
  clear:both;                   /*清除浮动*/
  padding:0;                    /*内边距为 0px*/
  margin:0;                     /*外边距为 0px*/
  width:100%;                   /*宽度使用相对值 100%*/
  font-size:0px;
  line-height:0px;              /*行高设置为 0，确保清除浮动的效果*/
}
```

(2）页面主体区域（包含右侧区域）的布局

页面主体区域的内容被放置在名为 content 的 Div 容器中，主要用来作为放置左侧导航区域 sidebar（该区域包括查询表单、商务导航菜单与合作伙伴导航菜单等内容，其布局将在后续章节讲解）和右侧博客区域 mainbar 的容器，如图 5-43 所示。

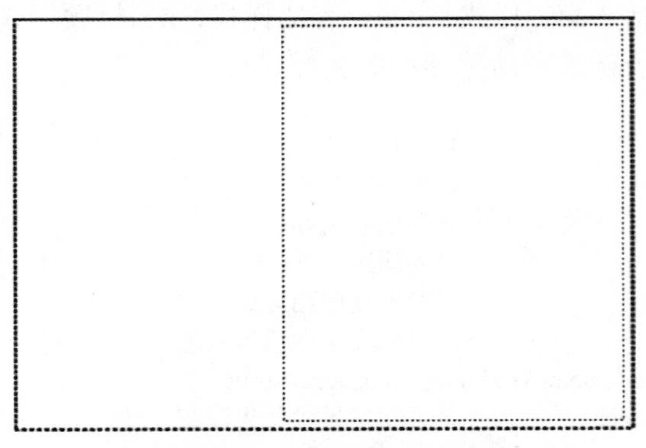

图 5-43　页面主体区域的布局

CSS 代码如下：

```
.content {                     /*设置主体内容区域的样式*/
  padding:2px 0;               /*上、下内边距为 2px，左、右内边距为 0px*/
  margin:0 auto;               /*自动居中对齐*/
  width:970px;
}
.mainbar {
  margin:0;                    /*外边距为 0px*/
  padding:0;                   /*内边距为 0px*/
  float:right;                 /*向右浮动，使博客区域在页面中的右侧*/
  width:653px;
}
```

(3）博客文章区域的布局

博客文章区域的内容被放置在 mainbar 容器中最上方的 article 分区中，主要用来显示文章的标题、发布信息、正文内容、标签和评论统计，如图 5-44 所示。

怎样做好企业微博营销推广

2012年3月10日 |发布人 弹吉他的侠客

在这个电子商务行业发展日进斗金的时代，大多数企业也开始运用新兴的网络营销方式微博营销来争取更多的客户和更大的市场。企业微博营销能够对电子商务企业带来一个很好的发展机会，能够带领企业突破发展瓶颈，进入真正的电子商务时代。就从身边的事件来看，各大电子商务企业或者由传统行业转向电子商务的企业都开始经营自己的企业微博。比如联想、新浪、京东、当当等，他们在利用企业微博发布及时的产品信息的同时还起到提高企业知名度，提升企业形象的巨大作用。

微博和其他宣传媒体相比具有非常鲜明的特色，例如发布门槛低（只有140个字）、实时性强、个性色彩浓厚、交互便捷、更新快等。企业利用微博营销必须注意微博的这些特色，才能形成良好的营销传播模式。为了形成良好的互动交流，企业微博应该关注更多的用户，并积极参与回复讨论。必要的时候可以采取一种水军方式，利用自己的员工来活跃自己的企业微博。实质性的做法就和我们炒论坛是一样的方法。这点大家都知道，也就不再多说。

标签: 电子商务 微博 网络营销 企业形象

评论 (3) · 2012年3月10日 · 编辑

图 5-44　博客文章区域的布局

CSS 代码如下：

```
.mainbar .article {                    /*设置博客文章区域的样式*/
    margin:0;                          /*外边距为 0px*/
    padding:5px 15px 5px;              /*上、下内边距为 5px，左、右内边距为 15px*/
    background:url(../images/menu_line.gif) repeat-x bottom;/*背景图像水平重复，底端对齐*/
}
.mainbar .post-data a {                /*设置博客文章作者超链接的样式*/
    color:#595959;                     /*文字颜色为深灰色*/
}
```

（4）文章评论区域的布局

文章评论区域被放置在 mainbar 容器中间的 article（comment）分区中，主要用来显示文章的评论信息，如图 5-45 所示。

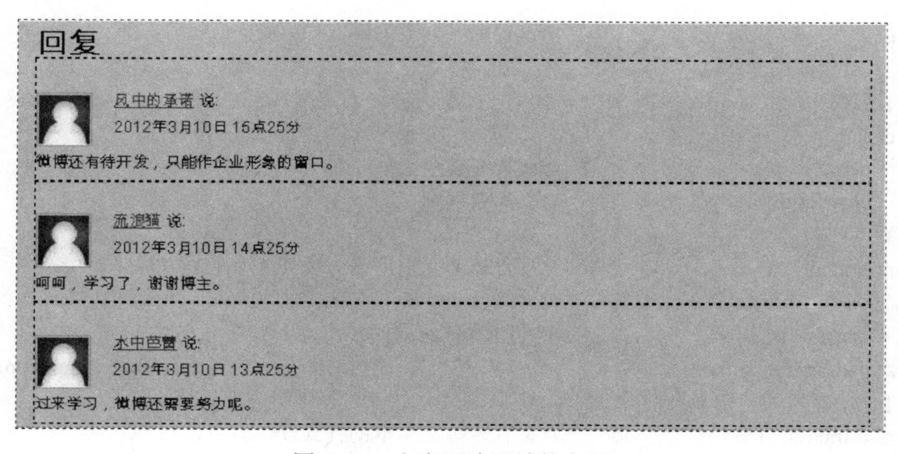

图 5-45　文章评论区域的布局

CSS 代码如下：

```
.content .mainbar .comment {           /*设置文章评论区域的样式*/
    margin:0;                          /*外边距为 0px*/
    padding:16px 0 0 0;                /*上、右、下、左内边距分别为 16px，0px，0px，0px */
}
.content .mainbar .comment img.userpic {/*设置文章评论区域中图片的样式*/
    border:1px solid #dedede;          /*边框为 1px 浅灰色细实线*/
    margin:10px 16px 0 0;              /*上、右、下、左外边距分别为 10px，16px，0px，0px*/
    padding:0;                         /*内边距为 0px*/
    float:left;                        /*向左浮动*/
}
```

（5）留言表单区域的布局

留言表单区域被放置在 mainbar 容器下方的 article（leavereply）分区中，主要用来显示发表留言的表单，如图 5-46 所示。

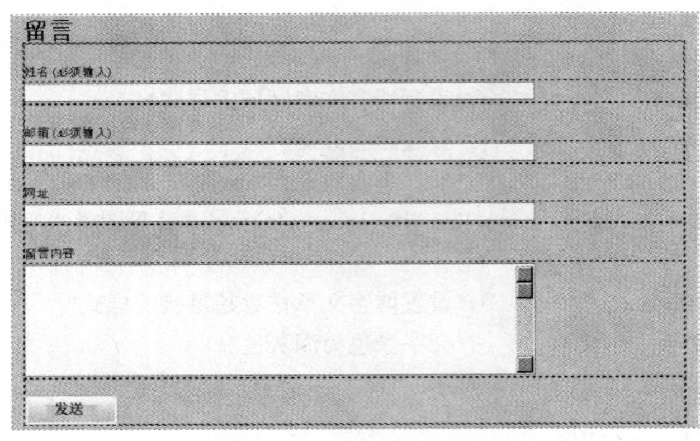

图 5-46　留言表单区域的布局

CSS 代码如下：

```
ol {                            /*设置有序列表的样式*/
    list-style:none;            /*列表无样式*/
}
ol li {                         /*设置有序列表选项的样式*/
    display:block;              /*块级元素*/
    clear:both;                 /*清除浮动*/
}
ol li label {                   /*设置表单文本框上方说明文字的样式*/
    display:block;              /*块级元素*/
    margin:0;                   /*外边距为 0px*/
    padding:16px 0 0 0;         /*上、右、下、左内边距分别为 16px，0px，0px，0px */
}
ol li input.text {              /*设置表单文本框的样式*/
    width:480px;
    border:1px solid #c0c0c0;   /*边框为 1px 浅灰色细实线*/
    margin:2px 0;               /*上、下外边距为 2px，左、右外边距为 0px*/
    padding:5px 2px;            /*上、下内边距为 5px，左、右内边距为 2px*/
    height:26px;                /*文本框高度为 26px*/
    background:#fff;            /*文本框背景色为白色*/
}
ol li textarea {                /*设置表单多行文本域的样式*/
    width:480px;
    border:1px solid #c0c0c0;   /*边框为 1px 浅灰色细实线*/
    margin:2px 0;               /*上、下外边距为 2px，左、右外边距为 0px*/
    padding:2px;                /*内边距为 2px*/
    background:#fff;            /*多行文本域背景色为白色*/
}
ol li .send {                   /*设置表单“发送”图片按钮的样式*/
    margin:16px 0 0 0;          /*上、右、下、左外边距分别为 16px，0px，0px，0px */
}
```

（6）页面结构代码

为了使读者对页面的样式与结构有一个全面的认识，最后说明整个页面（blog.html）的结构代码，代码如下：

```
<html>
<head>
<title>博客</title>
<link href="style/style.css" rel="stylesheet" type="text/css" />
</head>
<body>
<div class="main">
  <div class="content">
      <div class="mainbar">
        <div class="article">
          <h2>怎样做好企业微博营销推广</h2>
          <div class="clr"></div>
          <p class="post-data"><span class="date">2012 年 3 月 10 日</span> |发布人 <a
href="#">弹吉他的侠客</a></p>
          <p>在这个电子商务行业发展日进斗金的时代，而大多数企业……（此处省略文字）
          </p>
          <p>微博和其他宣传媒体相比具有非常鲜明的特色……（此处省略文字）</p>
          <p>标签: <a href="#">电子商务</a>, <a href="#">微博</a>, <a href="#">网络营销</a>,
          <a href="#">企业形象</a></p>
          <p><a href="#"><strong>评论 (3)</strong></a>   <span> &bull; </span>
2012 年 3 月 10 日  <span> &bull; </span>  <a href="#"><strong>编辑</strong></a></p>
        </div>
        <div class="article">
          <h2>回复</h2><div class="clr"></div>
          <div class="comment">
            <a href="#"><img src="images/userpic.gif" width="40" height="40" alt="user" class=
            "userpic" /></a>
            <p><a href="#">风中的承诺</a> 说:<br />2012 年 3 月 10 日 15 点 25 分</p>
            <p>微博还有待开发，只能作企业形象的窗口。</p>
          </div>
          <div class="comment">
            <a href="#"><img src="images/userpic.gif" width="40" height="40" alt="user" class=
            "userpic" /></a>
            <p><a href="#">流浪猫</a> 说:<br />2012 年 3 月 10 日 14 点 25 分</p>
            <p>呵呵，学习了，谢谢博主。</p>
          </div>
          <div class="comment">
            <a href="#"><img src="images/userpic.gif" width="40" height="40" alt="user" class=
            "userpic" /></a>
            <p><a href="#">水中芭蕾</a> 说:<br />2012 年 3 月 10 日 13 点 25 分</p>
            <p>过来学习，微博还需要努力呢。</p>
          </div>
        </div>
        <div class="article">
          <h2><span>留言</span></h2><div class="clr"></div>
          <form action="#" method="post" id="leavereply">
```

```
            <ol><li>
              <label for="name">姓名 (必须输入)</label>
              <input id="name" name="name" class="text" />
            </li><li>
              <label for="email">邮箱 (必须输入)</label>
              <input id="email" name="email" class="text" />
            </li><li>
              <label for="website">网址</label>
              <input id="website" name="website" class="text" />
            </li><li>
              <label for="message">留言内容</label>
              <textarea id="message" name="message" rows="8" cols="50"></textarea>
            </li><li>
              <input type="image" name="imageField" src="images/submit.gif" class="send" />
              <div class="clr"></div>
            </li></ol>
            </form>
          </div>
        </div>
        <div class="clr"></div>
    </div>
  </div>
  </body>
  </html>
```

【说明】

① 由于样式表文件夹 style 和图像文件夹 images 是同级文件夹，因此，在样式中访问图像时使用的是相对路径“../images/图像文件名”的写法。

② 本例代码中出现的诸如“_margin”、“_width”等写法是为了兼容 IE6 及更早版本的浏览器。

习题 5

1．制作如图 5-47 所示的两列固定宽度型布局。

图 5-47　题 1 图

2．制作如图 5-48 所示的三列固定宽度居中型布局。

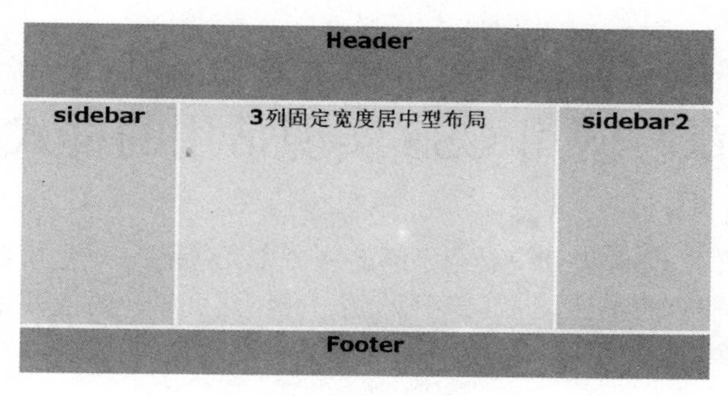

图 5-48　题 2 图

3．使用相对定位的方法制作如图 5-49 所示的页面布局。

4．综合使用 Div+CSS 布局技术创建如图 5-50 所示的兴宇书城“联系我们”的局部页面。

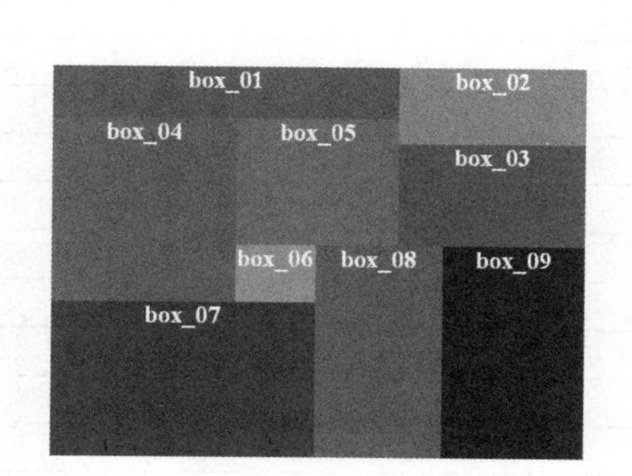

图 5-49　题 3 图

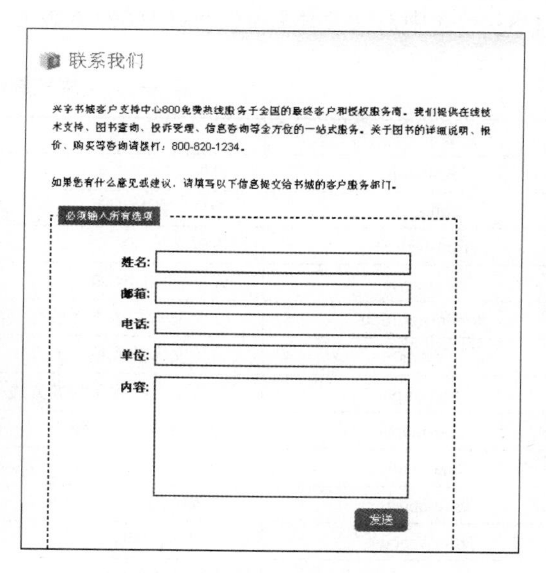

图 5-50　题 4 图

5．综合使用 Div+CSS 布局技术创建如图 5-51 所示的力天商务网广告条的局部页面。

图 5-51　题 5 图

第 6 章　使用 CSS 实现常用的样式修饰

前面的章节介绍了 CSS 设计中必须了解的 4 个核心基础——盒模型、标准流、浮动和定位。有了这 4 个核心的基础，从本章开始逐一介绍网页设计的各种元素，例如文本、图像、链接、导航菜单等，使用 CSS 来进行样式设置。

6.1　设置文字的样式

在学习 HTML 时，通常也会使用 HTML 对文本进行一些非常简单的样式设置，而使用 CSS 对文本的样式进行设置远比使用 HTML 灵活、精确得多。

CSS 样式中有关文本控制的常用属性见表 6-1。

表 6-1　文本控制的常用属性

属　　性	说　　明
font-family	设置字体的类别
font-size	设置字体的大小
font-weight	设置字体的粗细
font-style	设置字体的倾斜
text-decoration	设置文本的修饰效果
color	设置文本的颜色
text-align	设置文本的水平对齐方式
text-indent	设置段落的首行缩进
line-height	设置行高
word-spacing	设置字间距
letter-spacing	设置字符间距
text-transform	设置文本的大、小写

6.1.1　设置文字的字体

字体具有两方面的作用：一是传递语义功能，二是美学效应。不同的字体给人带来不同的风格感受，因此对于网页设计人员来说，首先需要考虑的问题就是准确地选择字体。

在 HTML 中，设置文字的字体需要通过<font>标签的 face 属性。而在 CSS 中，则使用 font-family 属性。

语法：**font-family:字体名称**

参数：字体名称按优先顺序排列，以逗号隔开。如果字体名称包含空格，则应该用双引号括起来。

说明：用 font-family 属性可控制显示字体。不同的操作系统，其字体名是不同的。对于 Windows 系统，其字体名就是 Word 工具栏“字体”列表中所列出的字体名称。

【演练 6-1】 字体设置，本例页面 6-1.html 的显示效果如图 6-1 所示。

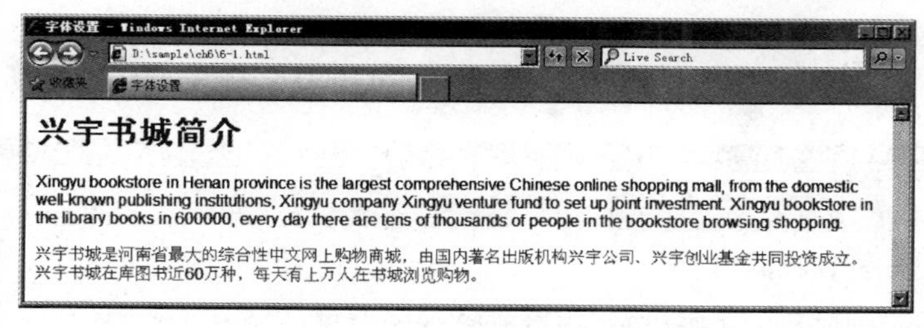

图 6-1　页面的显示效果

代码如下：

```
<html>
<head>
<title>字体设置</title>
<style type="text/css">
  h1{
     font-family:黑体;
  }
  p{
     font-family: Arial, "Times New Roman";
  }
</style>
</head>
<body>
<h1>兴宇书城简介</h1>
<p>Xingyu bookstore in Henan province is the largest comprehensive Chinese online shopping mall, from the domestic well-known publishing institutions, Xingyu company Xingyu venture fund to set up joint investment. Xingyu bookstore in the library books in 600000, every day there are tens of thousands of people in the bookstore browsing shopping.</p>
<p>兴宇书城是河南省最大的综合性中文网上购物商城，由国内著名出版机构兴宇公司、兴宇创业基金共同投资成立。兴宇书城在库图书近 60 万种，每天有上万人在书城浏览购物。</p>
</body>
</html>
```

【说明】

① 页面中字体的种类应控制在 2～3 种，这样整个页面的视觉效果较好。

② 中文页面尽量首先使用“宋体”，英文页面可以使用 Arial 和 Verdana 等字体。

6.1.2　设置字体的大小

在设计页面时，通常使用不同大小的字体来突出要表现的主题。在 CSS 样式中，使用 font-size 属性设置字体的大小。

语法：**font-size:绝对大小|相对大小|百分数**

参数：绝对大小根据对象字体进行调节，可选 xx-small | x-small | small | medium | large | x-large | xx-large。

相对大小是指相对于父对象中字体字号进行调节。

百分数取值基于父对象中字体字号。

说明：“|”表示多项选其一，以下不再说明。

【演练 6-2】 字体大小设置，本例页面 6-2.html 的显示效果如图 6-2 所示。

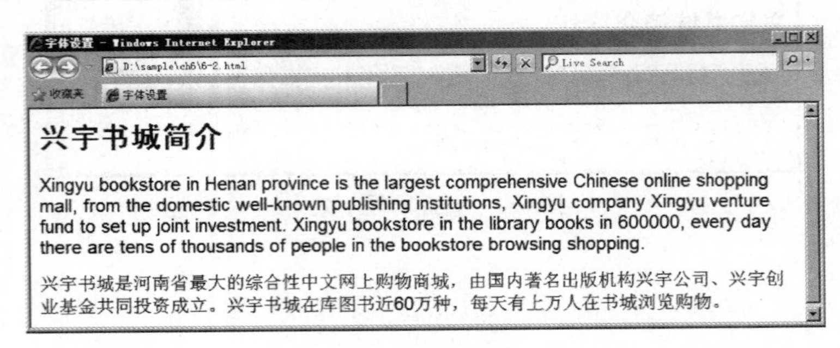

图 6-2　页面的显示效果

在演练 6-1 的基础上，本例只修改了段落的 CSS 定义，代码如下：

```
p{
   font-family: Arial, "Times New Roman";
   font-size:15pt;
}
```

【说明】 不同字号的字在网页中有些是美观的，有些却不合适。本例为了演示正文字体放大的效果，将段落的字体大小定义为 15pt。但在实际的应用中，宋体 9pt 是公认的美观字号，绝大多数网页的正文都用它。11pt 字也比较好看，多用于正文。

6.1.3　设置字体的粗细

CSS 样式中使用 font-weight 属性设置字体的粗细。

语法：**font-weight:bold | number | normal**

参数：bold 为粗体，相当于 number 为 700，也相当于<b>标签的作用。number 取值为 100 | 200 | 300 | 400 | 500 | 600 | 700 | 800 | 900。normal 为正常的字体，相当于 number 值为 400，声明此值将取消之前的设置。

说明：设置文本字体的粗细。

【演练 6-3】 字体粗细设置，本例页面 6-3.html 的显示效果如图 6-3 所示。

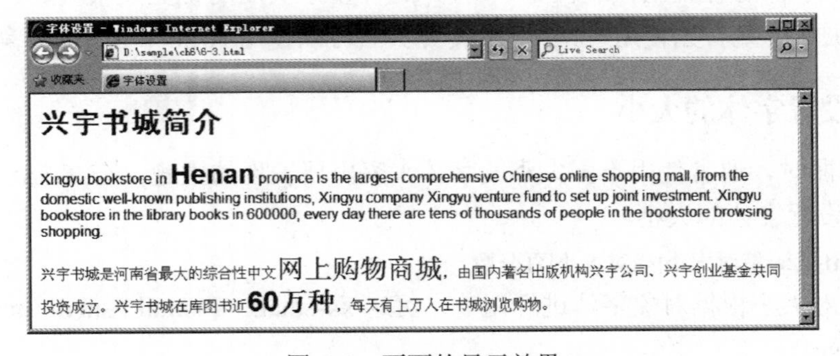

图 6-3　页面的显示效果

代码如下：

```
<html>
<head>
<title>字体设置</title>
<style type="text/css">
  h1{
    font-family:黑体;
  }
  p{
    font-family: Arial, "Times New Roman";
  }
  .one {
    font-weight:bold;
    font-size:30px;
  }/*设置字体为粗体*/
  .two {
    font-weight:400;
    font-size:30px;
  }/*设置字体粗细为 400*/
  .three {
    font-weight:900;
    font-size:30px;
  }/*设置字体粗细为 900*/
</style>
</head>
<body>
<h1>兴宇书城简介</h1>
<p>Xingyu bookstore in <span class="one">Henan</span> province is the largest comprehensive Chinese online shopping mall, from the domestic well-known publishing institutions, Xingyu company Xingyu venture fund to set up joint investment. Xingyu bookstore in the library books in 600000, every day there are tens of thousands of people in the bookstore browsing shopping.</p>
<p>兴宇书城是河南省最大的综合性中文<span class="two">网上购物商城</span>，由国内著名出版机构兴宇公司、兴宇创业基金共同投资成立。兴宇书城在库图书近<span class="three">60 万种</span>，每天有上万人在书城浏览购物。</p>
</body>
</html>
```

【说明】 需要注意的是，实际上大多数操作系统和浏览器还不能很好地实现非常精细的文字加粗设置，通常只能设置“正常”（normal）和“加粗”（bold）两种粗细。

6.1.4 设置字体的倾斜

CSS 中的 font-style 属性用来设置字体的倾斜。

语法：**font-style:normal || italic || oblique**

参数：normal 为“正常”（默认值），italic 为“斜体”，oblique 为“倾斜体”。

说明：设置文本字体的倾斜。语法中的“||”表示可以复选多项，以下不再说明。

【演练 6-4】 字体倾斜设置，本例页面 6-4.html 的显示效果如图 6-4 所示。

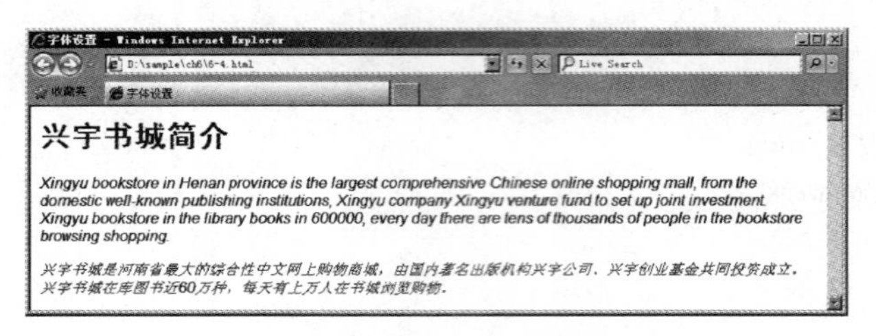

图 6-4　页面的显示效果

代码如下：

```
<html>
<head>
<title>字体设置</title>
<style type="text/css">
  h1{
    font-family:黑体;
  }
  p{
    font-family: Arial, "Times New Roman";
  }
  p.italic {
    font-style:italic;
  }/*设置斜体*/
  p.oblique {
    font-style:oblique;
  }/*设置倾斜体*/
</style>
</head>
<body>
<h1>兴宇书城简介</h1>
<p class="italic">Xingyu bookstore in Henan province is the largest comprehensive Chinese online shopping mall, from the domestic well-known publishing institutions, Xingyu company Xingyu venture fund to set up joint investment. Xingyu bookstore in the library books in 600000, every day there are tens of thousands of people in the bookstore browsing shopping.</p>
<p class="oblique">兴宇书城是河南省最大的综合性中文网上购物商城，由国内著名出版机构兴宇公司、兴宇创业基金共同投资成立。兴宇书城在库图书近 60 万种，每天有上万人在书城浏览购物。</p>
</body>
</html>
```

【说明】 italic 和 oblique 都是向右倾斜的文字，但区别在于 italic 是斜体字，而 oblique 是倾斜的文字，对于没有斜体的字体应该使用 oblique 属性值来实现倾斜的文字效果。

6.1.5　设置字体的修饰

使用 CSS 样式可以对文本进行简单的修饰，例如给文字添加下画线、顶画线和删除线，它是通过 text-decoration 属性来实现这些效果的。

语法：**text-decoration:underline || blink || overline || line-through | none**

参数：underline 为下画线，blink 为闪烁，overline 为上画线，line-through 为贯穿线，none 为无装饰。

说明：设置对象中文本的修饰。对象 a、u、ins 的文字修饰默认值为 underline。对象 strike、s、del 的默认值为 line-through。如果应用的对象不是文本，则此属性不起作用。

【演练 6-5】 字体修饰设置，本例页面 6-5.html 的显示效果如图 6-5 所示。

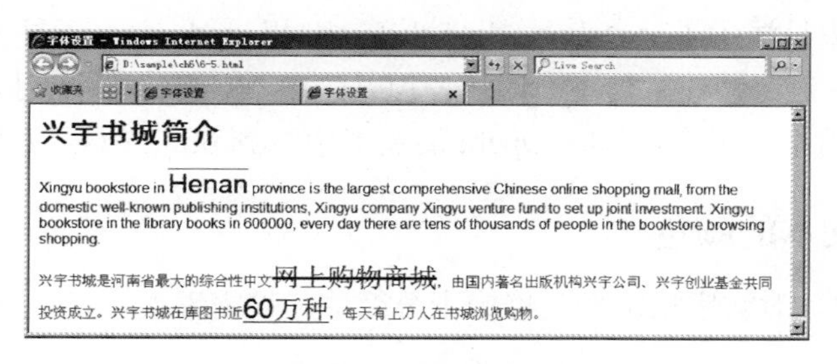

图 6-5　页面的显示效果

代码如下：

```
<html>
<head>
<title>字体设置</title>
<style type="text/css">
  h1{
    font-family:黑体;
  }
  p{
    font-family: Arial, "Times New Roman";
  }
  .one {
    font-size:30px;
    text-decoration: overline;
  }/*设置上画线*/
  .two {
    font-size:30px;
    text-decoration: line-through;
  }/*设置贯穿线*/
  .three {
    font-size:30px;
    text-decoration: underline;
  }/*设置下画线*/
</style>
</head>
<body>
<h1>兴宇书城简介</h1>
<p>Xingyu bookstore in <span class="one">Henan</span> province is the largest comprehensive
```

```
Chinese online shopping mall, from the domestic well-known publishing institutions,Xingyu company Xingyu venture fund to set up joint investment. Xingyu bookstore in the library books in 600000, every day there are tens of thousands of people in the bookstore browsing shopping.</p>
    <p>兴宇书城是河南省最大的综合性中文<span class="two">网上购物商城</span>，由国内著名出版机构兴宇公司、兴宇创业基金共同投资成立。兴宇书城在库图书近<span class="three">60 万种</span>，每天有上万人在书城浏览购物。</p>
    </body>
    </html>
```

【说明】 本例中只演示了 overline、line-through 和 underline 三种文字修饰效果，另外还有一个 blink 属性值能够使字体不断闪烁，但是由于 IE 浏览器不支持该效果，因此在 IE 浏览器中文字没有闪烁，用户可以在 Opera 浏览器中看到 blink 闪烁效果。

6.1.6 设置文本的颜色

在 CSS 样式中，对文字增加颜色修饰十分简单，只需添加 color 属性即可。color 属性的语法为：

color:颜色值;

这里颜色值可以使用多种书写方式：

```
color:red;                  /*规定颜色值为颜色名称的颜色*/
color: #000000;             /*规定颜色值为十六进制值的颜色*/
color:rgb(0,0,255);         /*规定颜色值为 rgb 代码的颜色*/
color:rgb(0%,0%,80%);       /*规定颜色值为 rgb 百分数的颜色*/
```

【演练 6-6】 文本颜色设置，本例页面 6-6.html 的显示效果如图 6-6 所示。

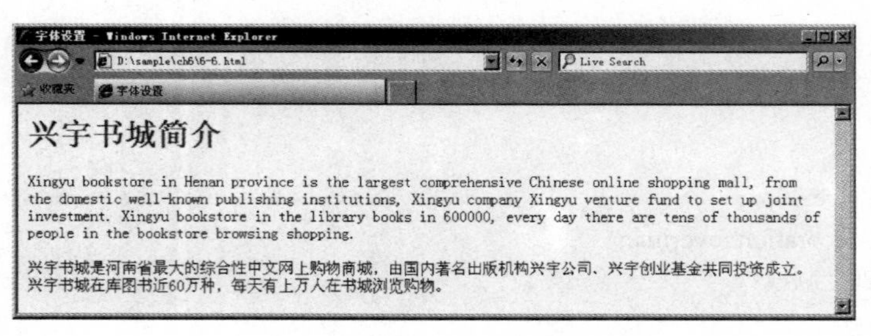

图 6-6　页面的显示效果

代码如下：

```
<html>
<head>
<title>字体设置</title>
<style type="text/css">
body {
   color:red;                    /*body 中的文本显示红色*/
}
h1 {
```

```
    color:#0f0;                /*h1 标签的文本显示绿色*/
}
p.blue {
    color:rgb(0,0,255);        /*该段落中的文本是蓝色的*/
}
</style>
</head>
<body>
<h1>兴宇书城简介</h1>
<p class="blue">Xingyu bookstore in Henan province is the largest comprehensive Chinese online shopping mall, from the domestic well-known publishing institutions, Xingyu company Xingyu venture fund to set up joint investment. Xingyu bookstore in the library books in 600000, every day there are tens of thousands of people in the bookstore browsing shopping.</p>
<p>兴宇书城是河南省最大的综合性中文网上购物商城，由国内著名出版机构兴宇公司、兴宇创业基金共同投资成立。兴宇书城在库图书近 60 万种，每天有上万人在书城浏览购物。</p>
</body>
</html>
```

【说明】 由于在<body>中定义了文本颜色为红色，因此，没有应用任何样式的普通段落的文字为红色。

6.2 设置段落的样式

网页的排版离不开对文字段落的设置，本节主要介绍常用的段落样式，包括：文字对齐方式、段落首行缩进、首字下沉、行高、单词间距、字符间距和文本大小写等。

6.2.1 设置文字的对齐方式

使用 CSS 样式可以设置文字的对齐方式，它是通过 text-align 属性来实现这些效果的。

语法：**text-align:left | right | center | justify**

参数：left 为左对齐，right 为右对齐，center 为居中，justify 为两端对齐。

说明：设置对象中文本的对齐方式。

示例：

```
<p style=" text-align: center; ">
居中对齐的文字
</p>
<p style=" text-align: left; ">
居左对齐的文字
</p>
<p style=" text-align: right; ">
居右对齐的文字
</p>
```

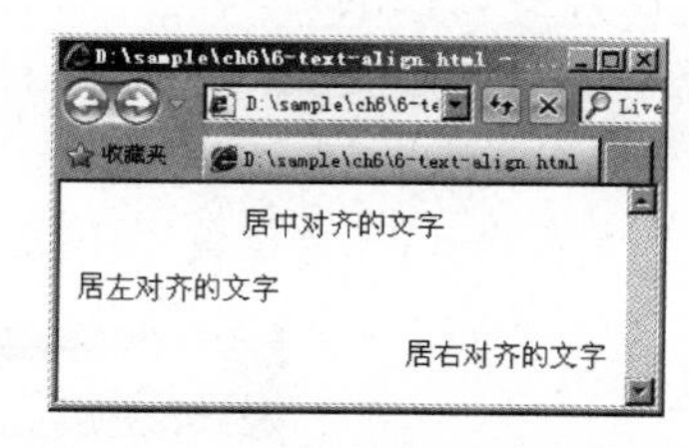

图 6-7 text- align 属性的浏览效果

浏览器中的浏览效果如图 6-7 所示。

6.2.2 设置首行缩进

首行缩进指的是段落的第一行从左向右缩进一定的距离，而首行以外的其他行保持不变，其目的是为了便于阅读和区分文章整体结构。

在 Web 页面中，将段落的第一行进行缩进，是一种常用的文本格式化效果。在 CSS 样式中，text-indent 属性可以方便地实现文本缩进。

语法：**text-indent:length**

参数：length 为百分比数字或由浮点数字、单位标识符组成的长度值，允许为负值。

说明：设置对象中的文本段落的缩进。本属性只应用于整块的内容。

【演练 6-7】 设置首行缩进，本例页面 6-7.html 的显示效果如图 6-8 所示。

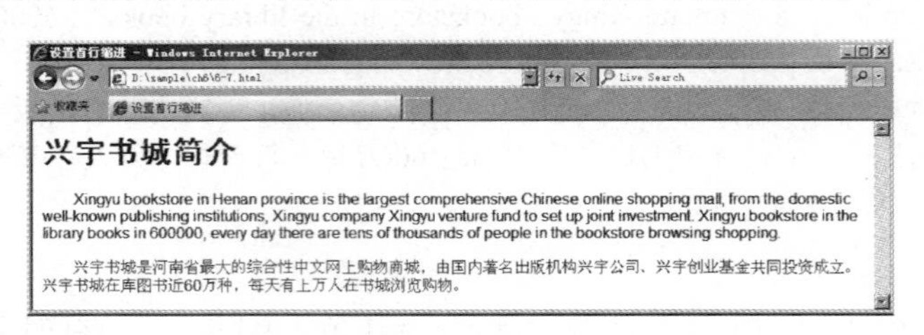

图 6-8　页面的显示效果

在演练 6-1 的基础上，本例只修改了段落的 CSS 定义，代码如下：

```
p{
   font-family: Arial, "Times New Roman";
   text-indent:2em;              /*设置段落缩进两个相对长度*/
}
```

【说明】 为了缩进两个汉字的距离，常用的是“2em”这个属性值。1em 等于一个中文字符，两个英文字符相当于一个中文字符，因此，细心的读者一定发现英文段落的首行缩进了 4 个英文字符。如果用户需要英文段落的首行缩进两个英文字符，只需设置“text-indent:1em;”即可。

6.2.3 设置首字下沉

在许多文档的排版中经常使用首字下沉的效果。所谓首字下沉是指设置段落的第一行第一个字的字体变大，并且向下沉一定的距离，而段落的其他部分保持不变。

在 CSS 样式中，伪对象:first-letter 可以实现对象内第一个字符的样式控制。

【演练 6-8】 设置首字下沉，本例页面 6-8.html 的显示效果如图 6-9 所示。

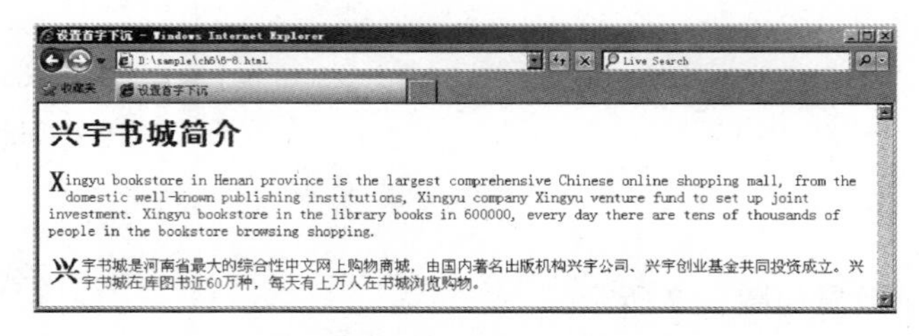

图 6-9　页面的显示效果

在演练 6-1 的基础上，本例只修改了段落的 CSS 定义，代码如下：

```
p:first-letter {
    float:left;               /*设置浮动，其目的是占据多行空间*/
    font-size:2em;            /*设置下沉字体大小为其他字体的 2 倍*/
    font-weight:bold;         /*设置首字体加粗显示*/
}
```

【说明】 如果不使用伪对象“:first-letter”来实现首字下沉的效果，就要对段落中第一个文字添加<span>标签，然后定义<span>标签的样式。但是这样做的后果是，每个段落都要对第一个文字添加<span>标签，非常烦琐。因此，使用伪对象“:first-letter”来实现首字下沉可比提高网页排版的效率。

6.2.4 设置行高

段落中两行文字之间垂直的距离称为行高。在 HTML 中是无法控制行高的，在 CSS 样式中，使用 line-height 属性控制行与行之间的垂直间距。

语法：**line-height:length | normal**

参数：length 为百分比数字或由数值、单位标识符组成的长度值，允许为负值，其百分比取值基于字体的高度尺寸。normal 为默认行高。

说明：设置对象的行高。

【演练 6-9】 设置行高，本例页面 6-9.html 的显示效果如图 6-10 所示。

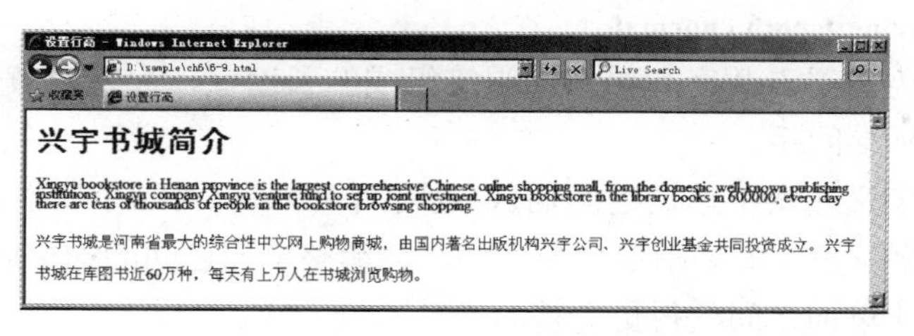

图 6-10 页面的显示效果

代码如下：

```
<html>
<head>
<title>设置行高</title>
<style type="text/css">
  h1{
    font-family:黑体;
  }
  p.english {
    line-height:10px;         /*使用百分比值设置行高为 10px*/
  }
  p.chinese {
    line-height:200%;         /*使用百分比值设置行高为 200%*/
  }
</style>
```

```
</head>
<body>
<h1>兴宇书城简介</h1>
<p class="english">Xingyu bookstore in Henan province is the largest comprehensive Chinese online shopping mall, from the domestic well-known publishing institutions, Xingyu company Xingyu venture fund to set up joint investment. Xingyu bookstore in the library books in 600000, every day there are tens of thousands of people in the bookstore browsing shopping.</p>
<p class="chinese">兴宇书城是河南省最大的综合性中文网上购物商城，由国内著名出版机构兴宇公司、兴宇创业基金共同投资成立。兴宇书城在库图书近 60 万种，每天有上万人在书城浏览购物。
</p>
</body>
</html>
```

【说明】 需要注意的是，使用像素值对行高进行设置固然可以，但如果将当前文字字号放大或缩小，原本适合的行间距也会变得过紧或过松。解决的方法是，在 line-height 属性中使用百分比或数值对行高进行设置。因为设置的百分比值是基于当前字体字号的百分比行间距，而没有单位的数值会与当前的字体尺寸相乘，使用相乘的结果来设置行间距，不会出现因文字字号变化而行间距不变的情况。

6.2.5 设置字间距

在 CSS 样式中，使用 word-spacing 属性设置字（单词）之间的间距，即字间距。

语法：**word-spacing:length | normal**

参数：length 为由浮点数字和单位标识符组成的长度值，允许为负值。normal 为默认值，定义单词间的标准间距。

说明：该属性定义元素中单词之间插入多少空白符。针对这个属性，“单词”定义为由空白符包围的一个字符串。如果指定为长度值，会调整单词之间的标准间距。该属性允许指定负长度值，这会让单词之间变得更拥挤。

【演练 6-10】 设置字间距，本例页面 6-10.html 的显示效果如图 6-11 所示。

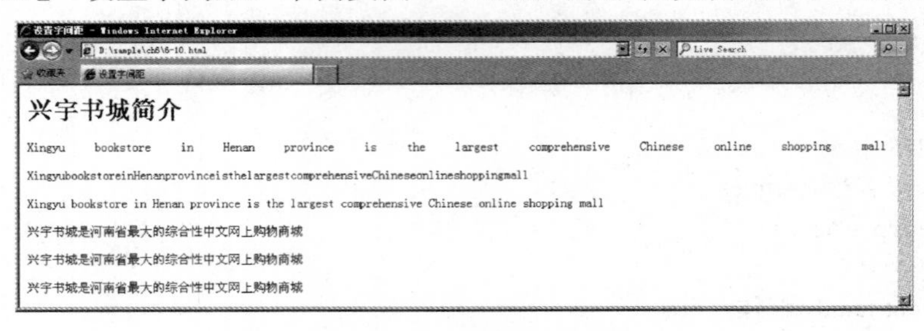

图 6-11 页面的显示效果

代码如下：

```
<html>
<head>
<title>设置字间距</title>
<style type="text/css">
p.spread {
```

```
    word-spacing: 30px;                /*字间距为 30px，使段落中的单词变得松散，对中文无效*/
}
p.tight {
    word-spacing: -0.5em;              /*字间距为负值，使段落中的单词变得拥挤，对中文无效*/
}
</style>
</head>
<body>
<h1>兴宇书城简介</h1>
<p class="spread">Xingyu bookstore in Henan province is the largest comprehensive Chinese online shopping mall</p>
<p class="tight">Xingyu bookstore in Henan province is the largest comprehensive Chinese online shopping mall</p>
<p>Xingyu bookstore in Henan province is the largest comprehensive Chinese online shopping mall</p>
<p class="spread">兴宇书城是河南省最大的综合性中文网上购物商城</p>
<p class="tight">兴宇书城是河南省最大的综合性中文网上购物商城</p>
<p>兴宇书城是河南省最大的综合性中文网上购物商城</p>
</body>
</html>
```

【说明】 从页面的显示效果可以看出，应用 spread 类样式的英文段落中的单词变得松散，应用 tight 类样式的英文段落中的单词变得拥挤，而没有应用样式的英文段落中的单词保持默认的标准间距。注意，word-spacing 属性对于象形文字（包括中文、埃及文等）无法指定字间距，因此在页面中对中文段落应用任何调整字间距的样式都是无效的。

6.2.6 设置字符间距

在 CSS 样式中，使用 letter-spacing 属性设置字符或字母之间的间距，称为字符间距。

语法：**letter-spacing:length | normal**

参数：length 为由浮点数字和单位标识符组成的长度值，允许为负值。normal 为默认值，定义字符间的标准间距。

说明：该属性定义元素中字符之间插入多少空白符。如果指定为长度值，会调整字符之间的标准间距。该属性允许指定负长度值，这会让字符之间变得更拥挤。

【演练 6-11】 设置字符间距，本例页面 6-11.html 的显示效果如图 6-12 所示。

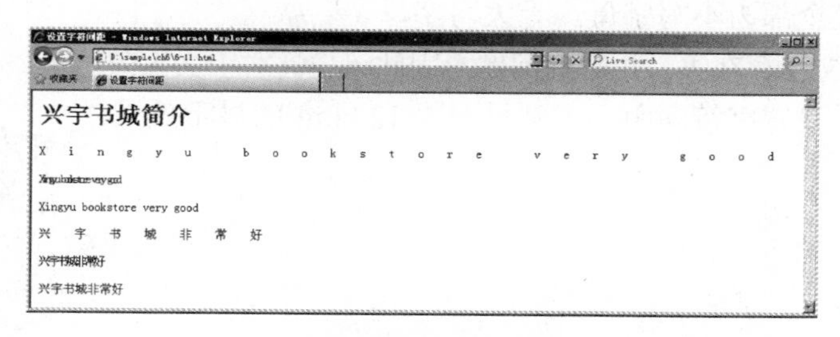

图 6-12　页面的显示效果

代码如下：

```
<html>
```

```
<head>
<title>设置字符间距</title>
<style type="text/css">
p.spread {
  letter-spacing: 30px;           /*字符间距为 30px，使段落中的字符变得松散，对中文也有效*/
}
p.tight {
  letter-spacing: -0.25em;        /*字符间距为负值，使段落中的字符变得拥挤，对中文也有效*/
}
</style>
</head>
<body>
<h1>兴宇书城简介</h1>
<p class="spread">Xingyu bookstore very good</p>
<p class="tight">Xingyu bookstore very good</p>
<p>Xingyu bookstore very good</p>
<p class="spread">兴宇书城非常好</p>
<p class="tight">兴宇书城非常好</p>
<p>兴宇书城非常好</p>
</body>
</html>
```

【说明】 从页面的显示效果可以看出，无论是英文段落还是中文段落，应用 spread 类样式的段落中的字符变得松散，应用 tight 类样式的段落中的字符变得拥挤，而没有应用样式的段落中的字符保持默认的标准间距。

6.2.7 设置文本的大、小写

在 CSS 样式中，使用 text-transform 属性设置文本的大、小写。

语法：**text-transform:none | capitalize | uppercase | lowercase**

参数：

none 为默认值，定义带有小写字母和大写字母的标准文本。

capitalize 表示文本中的每个单词以大写字母开头。

uppercase 定义全部为大写字母，无小写字母。

lowercase 定义全部为小写字母，无大写字母。

说明：由于中文不存在大、小写的问题，因此该属性对中文无效。

【演练 6-12】 设置字符间距，本例页面 6-12.html 的显示效果如图 6-13 所示。

代码如下：

图 6-13 页面的显示效果

```
<html>
<head>
<title>设置文本的大小写</title>
<style type="text/css">
p.uppercase {
  text-transform: uppercase         /*文本全部大写*/
```

```
}
p.lowercase {
   text-transform: lowercase          /*文本全部小写*/
}
p.capitalize {
   text-transform: capitalize         /*文本中的每个单词以大写字母开头*/
}
</style>
</head>
<body>
<h1>兴宇书城简介</h1>
<p>Xingyu bookstore very good</p>
<p class="uppercase">Xingyu bookstore very good</p>
<p class="lowercase">Xingyu bookstore very good</p>
<p class="capitalize">Xingyu bookstore very good</p>
</body>
</html>
```

6.3 设置图片样式

图片是网页中不可缺少的内容，它能使页面更加丰富多彩，能让人更直观地感受网页所要传达的信息。本节详细介绍使用 CSS 设置图片样式的方法，包括图片的边框和图片的缩放等。

作为单独的图片本身，它的很多属性可以直接在 HTML 中进行调整，但是通过 CSS 统一管理，不但可以更加精确地调整图片的各种属性，还可以实现很多特殊的效果。首先讲解用 CSS 设置图片基本属性的方法，为后面进一步深入探讨打下基础。

6.3.1 图片的边框

在 HTML 中可以直接通过<img>标签的 border 属性为图片添加边框，属性值以像素为单位，从而控制边框的粗细。当设置 border 属性值为 0 时，则没有边框。例如：

```
<img src="images/book.jpg" border="0">          <!--没有边框-->
<img src="images/book.jpg" border="1">          <!--设置边框的粗细为 1px-->
<img src="images/book.jpg" border="2">          <!--设置边框的粗细为 2px -->
<img src="images/book.jpg" border="3">          <!--设置边框的粗细为 3px -->
```

通过浏览器的解析，图片的边框粗细从左至右依次递增，效果如图 6-14 所示。

图 6-14　在 HTML 中控制图片的边框

但是，使用这种方法存在很大的限制，即所有的边框都只能是黑色的，而且风格十分单一，都是实线，只能调整边框粗细。

如果希望更换边框的颜色，或者换成虚线边框，仅仅依靠 HTML 是无法实现的。下面的实例讲解如何用 CSS 样式美化图片的边框。

【演练 6-13】 设置图片边框，本例页面 6-13.html 的显示效果如图 6-15 所示。

图 6-15　页面的显示效果

代码如下：

```
<html>
<head>
<title>设置边框</title>
<style type="text/css">
.test1{
   border-style:dotted;                      /*点画线边框*/
   border-color:#996600;                     /*边框颜色为金黄色*/
   border-width:4px;                         /*边框粗细为 4px*/
   margin:2px;
}
.test2{
   border-style:dashed;                      /*虚线边框*/
   border-color:blue;                        /*边框颜色为蓝色*/
   border-width:2px;                         /*边框粗细为 2px*/
   margin:2px;
}
.test3{
   border-style:solid dotted dashed double;  /*4 边的线型依次为实线、点画线、虚线和双线边框*/
   border-color:red green blue purple;       /*4 边的颜色依次为红色、绿色、蓝色和紫色*/
   border-width:1px 2px 3px 4px;             /*4 边的边框粗细依次为 1px，2px，3px 和 4px*/
   margin:2px;
}
</style>
</head>
<body>
   <img src="images/book.jpg" class="test1">
   <img src="images/book.jpg" class="test2">
   <img src="images/book.jpg" class="test3">
```

```
</body>
</html>
```

【说明】 如果希望为 4 条边框分别设置不同的样式，在 CSS 中也是可以实现的，只需要分别设定 border-left、border-right、border-top 和 border-bottom 的样式即可，依次对应于左、右、上、下 4 条边框。

6.3.2 图片的缩放

使用 CSS 样式控制图片的大小，可以通过 width 和 height 两个属性来实现。需要注意的是，当 width 和 height 两个属性的取值使用百分比数值时，它们是相对于父元素而言的。如果将这两个属性设置为相对于 body 的宽度或高度，可以实现当浏览器窗口改变时，图片大小也发生相应变化的效果。

【演练 6-14】 设置图片缩放，本例页面 6-14.html 的显示效果如图 6-16 所示。

代码如下：

图 6-16 页面的显示效果

```
<html>
<head>
<title>设置图片的缩放</title>
<style type="text/css">
#box {
  padding:2px;
  width:680px;
  height:300px;
  border:2px dashed #9c3;
}
img.test1{
  width:30%;                                  /* 相对宽度为 30% */
  height:40%;                                 /* 相对高度为 40% */
}
img.test2{
  width:150px;                                /* 绝对宽度为 150px */
  height:150px;                               /* 绝对高度为 150px */
}
</style>
</head>
<body>
<div id="box">
  <img src="images/book.jpg">                 <!--图片的原始大小-->
  <img src="images/book.jpg" class="test1">   <!--相对于父元素缩放的大小-->
  <img src="images/book.jpg" class="test2">   <!--绝对像素缩放的大小-->
</div>
</body>
</html>
```

【说明】 本例中图片的父元素是名为 box 的 Div 容器，在 img.test1 中定义 width 和 height 两个属性的取值为百分比数值，该值是相对于名为 box 的 Div 容器而言的，而不是相对于图片本身。而 img.test2 中定义 width 和 height 两个属性的取值为绝对像素值，图片将按照定义的像素值显示大小。

6.4 设置背景

背景（background）是 CSS 中使用率很高，且非常重要的属性。在网页设计中，无论是单一的纯色背景，还是加载的背景图片，都能够给整个页面带来丰富的视觉效果。

需要注意的是，背景占据元素的所有内容区域，包括 padding 和 border，但不包括元素的 margin。在 Opera 浏览器和 Firefox 浏览器中，background 包括 padding 和 border，如图 6-17 所示。在 IE 8 浏览器中，background 没把 border 计算在内，如图 6-18 所示。

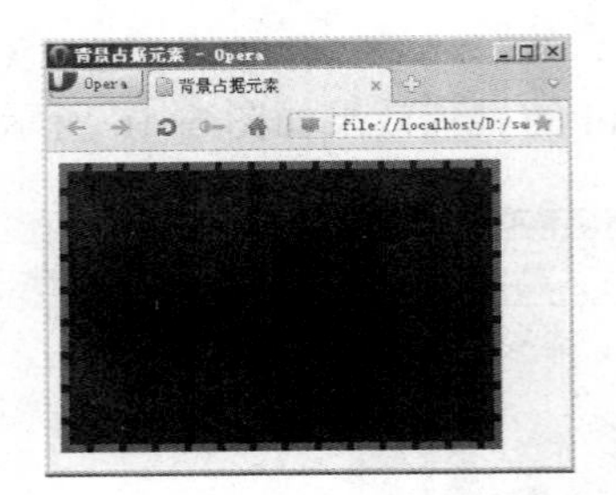

图 6-17　Opera 浏览器中背景的效果

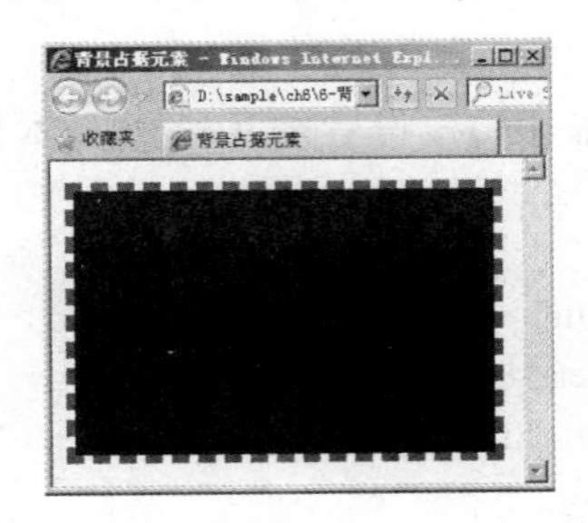

图 6-18　IE 8 浏览器中背景的效果

6.4.1　设置背景颜色

在 HTML 中，设置网页的背景颜色要使用<body>标签中的 bgcolor 属性，而在 CSS 中不但可以设置网页的背景颜色，还可以设置文字的背景颜色。

在 CSS 中，网页元素的背景颜色使用 background-color 属性来设置，属性值为某种颜色。颜色值的表示方法和第 4 章中介绍的设置色彩的方法相同。

语法：**background-color:color | transparent**

参数：color 指定颜色，请参阅颜色单位；transparent 使背景色透明。

说明：设置对象的背景颜色，即设置对象后面固定的颜色。

【演练 6-15】 设置背景颜色，本例页面 6-11.html 的显示效果如图 6-19 所示。

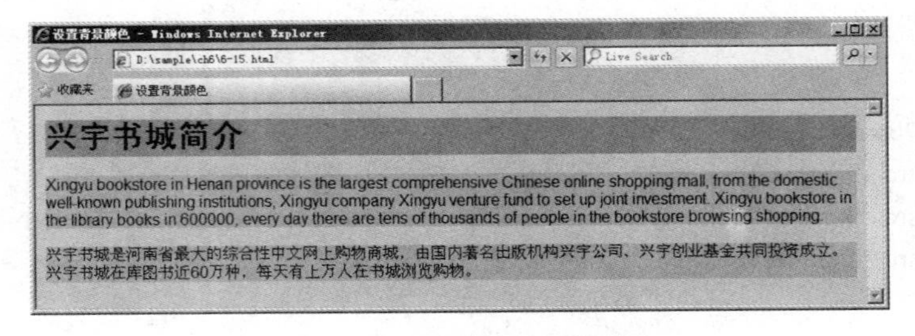

图 6-19　页面的显示效果

在演练 6-1 的基础上，本例增加了 body 背景色的定义，并为 h1 和 p 增加了背景色的定义，代码如下：

```
body{
  background-color:#ddd;                    /*十六进制值的背景色*/
}
h1{
  font-family:黑体;
  background-color:orange;                  /*英文色彩名称的背景色*/
}
p{
  font-family: Arial, "Times New Roman";
  background-color:rgb(0,255,255);          /*rgb 函数的背景色*/
}
```

【说明】 需要说明的是，background-color 属性默认值为透明，如果一个元素没有指定背景色，则背景色就是透明的，这样其父元素的背景才能被看见。

6.4.2 设置背景图像

在 CSS 样式中，使用 background-image 属性设置背景图像来美化网页。

语法：**background-image:url(url) | none**

参数：url 为使用绝对或相对方式指定背景图像的地址，none 表示无背景图。

说明：设置对象的背景图像。要把图像添加到整个浏览器窗口中，可以将其添加到<body>标签中。

【演练 6-16】 设置背景图像，本例页面 6-16.html 的显示效果如图 6-20 所示。

代码如下：

```
body {
    background-color:blue;
    background-image:url(images/intro.jpg);
    background-repeat:no-repeat;
}
```

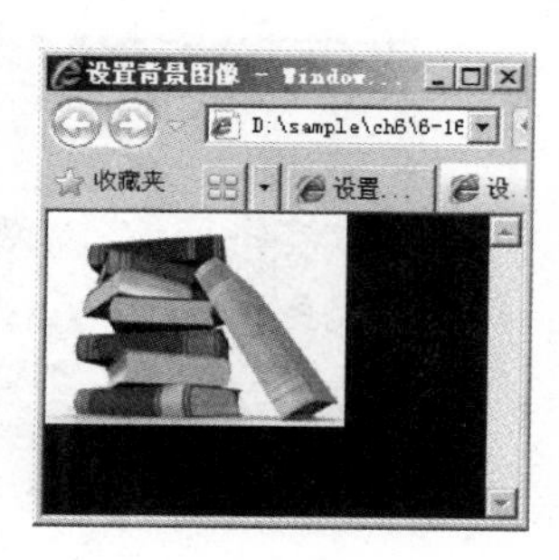

图 6-20　页面的显示效果

【说明】 需要说明的是，如果网页中某元素同时具有 background-image 属性和 background-color 属性，那么 background-image 属性优先于 background-color 属性，也就是说，背景图片永远覆盖于背景色之上。

6.4.3 设置背景重复

背景重复（background-repeat）属性的主要作用是设置背景图片以何种方式在网页中显示。通过背景重复，设计人员可以使用很小的图片填充整个页面，有效地减小图片字节的大小。

在默认情况下，图像会自动向水平和竖直两个方向平铺。如果不希望平铺，或者只希望沿着一个方向平铺，可以使用 background-repeat 属性来控制。

语法：**background-repeat:repeat | no-repeat | repeat-x | repeat-y**

参数：repeat 表示背景图像沿纵向和横向平铺，no-repeat 表示背景图像不平铺，repeat-x

表示背景图像沿横向平铺，repeat-y 为背景图像沿纵向平铺。

说明：设置对象的背景图像是否平铺及如何平铺。注意，必须先指定对象的背景图像。

【演练 6-17】 设置背景重复，本例页面 6-17.html 的显示效果如图 6-21 所示。

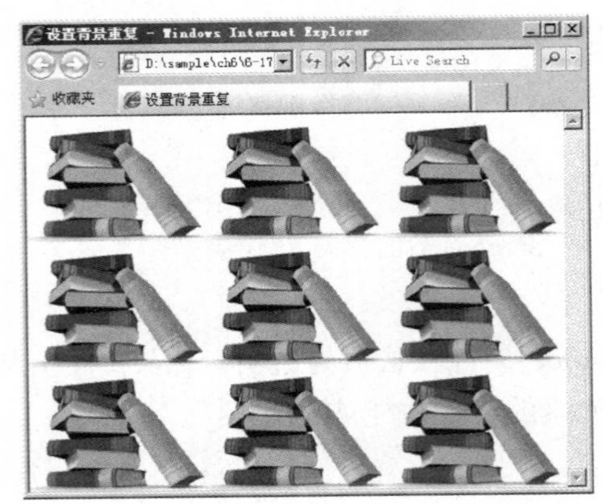

（a）背景重复

（b）背景不重复

（c）背景水平重复

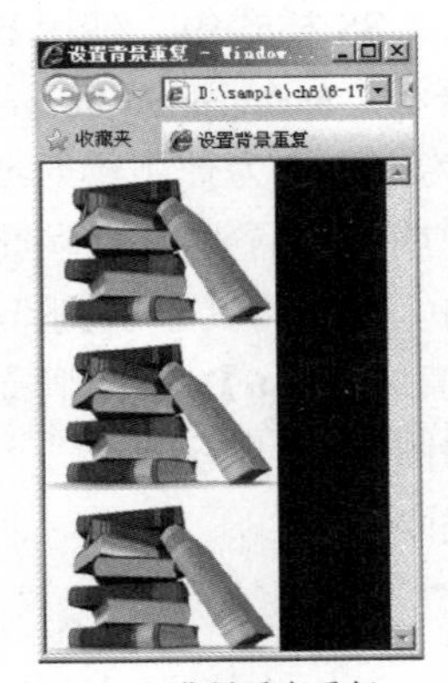

（d）背景垂直重复

图 6-21　页面的显示效果

背景重复的 CSS 定义代码如下：

```
body {
        background-color:blue;
        background-image:url(images/intro.jpg);
        background-repeat: repeat;
}
```

背景不重复的 CSS 定义代码如下：

```
body {
        background-color:blue;
        background-image:url(images/intro.jpg);
        background-repeat: no-repeat;
}
```

背景水平重复的 CSS 定义代码如下：

```
body {
        background-color:blue;
        background-image:url(images/intro.jpg);
        background-repeat: repeat-x;
}
```

背景垂直重复的 CSS 定义代码如下：

```
body {
        background-color:blue;
        background-image:url(images/intro.jpg);
        background-repeat: repeat-y;
}
```

6.4.4 设置背景定位

在 CSS 样式中，可以使用 background-position 属性改变背景图片在元素中的位置，其属性值可以是关键字，也可以是具体的长度单位或百分比数值。

语法：

background-position:length || length
background-position:position || position

参数：length 为百分数或者由数字和单位标识符组成的长度值。position 可取值为 top、center、bottom、left、center、right。

说明：设置对象的背景图像位置，即精确控制背景图像相对于对象的显示位置。在设置 background-position 属性之前，必须先指定 background-image 属性。该属性默认值为“0% 0%”。第一个值用于横坐标，如果只有一个值，则纵坐标默认为 50%；第二个值用于纵坐标。该属性定位不受对象的 padding 属性设置影响。

设置背景定位有以下三种方法。

1．使用关键字进行背景定位

关键字参数的取值及含义如下。

top：将背景图像同元素的顶部对齐。

bottom：将背景图像同元素的底部对齐。

left：将背景图像同元素的左边对齐。

right：将背景图像同元素的右边对齐。

center：将背景图像相对于元素水平居中或垂直居中。

【演练 6-18】 使用关键字进行背景定位，本例页面 6-18.html 的显示效果如图 6-22 所示。

代码如下：

图 6-22　页面的显示效果

```
<html>
<head>
<title>设置背景定位</title>
```

```
<style type="text/css">
body {
   background-color:#3ff;
}
#box {
   width:400px;                               /*设置元素宽度*/
   height:300px;                              /*设置元素高度*/
   border:6px dashed #f33;                    /*边框为粗细 6px 的红色虚线*/
   background-image:url(images/intro.jpg);    /*设置背景图像*/
   background-repeat:no-repeat;               /*背景图像不重复*/
   background-position:right top;             /*定位背景与 box 的右、上边对齐*/
}
</style>
</head>
<body>
<div id="box"></div>
</body>
</html>
```

【说明】 如果使用两个关键字进行背景定位，则第一个关键字对应的是水平方向，第二个关键字对应的是垂直方向。如果只出现一个关键字，则默认另一个关键字是 center。

2．使用长度进行背景定位

长度参数可以对背景图像的位置进行更精确的控制，实际上定位的是图片左上角相对于元素左上角的位置。

【演练 6-19】 使用长度进行背景定位，本例页面 6-19.html 的显示效果如图 6-23 所示。

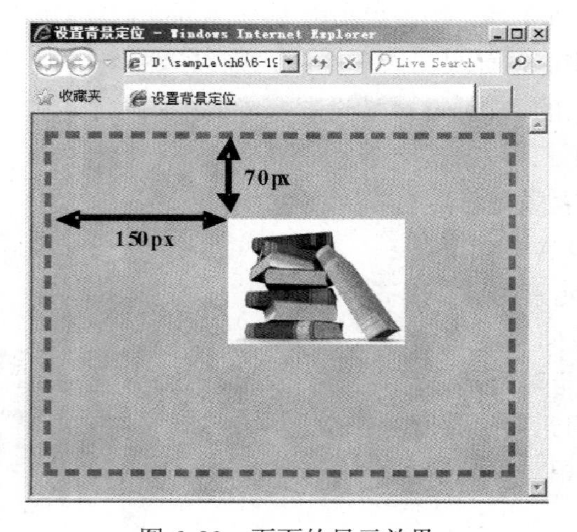

图 6-23　页面的显示效果

在演练 6-18 的基础上，修改了 box 的 CSS 定义，代码如下：

```
#box {
   width:400px;                   /*设置元素宽度*/
   height:300px;                  /*设置元素高度*/
   border:6px dashed #f33;        /*边框为粗细 6px 的红色虚线*/
```

```
    background-image:url(images/intro.jpg);
    background-repeat:no-repeat;
    background-position: 150px 70px;
    /*定位背景在距 box 左 150px、距顶 70px 的位置*/
}
```

3．使用百分比进行背景定位

使用百分比进行背景定位，其实是将背景图像的百分比指定的位置和元素的百分比位置对齐。也就是说，百分比定位改变了背景图像和元素的对齐基点，不再像使用关键字或长度单位定位时，用背景图像和元素的左上角为对齐基点。

【演练 6-20】 使用百分比进行背景定位，本例页面 6-20.html 的显示效果如图 6-24 所示。

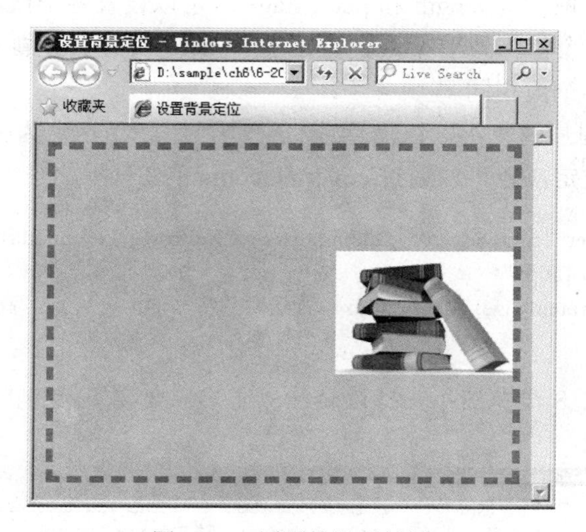

图 6-24　页面的显示效果

在演练 6-18 的基础上，修改了 box 的 CSS 定义，代码如下：

```
#box {
    width:400px;                                /*设置元素宽度*/
    height:300px;                               /*设置元素高度*/
    border:6px dashed #f33;                     /*边框为粗细 6px 的红色虚线*/
    background-image:url(images/note.jpg);      /*设置背景图像*/
    background-repeat:no-repeat;                /*背景图像不重复*/
    background-position: 100% 50%;
    /*定位背景在 box 容器 100%(水平方向)、50%(垂直方向)的位置*/
}
```

【说明】 本例使用百分比进行背景定位，其实就是将背景图像中的点“100%(right), 50% (center)”和 box 容器中的“100%(right), 50%(center)”这个点对齐。

6.4.5　设置背景大小

在 CSS 样式中，可以使用 background-size 属性控制背景图的尺寸大小。

语法：**background-size:[length | percentage | auto]{1,2} | cover | contain**

参数：

length：设置具体的值，可以改变背景图片的大小。

percentage：百分值，可以是 0%～100%之间任何值，但此值只能应用在块元素上，所设置百分值将使用背景图片大小根据所在元素的宽度的百分比来计算。

auto：为默认值，保持背景图片的原始高度和宽度。

cover：将图片放大以铺满整个容器，使图片适合容器的大小，但这种方法会使背景图片失真。

contain：此值刚好与 cover 相反，用于将背景图片缩小以铺满整个容器，这种方法同样会使用图片失真。

当 background-size 取值为 length 和 percentage 时可以设置两个值，也可以设置一个值，当只取一个值时，第二个值相当于 auto，但这里的 auto 并不会使背景图片的高度保持自己原始高度，而是与第一个值相同。

说明：设置背景图片的大小，以像素或百分比显示。当指定为百分比时，大小会由所在区域的宽度和高度决定，还可以通过 cover 和 contain 来对图片进行伸缩。例如：

```
<div style="border: 1px solid #00f; padding:0px 5px 150px; background:url(images/intro.jpg) no-repeat; background-size:100% 150px">
    这里的 background-size: 100% 150px。背景图片将与 Div 一样宽，高为 150px。
</div>
```

需要说明的是，IE 8 浏览器不支持该属性，在 Opera 浏览器中的显示效果如图 6-25 所示。

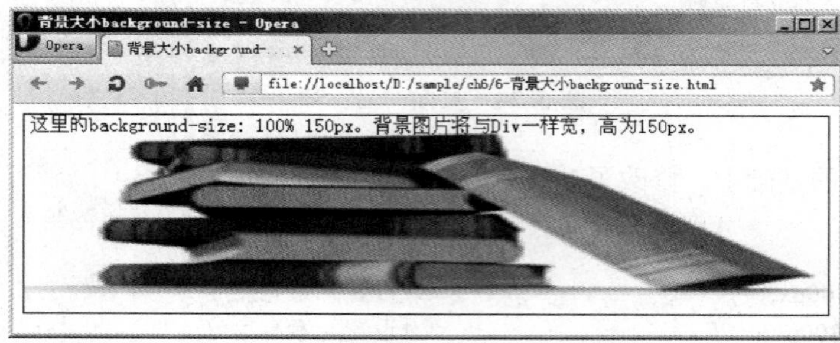

图 6-25　在 Opera 浏览器中的显示效果

6.4.6　案例——制作兴宇书城购物车统计信息

在介绍了如何设置网页背景图像的基础上，本节讲解一个使用背景图像的综合案例——制作兴宇书城购物车统计信息。

【演练 6-21】 制作兴宇书城购物车统计信息，本例页面 6-21.html 的显示效果如图 6-26 所示。

代码如下：

图 6-26　页面的显示效果

```
<html>
<head>
<title>购物车统计局部布局</title>
<style type="text/css">
body{                              /*设置页面整体样式*/
    font-family:Arial, Helvetica, sans-serif;
    padding:0;                     /*内边距为 0px*/
    font-size:12px;                /*文字大小为 12px*/
    margin:0px auto auto auto;     /*自动居中对齐*/
    color:#000;                    /*文字颜色为黑色*/
}
.cart{                             /*设置购物车区域的样式*/
    width:337px;                   /*设置区域宽度为 337px*/
    float:left;                    /*向左浮动*/
    height:40px;                   /*设置区域高度为 40px*/
    margin:10px 0 10px 0;          /*上、右、下、左的外边距依次为 10px,0px,10px,0px*/
    background:url(images/border.gif) no-repeat bottom center; /*背景图像无重复，水平居中底端对齐*/
    padding:0 0 40px 0;            /*上、右、下、左的内边距依次为 0px,0px,40px,0px*/
}
.title{                            /*设置购物车标题区的样式*/
    color:#ee4699;                 /*文字颜色为浅红色*/
    padding:0px;                   /*内边距为 0px*/
    float:left;                    /*向左浮动*/
    font-size:19px;                /*文字大小为 19px*/
    margin:10px 0 10px 0;          /*上、右、下、左的外边距依次为 10px,0px,10px,0px*/
}
span.title_icon{                   /*设置标题区标题文字的样式*/
    float:left;                    /*向左浮动*/
    padding:0 5px 0 0;             /*上、右、下、左的内边距依次为 0px,5px,0px,0px*/
}
.home_cart_content{                /*设置购物车统计信息的样式*/
    float:left;                    /*向左浮动*/
    padding:3px;                   /*内边距为 3px*/
    border:1px #eeedee solid;      /*边框为 1px 浅灰色实线*/
    margin:10px 0 0 15px;          /*上、右、下、左的外边距依次为 10px,0px, 0px,15px*/
}
a.view_cart{                       /*设置查看购物车链接的样式*/
    display:block;                 /*块级元素*/
    float:left;                    /*向左浮动*/
    margin:12px 0 0 10px;          /*上、右、下、左的外边距依次为 12px,0px, 0px,10px*/
    color:#ee4699;                 /*链接颜色为浅红色*/
}
</style>
</head>
<body>
<div class="cart">
    <div class="title">
```

```
        <span class="title_icon"><img src="images/cart.gif"/></span>购物车
      </div>
      <div class="home_cart_content"> 3 个产品 |总价<span class="red">: &yen;100</span> </div>
      <a href="cart.html" class="view_cart">查看购物车</a>
    </div>
    </body>
    </html>
```

【说明】 页面中购物车区域的背景采用无重复水平居中且底端对齐的样式，使得购物车统计信息显示在上方，而背景的“祥云”图片显示在购物车区域的下方且水平居中的位置。

6.5 图文混排

Word 中文字与图片有很多排版的方式，在网页中同样可以通过 CSS 设置实现各种图文混排的效果。本节介绍 CSS 图文混排的具体方法。

图文混排就是将文字与图片混合排列，在网页设计与制作中具有实际意义。一般，图文混排所使用的图片与正文都有一定的联系，因此在加载此类图片时，不再使用 CSS 样式中的 background-image 来实现，而是采用 HTML 中的<img>标签进行控制。

图文混排一般出现在介绍性的内容或新闻内页中，其关键在于处理图片与文字之间的关系。请看下面的示例讲解。

【演练 6-22】 图文混排，本例页面 6-22.html 的显示效果如图 6-27 所示。

图 6-27 页面的显示效果

代码如下：

```
<html>
<head>
<title>图文混排</title>
```

```
<style type="text/css">
  body{
    background-color:#eaecdf;          /*页面背景颜色*/
    margin:0px;                        /*外边距为 0px*/
    padding:0px;                       /*内边距为 0px*/
  }
 h1{
    font-family:黑体;
  }
  img{
    float:right;                       /*文字环绕图片*/
    padding-left:10px;                 /*设置左内边距，增加图片与文字之间的间隔*/
  }
  p{
    color:#000000;                     /*文字颜色黑色*/
    margin:0px;                        /*外边距为 0px*/
    padding-top:10px;
    padding-left:5px;
    padding-right:5px;
  }
  span{
    float:left;                        /*向左浮动*/
    font-size:60px;                    /*首字放大*/
    font-family:黑体;
    margin:0px;
    padding-right:5px;
  }
</style>
</head>
<body>
<h1>《家常菜》简介</h1>
<img src="images/book.jpg" border="0">
<p><span>家</span>常菜是家庭日常制作食用的菜肴……（此处省略文字）</p>
<p><span>简</span>单的烹调技法，科学的营养搭配……（此处省略文字）</p>
</body>
</html>
```

【说明】图文混排的重点就是将图片设置为浮动，本例中通过 img{float:right;}规则将图片设置为右浮动，并且设置左内边距为 10px，目的是增加图片与文字之间的间隔。如果需要图片显示在文字的左侧，只需设置 img{float:left;}即可。

使用 CSS 样式结合 HTML 代码可以将网页的结构和表现有机地结合在一起，下面的示例将进一步美化兴宇书城简介信息局部页面的图文混排。该示例曾经在演练 3-6 中讲解过，但当时是采用纯网页结构代码实现的，虽然展示出网页的结构，但不够美观。

【演练 6-23】 使用 CSS 样式结合 HTML 代码实现兴宇书城简介信息的图文混排，本例页面 6-23.html 的显示效果如图 6-28 所示。

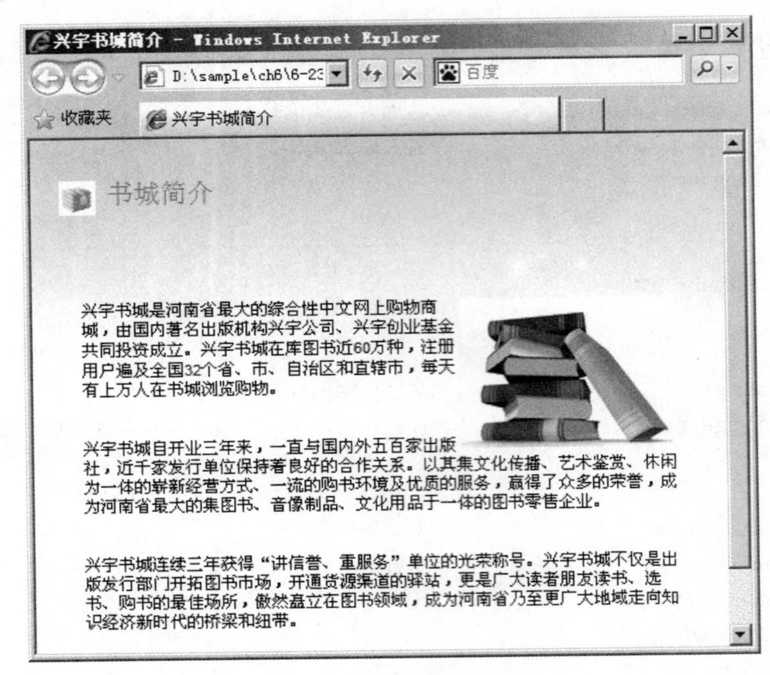

图 6-28　页面的显示效果

代码如下：

```
<html>
<head>
<title>兴宇书城简介</title>
<style type="text/css">
body{                                /*设置页面整体样式*/
  background:url(images/bg.jpg) repeat-x top #fff;
  font-family:Arial, Helvetica, sans-serif;
  padding:0;                         /*内边距为 0px*/
  font-size:12px;                    /*文字大小为 12px*/
  margin:0px auto auto auto;         /*自动居中对齐*/
  color:#000;
}
.left_content{                       /*设置左侧区域的样式*/
  width:490px;                       /*设置容器的宽度为 490px*/
  float:left;                        /*向左浮动*/
  padding:20px 0 20px 20px;          /*上、右、下、左的内边距依次为 20px,0px,20px,20px*/
}
.feat_prod_box_details{              /*设置简介内容容器的样式*/
  padding:10px 0 10px 0;             /*上、右、下、左的内边距依次为 10px,0px,10px,0px*/
  margin:0 20px 10px 0;              /*上、右、下、左的外边距依次为 0px,20px,10px,0px*/
  clear:both;                        /*清除浮动*/
}
p.details{                           /*设置段落明细内容的样式*/
  padding:5px 15px 5px 15px;         /*上、右、下、左的内边距依次为 5px,15px,5px,15px*/
```

```
    font-size:11px;                 /*文字大小为 11px*/
}
.title{                             /*设置简介标题的样式*/
    color:#ee4699;                  /*文字颜色为浅红色*/
    padding:0px;                    /*内边距为 0px*/
    float:left;                     /*向左浮动*/
    font-size:19px;                 /*文字大小为 19px*/
    margin:10px 0 10px 0;           /*上、右、下、左的外边距依次为 10px,0px,10px,0px*/
}
span.title_icon{                    /*设置标题区标题文字的样式*/
    float:left;                     /*向左浮动*/
    padding:0 5px 0 0;              /*上、右、下、左的内边距依次为 0px,5px,0px,0px*/
}
img.right{                          /*设置图片的样式*/
    float:right;                    /*向右浮动*/
    padding:0 0 0 30px;             /*上、右、下、左的内边距依次为 0px,0px,0px,30px*/
}
</style>
</head>
<body>
<div class="left_content">
  <div class="title"><span class="title_icon"><img src="images/bullet1.gif" /></span>书城简介</div>
  <div class="feat_prod_box_details">
    <p class="details"> <img src="images/intro.jpg" class="right" />兴宇书城……（此处省略文字）
    </p>
    <p class="details">兴宇书城自开业三年来……（此处省略文字）</p>
    <p class="details">兴宇书城连续三年获得……（此处省略文字）</p>
  </div>
</div>
</body>
</html>
```

6.6 用 CSS 设置常用样式修饰的综合案例

前面已经讲解的 Div+CSS 布局页面的案例中，都是页面的局部布局，按照循序渐进的学习规律，本节从一个页面的全局布局入手，讲解兴宇社区作品展示页面的制作，重点练习用 CSS 设置网页常用样式修饰的相关知识。

6.6.1 页面布局规划

页面布局的首要任务是弄清网页的布局方式，分析版式结构，待整体页面搭建有明确规划后，再根据成熟的规划切图。

通过构思与设计，兴宇社区作品展示页面的效果如图 6-29 所示，页面布局示意图如图 6-30 所示。

图 6-29　兴宇社区作品展示页面的效果

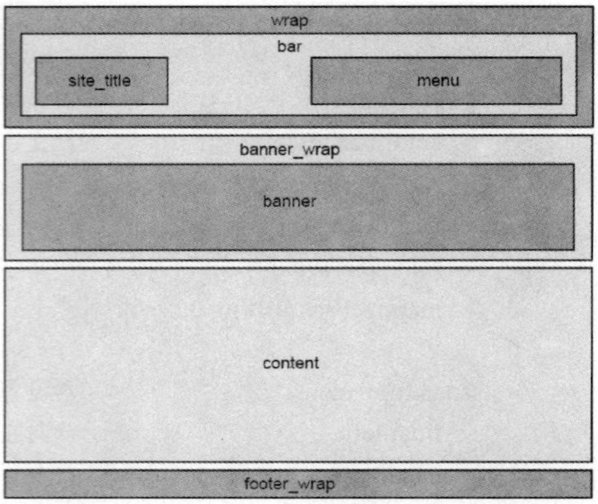

wrap
bar
site_title
menu
banner_wrap
banner
content
footer_wrap

图 6-30　页面布局示意图

6.6.2　页面的制作过程

1．前期准备

（1）栏目文件夹结构

在栏目文件夹中创建文件夹 images 和 style，分别用来存放图像素材和外部样式表文件。

（2）页面素材

将本页面需要使用的图像素材存放在文件夹 images 中。

（3）外部样式表

在文件夹 style 中新建一个名为 style.css 的样式表文件。

2．制作页面

（1）页面整体的制作

页面整体 body 的 CSS 定义代码如下：

```
body {                              /*页面整体的 CSS 规则*/
    margin: 0;                      /*外边距为 0px*/
    padding: 0;                     /*内边距为 0px*/
    font-family: Verdana, Geneva, sans-serif;
    font-size: 12px;
    color: #666;
}
```

（2）页面顶部的制作

页面顶部的内容被放置在名为 wrap 的 Div 容器中，主要用来显示页面标志图片和导航菜单，如图 6-31 所示。

图 6-31　页面顶部的显示效果

CSS 代码如下：

```
#wrap {                          /*页面顶部容器的 CSS 规则*/
    width: 100%;                 /*设置元素百分比宽度*/
    height: 100px;               /*设置元素像素高度*/
    margin: 0 auto;              /*设置元素自动居中对齐*/
}
#bar {                           /*页面顶部区域的 CSS 规则*/
    width: 980px;                /*设置元素宽度*/
    height: 100px;               /*设置元素高度*/
    margin: 0 auto;              /*设置元素自动居中对齐*/
    background: url(../images/header.jpg) no-repeat center top;     /*背景图像不重复*/
}
#site_title {                    /*页面标志图片的 CSS 规则*/
    float: left;                 /*向左浮动*/
    padding: 20px 0 0 0;         /*上、右、下、左的内边距依次为 20px,0px,0px,0px*/
    text-align: center;          /*文字居中对齐*/
}
#menu {                          /*导航菜单的 CSS 规则*/
    float: right;                /*向右浮动*/
    width: 515px;                /*设置元素宽度*/
    height: 100px;               /*设置元素高度*/
    padding: 0 0 0 0;            /*内边距为 0px*/
    margin: 0 auto;              /*设置元素自动居中对齐*/
}
#menu ul {                       /*导航菜单列表的 CSS 规则*/
    margin: 0px;                 /*外边距为 0px*/
    padding: 0;                  /*内边距为 0px*/
    list-style: none;            /*列表无样式*/
}
#menu ul li {                    /*导航菜单列表选项的 CSS 规则*/
    padding: 0px;                /*内边距为 0px*/
    margin: 0px;                 /*外边距为 0px*/
    display: inline;             /*内联元素*/
}
#menu ul li a {                  /*导航菜单列表选项超链接的 CSS 规则*/
    float: left;                 /*向左浮动*/
    display: block;              /*块级元素*/
    height: 20px;
    padding: 60px 20px 10px 20px;/*上、右、下、左的内边距依次为 60px,20px,10px,20px*/
    margin-left: 2px;            /*左外边距为 2px*/
    text-align: center;          /*文字居中对齐*/
    font-size: 14px;
    text-decoration: none;       /*无修饰*/
```

```
        color:#000;
        font-weight: bold;
}
#menu li a:hover {                /*导航菜单列表选项鼠标经过的 CSS 规则*/
        color:#fff;
        background:url(../images/menu_hover.png) repeat-x top;        /*背景图像水平重复*/
}
```

（3）页面广告条的制作

页面广告条的内容被放置在名为 banner_wrap 的 Div 容器中，主要用来显示广告背景图片和宣传语，如图 6-32 所示。

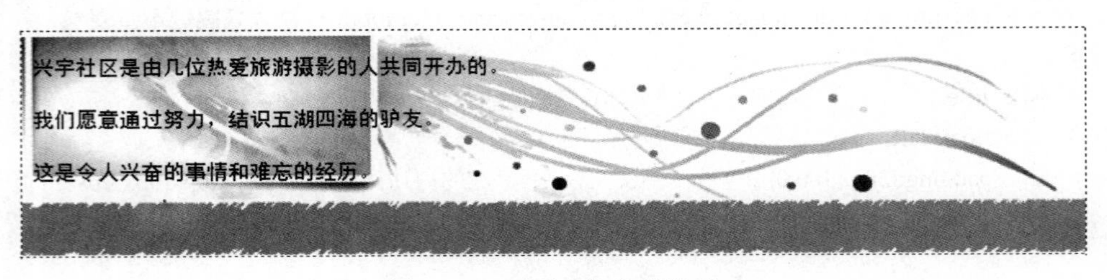

图 6-32　页面广告条的效果

CSS 代码如下：

```
#banner_wrap {                    /*广告条容器的 CSS 规则*/
        clear: both;              /*清除浮动*/
        width: 100%;              /*设置元素百分比宽度*/
        height: 220px;            /*设置元素像素高度*/
        margin: 0 auto;           /*设置元素自动居中对齐*/
}
#banner {                         /*广告条区域的 CSS 规则*/
        width: 980px;             /*设置元素宽度*/
        height: 209px;            /*设置元素高度*/
        margin: 5px auto;         /*设置元素自动居中对齐*/
        padding: 5px 0;           /*上、下内边距为 5px，右、左内边距为 0px*/
        background:url(../images/banner.jpg) no-repeat center;/*背景图像不重复*/
}
#banner p {                       /*广告条区域中段落的 CSS 规则*/
        font-family:"黑体";
        font-size:20px;
        color: #000;
        line-height: 40px;        /*行高为 40px*/
}
```

（4）页面中部的制作

页面中部的内容被放置在名为 content 的 Div 容器中，主要用来显示作品展示区的摄影图片及文字说明，如图 6-33 所示。

图 6-33　页面中部的效果

CSS 代码如下：

```
#content {                       /*页面中部容器的 CSS 规则*/
    width: 960px;                /*设置元素宽度*/
    height:350px;                /*设置元素高度*/
    margin: 0 auto;              /*设置元素自动居中对齐*/
    padding: 30px 10px;          /*上、下内边距为 30px，右、左内边距为 10px*/
    background: #fff;
}
.pic_box {                       /*图片和文字容器的 CSS 规则*/
    float: left;                 /*向左浮动*/
    width: 210px;                /*设置元素宽度*/
    padding-bottom: 20px;        /*下内边距为 20px*/
    margin-bottom: 20px;         /*下外边距为 20px*/
    margin-right:30px;           /*右外边距为 30px*/
    border-bottom: 1px dotted #999;/*下边框为 1px 灰色点画线*/
}
h2 {                             /*作品展示二级标题的 CSS 规则*/
    margin: 0 0 30px 0;          /*上、右、下、左的外边距依次为 0px,0px,30px,0px*/
    padding: 10px 0;             /*上、下内边距为 10px，右、左内边距为 0px*/
    font-size: 34px;
    font-family:"黑体";
    font-weight: normal;
    color: #808e04;
}
h3 {                             /*文字说明三级标题的 CSS 规则*/
    margin: 0 0 10px 0;          /*上、右、下、左的外边距依次为 0px,0px,10px,0px*/
    padding: 0px;                /*内边距为 0px*/
    font-size: 20px;
    font-weight: bold;
    color: #808e04;
}
p {
```

```
        margin: 10px;
        padding: 0px;
}
img {                               /*图片的 CSS 规则*/
        margin: 0px;                /*外边距为 0px*/
        padding: 0px;               /*内边距为 0px*/
        border: none;
}
.thumb_wrapper {                    /*图片容器的 CSS 规则*/
        width: 198px;
        height: 158px;
        padding: 6px;               /*内边距为 6px*/
        background:url(../images/thumb_frame.png) no-repeat;/*背景图像不重复*/
}
```

（5）页面底部的制作

页面底部的内容被放置在名为 footer_wrap 的 Div 容器中，主要用来显示版权信息，如图 6-34 所示。

图 6-34　页面底部的效果

CSS 代码如下：

```
#footer_wrap {
        width: 100%;
        margin: 0 auto;
        background:url(../images/footer_top.jpg) repeat-x top;     /*背景图像水平重复，顶端对齐*/
        text-align:center;
}
```

（6）页面结构代码

为了使读者对页面的样式与结构有一个全面的认识，最后说明整个页面（index.html）的结构代码，代码如下：

```
<html>
<head>
<title>兴宇社区作品展示</title>
<link href="style/style.css" rel="stylesheet" type="text/css" />
</head>
<body>
<div id="wrap">
   <div id="bar">
      <div id="site_title"><img src="images/logo.png" width="229" height="68" /></div>
      <div id="menu">
         <ul>
```

```
                <li><a href="index.html"><span></span>首页</a></li>
                <li><a href="#"><span></span>文章</a></li>
                <li><a href="#"><span></span>微博</a></li>
                <li><a href="#"><span></span>作品</a></li>
                <li><a href="#"><span></span>关于</a></li>
            </ul>
        </div>
    </div>
</div>
<div id="banner_wrap">
    <div id="banner">
        <p>兴宇社区是由几位热爱旅游摄影的人共同开办的。</p>
        <p>我们愿意通过努力，结识五湖四海的驴友。</p>
        <p>这是令人兴奋的事情和难忘的经历。</p>
    </div>
</div>
<div id="content">
    <h2>作品展示</h2>
    <div class="pic_box" id="pic_box1">
        <div class="thumb_wrapper"><a href="#"><img src="images/image_01.jpg" width="198"
        height="146" /></a></div>
        <h3>作品 01</h3>
        <p>九寨沟蕴藏了丰富、珍贵的动植物资源。</p>
    </div>
    <div class="pic_box" id="pic_box2">
        <div class="thumb_wrapper"><a href="#"><img src="images/image_02.jpg" width="198"
        height="146" /></a></div>
        <h3>作品 02</h3>
        <p>我家住在黄土高坡，大风从这里吹过。</p>
    </div>
    <div class="pic_box" id="pic_box3">
        <div class="thumb_wrapper"><a href="#"><img src="images/image_03.jpg" width="198"
        height="146" /></a></div>
        <h3>作品 03</h3>
        <p>珠穆朗玛峰是世界第一峰，你想来看看吗？</p>
    </div>
    <div class="pic_box" id="pic_box4">
        <div class="thumb_wrapper"><a href="#"><img src="images/image_04.jpg" width="198"
        height="146" /></a></div>
        <h3>作品 04</h3>
        <p>欲把西湖比西子，淡妆浓抹总相宜。</p>
    </div>
</div>
<div id="footer_wrap">Copyright &copy; 2012  兴宇书城  All Rights Reserved</div>
</div>
</body>
</html>
```

6.7　实训——制作力天商务网商务安全中心页面

制作力天商务网商务安全中心页面，页面效果如图 6-35 所示，布局示意图如图 6-36 所示。

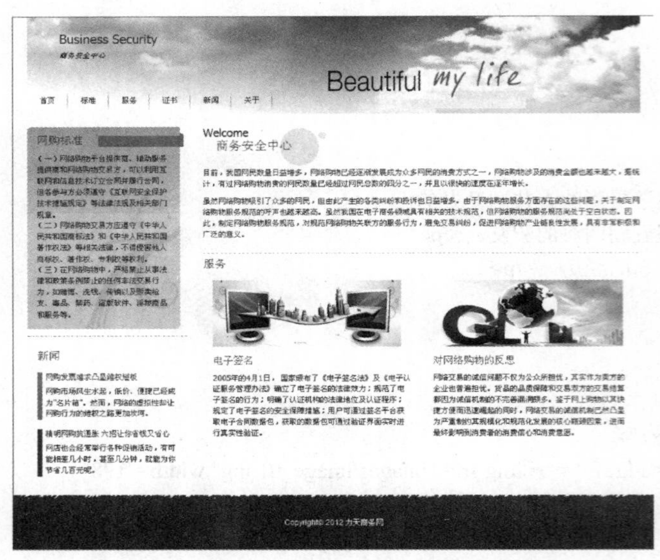

图 6-35　力天商务网商务安全中心页面

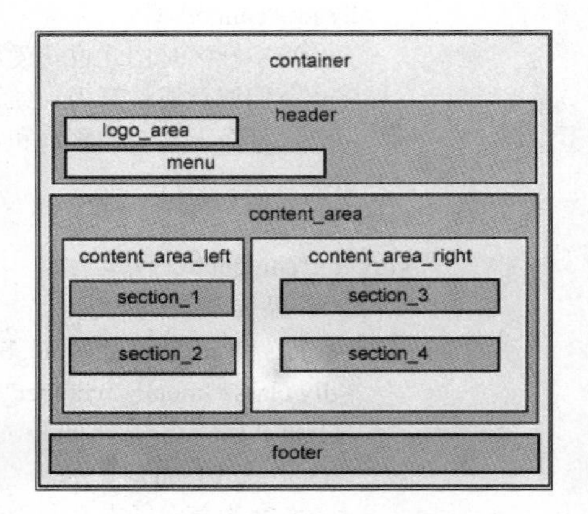

图 6-36　页面布局示意图

制作步骤如下。

1．前期准备

（1）栏目文件夹结构

在栏目文件夹中创建文件夹 images 和 style，分别用来存放图像素材和外部样式表文件。

（2）页面素材

将本页面需要使用的图像素材存放在文件夹 images 中。

（3）外部样式表

在文件夹 style 中新建一个名为 style.css 的样式表文件。

2．制作页面

（1）制作页面的 CSS 样式

打开建立的 style.css 文件，定义页面的 CSS 规则，代码如下：

```
body {                          /*页面整体的 CSS 规则*/
  margin: 0;                    /*外边距为 0px*/
  padding:0;                    /*内边距为 0px*/
  font-family: Arial, Helvetica, sans-serif;
  font-size: 12px;
  line-height: 1.5em;           /*行高为字符的 1.5 倍*/
  width: 100%;
  display: table;               /*元素以表格单元格的形式呈现*/
```

```
}
a:link, a:visited {             /*普通链接和访问过的链接样式*/
    color: #494949;
    text-decoration: underline;/*下画线*/
}
a:active, a:hover {             /*激活链接和悬停链接样式*/
    color: #494949;
    text-decoration: none;      /*无修饰*/
}
p{                              /*段落的 CSS 规则*/
    font-family: Tahoma;
    font-size: 12px;
    color: #484848;
    text-align: justify;        /*文字两端对齐*/
    margin: 0 0 10px 0;         /*上、右、下、左的外边距依次为 0px,0px,10px,0px*/
}
h1 {                            /*一级标题的 CSS 规则*/
    font-family: Tahoma;
    font-size: 18px;
    color: #676767;
    font-weight: normal;
    margin: 0 0 15px 0;         /*上、右、下、左的外边距依次为 0px, 0px,15px, 0px*/
}
h2 {                            /*二级标题的 CSS 规则*/
    font-family: Tahoma;
    font-size: 16px;
    color: #0895d6;
    font-weight: normal;
    margin: 0 0 10px 0;         /*上、右、下、左的外边距依次为 0px,0px,10px,0px*/
}
h3 {                            /*三级标题的 CSS 规则*/
    font-family: Tahoma;
    font-size: 11px;
    color: #2780e4;
    font-weight: normal;
    margin: 0 0 5px 0;          /*上、右、下、左的外边距依次为 0px,0px,5px,0px*/
}
#container {                    /*页面容器的 CSS 规则*/
    width: 960px;
    margin: auto;               /*设置元素自动居中对齐*/
}
#header {                       /*页面头部区域的 CSS 规则*/
    width: 960px;               /*设置元素宽度*/
    height: 157px;              /*设置元素高度*/
    background: url(../images/header.jpg) no-repeat;
    margin: 0px;                /*外边距为 0px*/
```

```
    padding: 1px 0 0 0;         /*上、右、下、左的内边距依次为 1px,0px,0px,0px*/
}
#logo_area {                    /*页面头部标志区域的 CSS 规则*/
        width: 175px;           /*设置元素宽度*/
        height: 60px;           /*设置元素高度*/
        margin: 25px 0 0 50px;/*上、右、下、左的外边距依次为 25px,0px,0px,50px*/
        float: left;            /*向左浮动*/
}
#logo {                         /*页面头部标志区域上方文字的 CSS 规则*/
    font-family: Tahoma;
    font-size: 20px;
    color: #0e8fcb;
    margin: 0 0 5px 0;          /*上、右、下、左的外边距依次为 0px,0px,5px, 0px*/
}
#slogan {                       /*页面头部标志区域下方文字的 CSS 规则*/
    float: left;                /*向左浮动*/
    font-family: Tahoma;
    font-size: 12px;
    color: #000;
    font-style: italic;         /*文字斜体*/
    margin: 5px 0 0 0;          /*上、右、下、左的外边距依次为 5px,0px,0px,0px*/
}
#menu {                         /*页面头部菜单区域的 CSS 规则*/
    float: left;                /*向左浮动*/
    width: 960px;
    height: 40px;
    margin: 30px 0 0 0;         /*上、右、下、左的外边距依次为 30px,0px,0px,0px*/
    padding: 0;                 /*内边距为 0px*/
}
#menu ul {                      /*页面头部菜单区域列表的 CSS 规则*/
    float: left;                /*向左浮动*/
    margin: 0px;                /*外边距为 0px*/
    padding: 0 0 0 0;           /*内边距为 0px*/
    width: 550px;
    list-style: none;
}
#menu ul li {                   /*菜单列表选项的 CSS 规则*/
    display: inline;            /*行级元素*/
}
#menu ul li a {                 /*菜单列表选项超链接的 CSS 规则*/
    float: left;                /*向左浮动*/
    padding: 11px 20px;         /*上、下内边距为 11px，右、左内边距为 20px*/
    text-align: center;         /*文字居中对齐*/
    font-size: 12px;
    text-align: center;
    text-decoration: none;      /*无修饰*/
```

```
    background: url(../images/menu_divider.png) center right no-repeat;
    color: #2a5f00;
    font-family: Tahoma;
    font-size: 12px;
    outline: none;                /*不显示轮廓*/
}
#menu li a:hover {              /*菜单列表选项鼠标经过的 CSS 规则*/
    color: #fff;
}
#content_area {                 /*页面中部区域的 CSS 规则*/
    width: 960px;               /*设置元素宽度*/
    margin: 20px 0 0 0;         /*上、右、下、左的外边距依次为 20px,0px,0px,0px*/
}
#content_area_left {            /*页面中部左侧区域的 CSS 规则*/
    float: left;                /*向左浮动*/
    width: 250px;
}
#content_area_right {           /*页面中部右侧区域的 CSS 规则*/
    float:right;                /*向右浮动*/
    width: 685px;
}
.section_1{                     /*页面中部左侧上方区域（网购标准）的 CSS 规则*/
    width: 250px;
    margin: 0 0 10px 0;         /*上、右、下、左的外边距依次为 0px,0px,10px,0px*/
}
.section_1 .top {               /*网购标准区域顶部的 CSS 规则*/
    width: 250px;
    height: 33px;
    background: url(../images/section_1_top.jpg) left no-repeat;
}
.top h1{                        /*网购标准区域顶部一级标题的 CSS 规则*/
    display:block;              /*块级元素*/
    float: left;                /*向左浮动*/
    margin: 15px 0 0 15px;      /*上、右、下、左的外边距依次为 15px,0px,0px,15px*/
}
.top span.title{                /*网购标准区域顶部 span 的 CSS 规则*/
    float: right;               /*向右浮动*/
    display: block;             /*块级元素*/
    font-family: Tahoma;
    font-size: 10px;
    color: #000;
    margin: 15px 25px 0 0;      /*上、右、下、左的外边距依次为 15px,25px,0px,0px*/
}
.section_1 .middle {            /*网购标准区域中间的 CSS 规则*/
    width: 250px;
    background: url(../images/section_1_mid.jpg) left repeat-y;/*背景图像垂直重复*/
```

```
}
.section_1 .bottom {            /*网购标准区域底部的 CSS 规则*/
  width: 210px;
  background: url(../images/section_1_bottom.jpg) bottom left   no-repeat;
  padding: 10px 20px 5px 15px;/*上、右、下、左的内边距依次为 10px,20px,5px,15px*/
}
.h_line {                       /*水平分隔线的 CSS 规则*/
  width: 100%;
  clear: both;                  /*清除浮动*/
  height: 1px;
  background: url(../images/h_line.jpg);
  margin: 0 0 10px 0;           /*上、右、下、左的外边距依次为 0px,0px,10px,0px*/
}
.section_2{                     /*页面中部左侧下方区域（新闻）的 CSS 规则*/
  width: 220px;
  margin: 0 0 10px 0 ;          /*上、右、下、左的外边距依次为 0px,0px,10px,0px*/
  padding: 15px 15px 5px 15px;/*上、右、下、左的内边距依次为 15px,15px,5px,15px*/
}
.section_2 .green {             /*新闻区域 green 类的 CSS 规则*/
  border-left: 8px solid #64d608;/*左边框为 8px 绿色实线*/
  margin: 0 0 15px 0;           /*上、右、下、左的外边距依次为 0px,0px,15px,0px*/
  padding: 0 0 0 5px;           /*上、右、下、左的内边距依次为 0px,0px,0px,5px*/
}
.section_2 .blue{               /*新闻区域 blue 类的 CSS 规则*/
  border-left: 8px solid #0895d6;/*左边框为 8px 蓝色实线*/
  margin: 0 0 15px 0;           /*上、右、下、左的外边距依次为 0px,0px,15px,0px*/
  padding: 0 0 0 5px;           /*上、右、下、左的内边距依次为 0px,0px,0px,5px*/
}
.section_3{                     /*页面中部右侧上方区域（欢迎信息）的 CSS 规则*/
  width: 685px;
  margin: 0 0 20px 0;           /*上、右、下、左的外边距依次为 0px,0px,20px,0px*/
  background: url(../images/section_3_bg.jpg) no-repeat;
  background-position: 105px -5px;
}
.section_3 h1{                  /*欢迎信息区域一级标题的 CSS 规则*/
  margin: 0 0 5px 0;            /*上、右、下、左的外边距依次为 0px,0px,5px,0px*/
}
span.blue_title {               /*欢迎信息区域蓝色标题的 CSS 规则*/
  font-family: Arial;
  font-size: 20px;
  color: #0895d6;
  display: block;               /*块级元素*/
  margin: 0 0 25px 20px;        /*上、右、下、左的外边距依次为 0px,0px,25px,20px*/
}
.section_4 {                    /*页面中部右侧下方区域（服务）的 CSS 规则*/
  width: 685px;
```

```
    margin: 0 0 15px 0;          /*上、右、下、左的外边距依次为 0px,0px,15px,0px*/
}
.two_col {                     /*服务区域两列的 CSS 规则*/
    width: 310px;
    margin: 0 0 20px 0;          /*上、右、下、左的外边距依次为 0px,0px,20px,0px*/
    padding: 0 15px 15px 15px;/*上、右、下、左的内边距依次为 0px,15px,15px,15px*/
}
.two_col img{                  /*服务区域两列中图像的 CSS 规则*/
    margin: 0 0 10px 0;          /*上、右、下、左的外边距依次为 0px,0px,10px,0px*/
}
.right {                       /*服务区域两列中右列的 CSS 规则*/
    float: right;              /*向右浮动*/
}
.left {                        /*服务区域两列中左列的 CSS 规则*/
    float: left;               /*向左浮动*/
}
.cleaner {                     /*清除浮动的 CSS 规则*/
    clear: both;               /*清除浮动*/
    height: 0;
    margin: 0;
    padding: 0;
}
#footer {                      /*页面底部版权区域的 CSS 规则*/
    width: 100%;
    height: 52px;
    background: url(../images/footer_bg.jpg);
    color: #fff;
    text-align: center;
    padding: 36px 0 0 0;
    margin: 0;
}
```

（2）制作页面的网页结构代码

为了使读者对页面的样式与结构有一个全面的认识，最后说明整个页面（index.html）的结构代码，代码如下：

```
<html>
<head>
<meta charset="gb2312">
<title>商务安全中心</title>
<link href="style/style.css" rel="stylesheet" type="text/css" />
</head>
<body>
<div id="container">
    <div id="header">
        <div id="logo_area">
            <div id="logo">Business Security</div>
```

```
        <div id="slogan">商务安全中心</div>
      </div>
      <div id="menu">
        <ul>
          <li><a href="#">首页</a></li>
          <li><a href="#">标准</a></li>
          <li><a href="#">服务</a></li>
          <li><a href="#">证书</a></li>
          <li><a href="#">新闻</a></li>
          <li><a href="#">关于</a></li>
        </ul>
      </div>
    </div>
    <div id="content_area">
      <div id="content_area_left">
        <div class="section_1">
          <div class="top">
            <h1>网购标准</h1>
          </div>
          <div class="middle">
            <div class="bottom">
              <p>（一）网络购物平台提供商、辅助服务提供商和网络购物交易方，可以利用
              互联网和信息技术订立合同并履行合同……（此处省略文字）</p>
            </div>
          </div>
        </div>
        <div class="h_line"></div>
        <div class="section_2">
          <h1>新闻</h1>
          <div class="green">
            <h3>网购发票难求凸显维权短板</h3>
            <p>网购市场风生水起，低价、便捷已经成为&quot;名片箱&quot;。然而，网络的虚
            拟性却让网购行为的维权之路更加坎坷。<br />
            </p>
          </div>
          <div class="blue">
            <h3>精明网购抗通胀 六招让你省钱又省心<br />
            </h3>
            <p>网店也会经常举行各种促销活动，有可能相差几小时……（此处省略文字）</p>
          </div>
        </div>
      </div>
      <div id="content_area_right">
        <div class="section_3">
          <h1>Welcome</h1>
          <span class="blue_title">商务安全中心</span>
```

```
            <p>目前，我国网民数量日益增多，网络购物已经逐渐发展……（此处省略文字）</p>
          </div>
          <div class="h_line"></div>
          <div class="section_4">
            <h1>服务</h1>
            <div class="two_col left"> <img src="images/img_1.jpg" alt="Fruid" />
              <h2>电子签名</h2>
              <p>2005 年的 4 月 1 日，国家颁布了《电子签名法》……（此处省略文字）</p>
            </div>
            <div class="two_col right"> <img src="images/img_2.jpg" alt="Free CSS Template" />
              <h2>对网络购物的反思</h2>
              <p>网络交易的诚信问题不仅为公众所担忧，其实作为卖方……（此处省略文字）</p>
            </div>
            <div class="cleaner"></div>
          </div>
          <div class="cleaner"></div>
        </div>
      </div>
    </div>
    <div class="cleaner"></div>
    <div id="footer"> Copyright&copy; 2012  力天商务网  </div>
    </body>
    </html>
```

习题 6

1．使用图文混排技术制作如图 6-37 所示的页面。

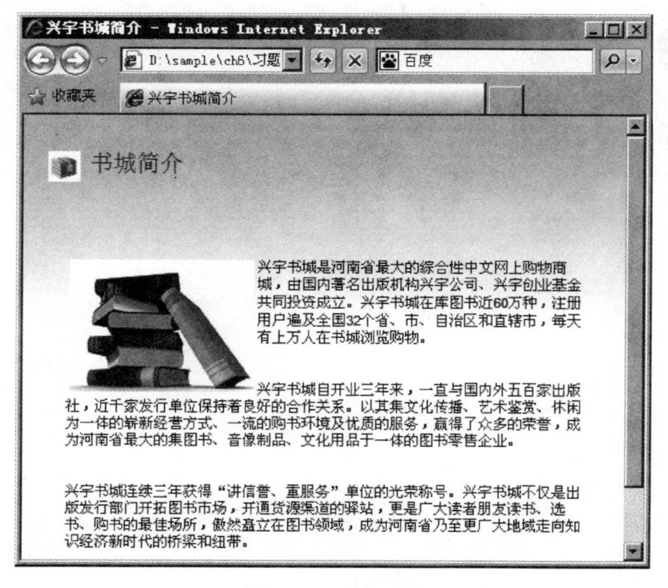

图 6-37　题 1 图

2．使用 CSS 对页面中的图像和文本进行控制，制作如图 6-38 所示的售后服务中心页面。

图 6-38 题 2 图

3．使用 CSS 对页面中的图像和文本进行控制，制作力天商务网的局部页面——力天画廊、技术支持和服务宗旨，如图 6-39 所示。

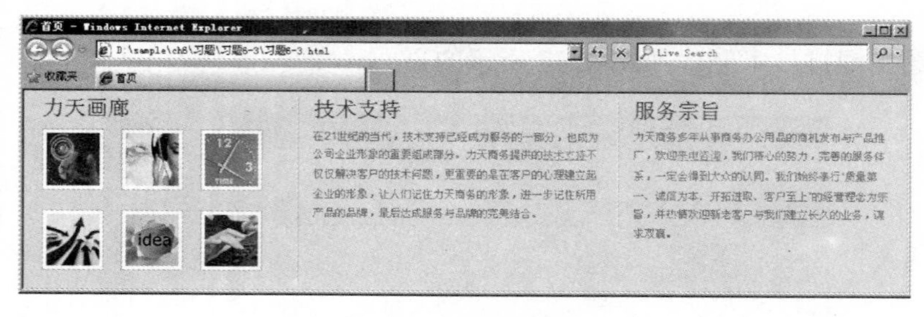

图 6-39 题 3 图

第 7 章　使用 CSS 设置链接与导航菜单

在一个网站中，所有页面都会通过超链接相互链接在一起，通过超链接在各个页面之间导航，这样才会形成一个有机的网站。在设计网站时，链接与导航都是网页中最重要的组成部分之一。

7.1　使用 CSS 设置链接

网页中随处可见的都是链接，一个包含美观链接的页面能给浏览者带来新鲜的感觉，而要实现链接的多样化效果离不开 CSS 样式的帮助。

7.1.1　超链接伪类

超链接涉及一个新的概念——伪类。首先了解一下超链接的 4 种样式：

```
a:link {color: #ff0000}          /* 未访问的链接 */
a:visited {color: #00ff00}       /* 已访问的链接 */
a:hover {color: #ff00ff}         /* 鼠标悬停到链接上 */
a:active {color: #0000ff}        /* 激活的链接 */
```

以上分别定义了超链接未访问时的链接样式、已访问的链接样式、鼠标悬停时的链接样式和激活的链接样式。之所以称为伪类，就是说，它不是一个真实的类。正常的类以点开始，后边连接一个名称；而伪类以 a 开始，后边连接冒号，再连接状态限定字符。例如 a:hover 的样式，只有当鼠标悬停到该链接上时它才生效，而 a:visited 只对已访问过的链接生效。

伪类使得用户体验大大提高，例如可以设置鼠标悬停时改变颜色或下画线等属性来告知用户这个是可以单击的，设置已访问过的链接的颜色变灰暗或加删除线告知用户这个链接的内容已访问过了。

超链接伪类的语法如下：

a:link { sRules }　　设置 a 对象在未被访问前的样式表属性
a:visited { sRules }　　设置 a 对象在链接地址已被访问过时的样式表属性
a:hover { sRules }　　设置 a 对象在鼠标悬停时的样式表属性
a:active { sRules }　　设置 a 对象在被用户激活（按下鼠标未松手）时的样式表属性

参数：sRules 为样式表规则。

说明：样式表规则伪类可以指定 a 对象以不同的方式显示链接（links）、已访问链接（visited links）、鼠标悬停时链接（hover links）和可激活链接（active links）。对于无 href 属性（特性）的 a 对象，此伪类不发生作用。

7.1.2 改变文字链接的外观

伪类中通过:link、:visited、:hover 和:active 来控制链接内容访问前、访问后、鼠标悬停时以及用户激活时的样式。需要说明的是，这 4 种状态的顺序不能颠倒，否则可能会导致伪类样式不能实现。另外，这 4 种状态并不是每次都要用到，一般只需要定义链接标签的样式以及:hover 伪类样式即可。

为了更清楚地理解如何使用 CSS 设置文字链接的外观，下面讲解一个简单的示例。

【演练 7-1】 改变文字链接的外观，正常文字链接的效果如图 7-1（a）所示，鼠标悬停在文字链接上时的效果如图 7-1（b）所示。

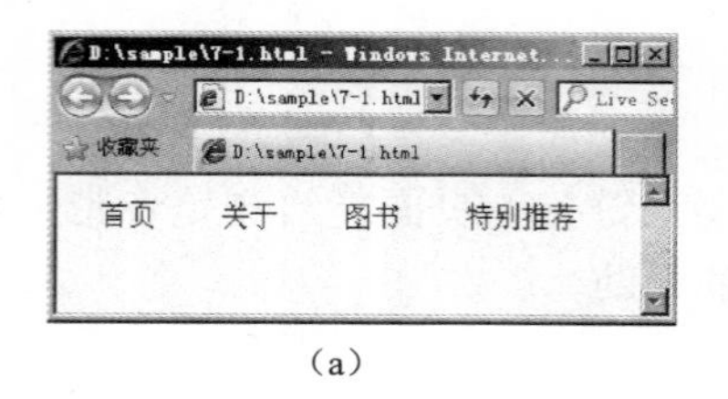

（a）

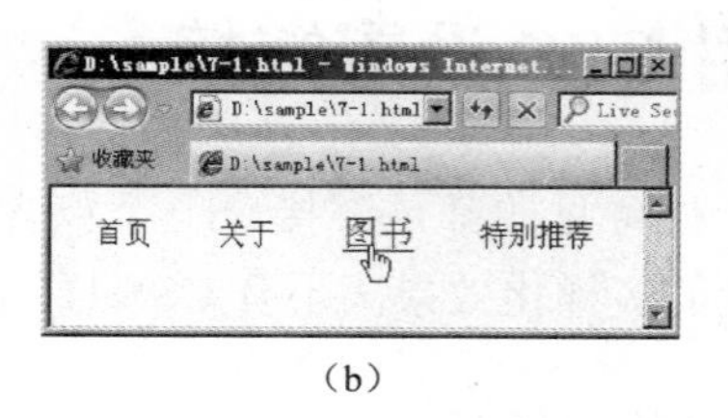

（b）

图 7-1 改变文字链接的外观

代码如下：

```
<style type="text/css">
  .nav a {
    padding:8px 15px;
    text-decoration:none;                /*正常的链接状态无修饰*/
  }
  .nav a:hover {
    color:#ff7300;                       /*鼠标悬停时改变颜色*/
    font-size:20px;                      /*鼠标悬停时字体放大*/
    text-decoration:underline;           /*鼠标悬停时显示下画线*/
  }
</style>
<body>
<div class="nav">
  <a href="#">首页</a>
  <a href="#">关于</a>
  <a href="#">图书</a>
  <a href="#">特别推荐</a>
</div>
</body>
```

【演练 7-2】 制作网页中不同区域的链接效果，鼠标经过导航区域的链接风格与鼠标经过“和我联系”文字的链接风格截然不同，本例文件 7-2.html 在浏览器中的显示效果如图 7-2 所示。

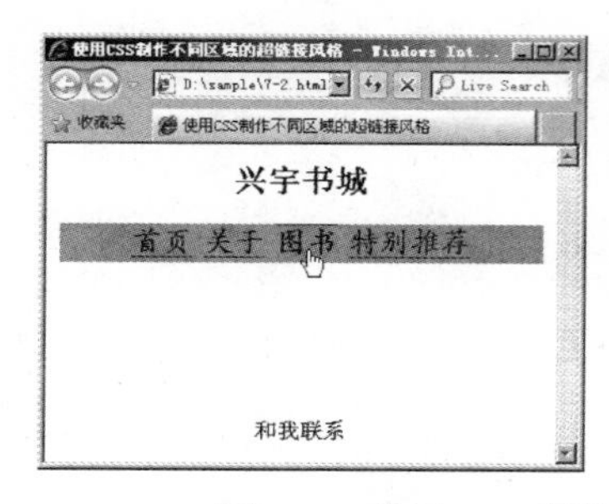

图 7-2　使用 CSS 制作不同区域的超链接风格

代码如下：

```
<html>
<head>
<title>使用 CSS 制作不同区域的超链接风格</title>
<style type="text/css">
  a:link {                              /*未访问的链接*/
      font-size: 13pt;
      color: #0000ff;
      text-decoration: none;            /*无修饰*/
  }
  a:visited {                           /*访问过的链接*/
      font-size: 13pt;
      color: #00ffff;
      text-decoration: none;            /*无修饰*/
  }
  a:hover {                             /*鼠标经过的链接*/
      font-size: 13pt;
      color: #cc3333;
      text-decoration: underline;       /*下画线*/
  }
  .navi {
      text-align:center;                /*文字居中对齐*/
      background-color: #cccccc;
  }
  .navi span{
    margin-left:10px;                   /*左外边距为 10px*/
    margin-right:10px;                  /*右外边距为 10px*/
  }
  .navi a:link {
      color: #ff0000;
      text-decoration: underline;       /*下画线*/
      font-size: 17pt;
      font-family: "华文楷体";
  }
  .navi a:visited {
      color: #0000ff;
```

```
            text-decoration: none;                /*无修饰*/
            font-size: 17pt;
            font-family: "华文楷体";
        }
        .navi a:hover {
            color: #000;
            font-family: "华文楷体";
            font-size: 17pt;
            text-decoration: overline;            /*上画线*/
        }
        .footer{
          text-align:center;                      /*文字居中对齐*/
          margin-top:120px;                       /*上外边距为 120px*/
        }
    </style>
    </head>
    <body>
      <h2 align="center">兴宇书城</h2>
      <p class="navi">
        <a href="#">首页</a>
        <a href="#">关于</a>
        <a href="#">图书</a>
        <a href="#">特别推荐</a>
      </p>
      <div class="footer">
        <a href="mailto:worker@126.com">和我联系</a>
      <div>
    </body>
    </html>
```

【说明】

① 在定义超链接的伪类 link、visited、hover、active 时，应该遵从一定的顺序，否则在浏览器中显示时，超链接的 hover 样式就会失效。在指定超链接样式时，建议按 link、visited、hover、active 的顺序指定。如果先指定 hover 样式，然后再指定 visited 样式，则在浏览器中显示时，hover 样式将不起作用。

② 由于页面中的导航区域套用了类.navi，并且在其后分别定义了.navi a:link、.navi a:visited 和.navi a:hover 这三个继承，从而使导航区域的超链接风格区别于“和我联系”文字默认的超链接风格。

7.1.3 创建按钮式超链接

按钮式超链接的实质就是对超链接样式的 4 个边框的颜色分别进行设置，左边框和上边框设置为加亮效果，右边框和下边框设置为阴影效果。当鼠标悬停到按钮上时，加亮效果与阴影效果刚好相反。

【演练 7-3】 创建按钮式超链接，当鼠标悬停到按钮上时，可以看到超链接变为类似于按钮“被按下”的效果，如图 7-3 所示。

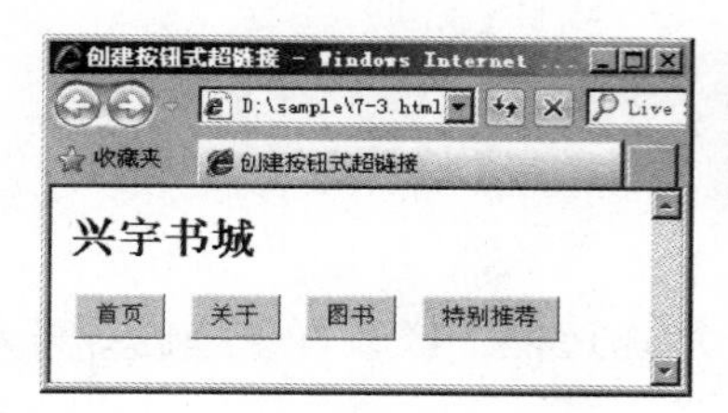

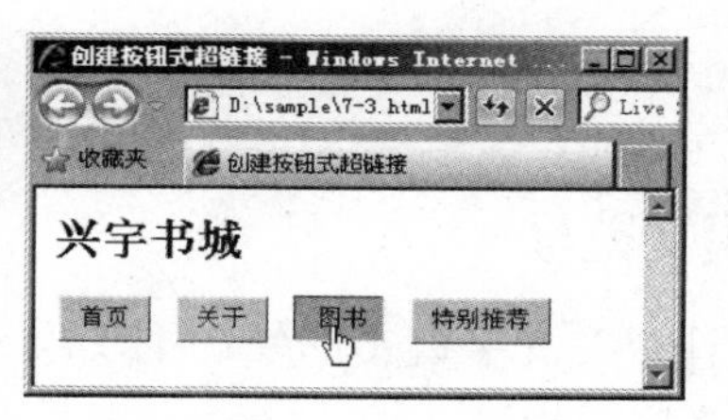

图 7-3　页面的显示效果

代码如下：

```
<html>
<head>
<title>创建按钮式超链接</title>
<style type="text/css">
  a{
    font-family: Arial;                 /*统一设置所有样式 */
    font-size: .8em;
    text-align:center;                  /*文字居中对齐*/
    margin:3px;                         /*外边距为 3px*/
  }
  a:link,a:visited{                     /*超链接正常状态、被访问过的样式 */
    color: #a62020;
    padding:4px 10px 4px 10px;          /*上、右、下、左的内边距依次为 4px,10px,4px,10px*/
    background-color: #ddd;
    text-decoration: none;              /*无修饰*/
    border-top: 1px solid #eee;         /*边框实现阴影效果 */
    border-left: 1px solid #eee;
    border-bottom: 1px solid #717171;
    border-right: 1px solid #717171;
  }
  a:hover{                              /*鼠标悬停时的超链接 */
    color:#821818;                      /*改变文字颜色 */
    padding:5px 8px 3px 12px;           /*改变文字位置 */
    background-color:#ccc;              /*改变背景色 */
    border-top: 1px solid #717171;      /*边框变换，实现“按下去”的效果 */
    border-left: 1px solid #717171;
    border-bottom: 1px solid #eee;
    border-right: 1px solid #eee;
  }
</style>
</head>
<body>
  <h2>兴宇书城</h2>
  <a href="#">首页</a>
  <a href="#">关于</a>
  <a href="#">图书</a>
```

```
  <a href="#">特别推荐</a>
</body>
</html>
```

7.1.4 图文链接

在网页设计中对文字链接的修饰不仅限于增加边框、修改背景颜色等方式，还可以利用背景图片将文字链接进一步美化。

【演练 7-4】 图文链接，正常文字链接的效果如图 7-4（a）所示，鼠标悬停在文字链接上时的效果如图 7-4（b）所示。

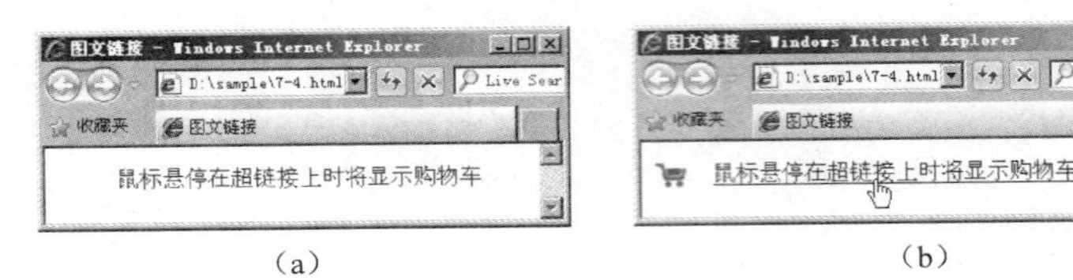

图 7-4 图文链接的效果

代码如下：

```
<html>
<head>
<title>图文链接</title>
<style type="text/css">
  .a {
    padding-left:40px;                /*设置左内边距用于增加空白，以显示背景图片*/
    font-size:16px;
    text-decoration: none;            /*无修饰*/
  }
  .a:hover {
    background:url(images/cart.gif) no-repeat left center;     /*增加背景图片*/
    text-decoration: underline;                                 /*下画线*/
}
</style>
</head>
<body>
<a href="#" class="a">鼠标悬停在超链接上时将显示购物车</a>
</body>
</html>
```

【说明】 本例 CSS 代码中的 padding-left:40px;用于增加容器左侧的空白，为后面显示背景图片做准备。当触发鼠标悬停操作时，增加背景图片，其位置是容器的左边中间。

7.2 使用 CSS 设置列表

列表元素是网页设计中使用频率非常高的元素，在大多数的网站设计中，无论是新闻列表，还是产品介绍，或者其他内容，均需要以列表的形式来体现。列表形式在网站设计中占有很大比重，信息的显示非常整齐直观，便于用户理解与操作。从网页出现到现在，列表元素一直是页面中非常重要的应用形式。

在表格布局时代，类似于新闻列表这样的效果，一般采用表格来实现，如图 7-5 所示。该列表采用多行多列的表格进行布局，第一列放置图片作为修饰，后面两列放置具体的新闻标题和发布时间。

2012年书城10大关键词	[2012-5-9]
书城销量连创新高	[2012-5-8]
最新读者喜爱图书调查报告	[2012-5-7]
新书上架，购买从速	[2012-5-5]

图 7-5　表格布局的新闻列表

以上表格的结构代码如下：

```
<table width="745" border="1" align="center" cellpadding="0" cellspacing="0">
    <tr>
      <td width="10" height="20"><img src="images/arrow.gif"/></td>
      <td width="400" align="left"><a href="new1.html">2012 年书城 10 大关键词</a></td>
      <td width="335" align="center"> [2012-5-9]</td>
    </tr>
    <tr>
      <td width="10" height="20"><img src="images/arrow.gif" /></td>
      <td width="400" align="left"><a href="news2.html">书城销量连创新高</a></td>
      <td width="335" align="center">[2012-5-8]</td>
    </tr>
    <tr>
      <td width="10" height="20"><img src="images/arrow.gif" /></td>
      <td width="400" align="left"><a href="#">最新读者喜爱图书调查报告</a></td>
      <td width="335" align="center">[2012-5-7]</td>
    </tr>
    <tr>
      <td width="10" height="20"><img src="images/arrow.gif" /></td>
      <td width="400" align="left"><a href="#">新书上架，购买从速</a></td>
      <td width="335" align="center">[2012-5-5]</td>
    </tr>
/table>
```

由此可见，这种新闻列表既有修饰图片，又有具体内容，结构比较复杂。而采用 CSS 样式对整个页面布局时，列表标签的作用被充分挖掘出来。从某种意义上讲，除了描述性的文本，任何内容都可以认为是列表。由于列表如此多样，这也使得列表相当重要，甚至超越了它最初设计时的功能。

使用 CSS 样式来实现新闻列表，不仅结构清晰，而且代码数量明显减少，如图 7-6 所示。新闻列表的结构代码如下：

兴宇书城新闻列表

2012年书城10大关键词	[2012-5-9]
书城销量连创新高	[2012-5-8]
最新读者喜爱图书调查报告	[2012-5-7]
新书上架，购买从速	[2012-5-5]

图 7-6　使用 CSS 实现新闻列表

```
<div id="main_left_top">
  <h3>兴宇书城新闻列表</h3>
  <ul class="news_list">
```

```
        <li><a href="#">2012 年书城 10 大关键词</a> <span>[2012-5-9]</span></li>
        <li><a href="#">书城销量连创新高</a> <span>[2012-5-8]</span></li>
        <li><a href="#">最新读者喜爱图书调查报告</a> <span>[2012-5-7]</span></li>
        <li><a href="#">新书上架，购买从速</a> <span>[2012-5-5]</span></li>
    </ul>
</div>
```

HTML 包含了三种形式的列表，包括有序列表、无序列表和自定义列表。在本书第 2 章中已经介绍了列表的基本知识，这里不再赘述，而主要对列表的属性加以讲解。

在 CSS 样式中，主要通过 list-style-type、list-style-image 和 list-style-position 这三个属性来改变列表修饰符的类型。

7.2.1 设置列表类型

通常的项目列表主要采用<ul>或<ol>标签，然后配合<li>标签罗列各个项目。在 CSS 样式中，列表项的修饰符类型是通过属性 list-style-type 来修改的，无论是<ul>标签还是<ol>标签，都可以使用相同的属性值，而且效果是完全相同的。

list-style-type 属性主要用于修改列表项的修饰符类型，例如，在一个无序列表中，列表项的修饰符是出现在各列表项旁边的圆点，而在有序列表中，修饰符可能是字母、数字或另外某种符号。当 list-style-image 属性为 none 或者指定的图像不可用时，list-style-type 属性将发生作用。list-style-type 属性常用的属性值见表 7-1。

表 7-1　常用的 list-style-type 属性值

属性值	说　明
disc	默认值，修饰符是实心圆
circle	修饰符是空心圆
square	修饰符是实心正方形
decimal	修饰符是数字
upper-alpha	修饰符是大写英文字母，如 A,B,C,D…
lower-alpha	修饰符是小写英文字母，如 a,b,c,d…
upper-roman	修饰符是大写罗马字母，如 I,II,III,IV…
lower-roman	修饰符是小写罗马字母，如 i,ii,iii,iv…
none	不显示任何符号

在页面中使用列表，要根据实际情况选用不同的修饰符，或者不选用任何一种修饰符而使用背景图片作为列表的修饰。需要说明的是，当选用背景图片作为列表修饰符时，list-style-type 属性和 list-style-image 属性都要设置为 none。

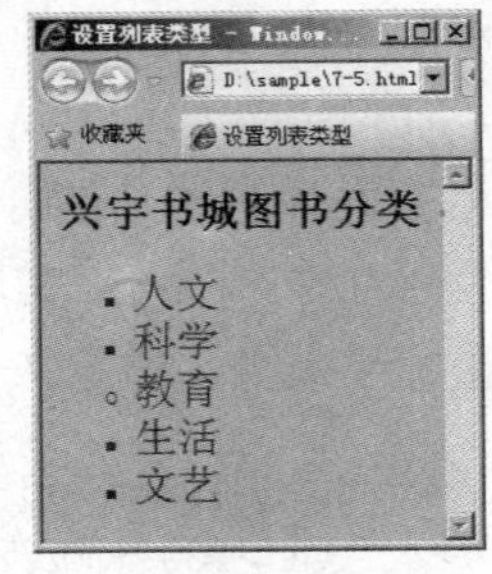

图 7-7　页面的显示效果

【演练 7-5】 设置列表类型，本例页面 7-5.html 的显示效果如图 7-7 所示。

代码如下：

```
<html>
<head>
```

```
<title>设置列表类型</title>
<style>
  body{
    background-color:#ccc;
  }
  ul{
    font-size:1.5em;
    color:#00458c;
    list-style-type:square;               /*修饰符是实心正方形*/
  }
  li.special{
    list-style-type:circle;               /*修饰符是实心正方形*/
  }
</style>
</head>
<body>
<h2>兴宇书城图书分类</h2>
<ul>
  <li>人文</li>
  <li>科学</li>
  <li class="special">教育</li>
  <li>生活</li>
  <li>文艺</li>
</ul>
</body>
</html>
```

【说明】

① 如果给<ul>或者<ol>标签设置 list-style-type 属性，则在它们中间的所有<li>标签都采用该设置，而如果对<li>标签单独设置 list-style-type 属性，则仅作用在该项目上。例如，页面中“教育”项目的修饰符类型变成了空心圆，但是并没有影响其他项目的修饰符类型（实心正方形）。

② 需要特别注意的是，list-style-type 属性在页面显示效果方面与左内边距（padding-left）和左外边距（margin-left）有密切的联系。例如，可以在上述定义 ul 的样式中添加左内边距为 0 的规则，代码如下：

```
ul
{
  font-size:1.5em;
  color:#00458c;
  list-style-type:square;               /*修饰符是实心正方形*/
  padding-left:0;                       /*左内边距为 0 */
}
```

在 Opera 浏览器中没有显示列表修饰符，页面效果如图 7-8 所示，而在 IE 8 浏览器中显示出列表修饰符，页面效果如图 7-9 所示。

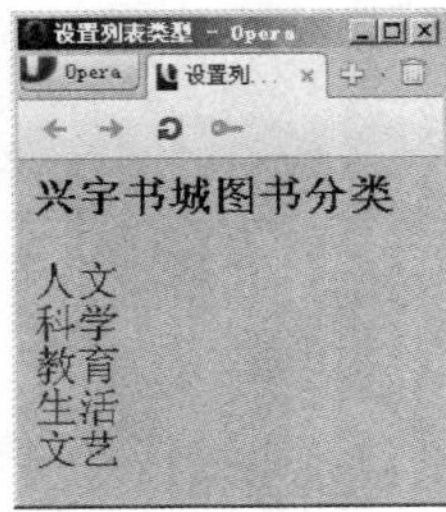

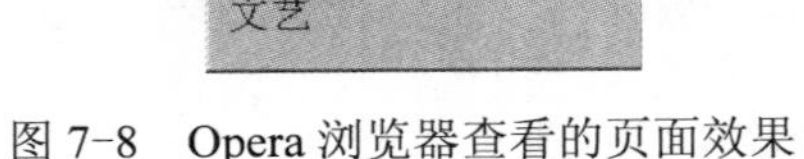

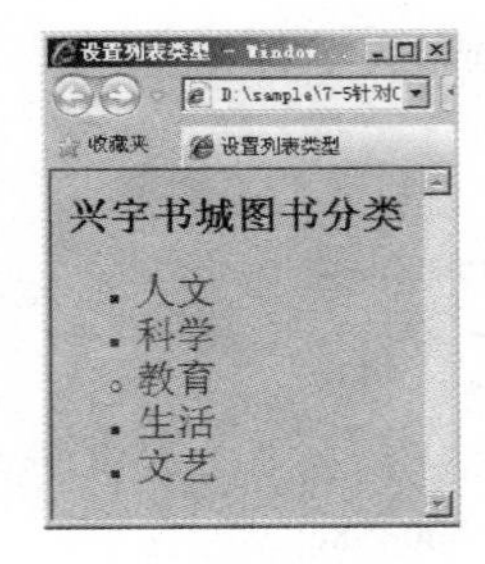

图 7-8　Opera 浏览器查看的页面效果　　　　图 7-9　IE 浏览器查看的页面效果

③ 继续讨论上述示例，如果将示例中的“padding-left:0;”修改为“margin-left:0;”，则在 Opera 浏览器中能正常显示列表修饰符，而在 IE 浏览器中不能正常显示。引起显示效果不同的原因在于，浏览器在解析列表的内外边距时产生了错误的解析方式。也正是这个原因，设计人员习惯直接使用背景图片作为列表的修饰符。

【演练 7-6】 使用背景图片替代列表修饰符，本例页面 7-6.html 在浏览器中的显示效果如图 7-10 所示。

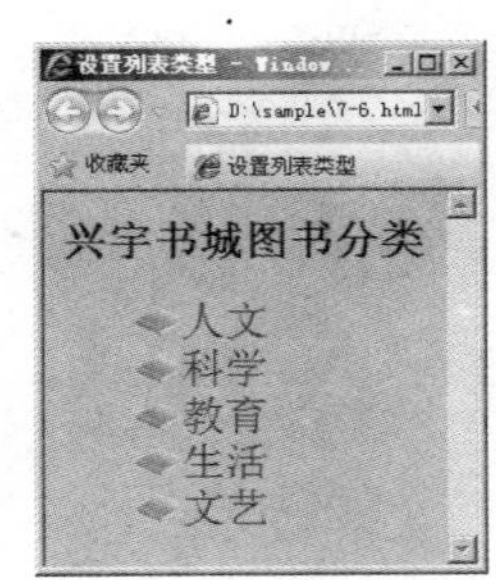

图 7-10　页面的显示效果

代码如下：

```
<html>
<head>
<title>设置列表类型</title>
<style>
  body{
    background-color:#ccc;
  }
  ul{
    font-size:1.5em;
    color:#00458c;
    list-style-type:none;                /*设置列表类型为不显示任何符号*/
  }
  li{
    padding-left:25px;                   /*设置左内边距为 25px，目的是为背景图片留出位置*/
    background:url(images/book.gif) no-repeat left center; /*设置背景图片无重复，位置左侧居中*/
  }
</style>
</head>
<body>
<h2>兴宇书城图书分类</h2>
<ul>
  <li>人文</li>
  <li>科学</li>
  <li>教育</li>
  <li>生活</li>
  <li>文艺</li>
</ul>
</body>
</html>
```

【说明】 在设置背景图片替代列表修饰符时，必须确定背景图片的宽度。本例中的背景图片宽度为25px，因此，CSS代码中的“padding-left:25px;”设置左内边距为25px，目的是为背景图片留出位置。

7.2.2 设置列表项图像

list-style-image 属性主要使用图像来替换列表项的修饰符，当 list-style-image 属性的属性值为 none 或者设置的图片路径出错时，list-style-type 属性会替代 list-style-image 属性对列表产生作用。

list-style-image 属性的属性值包括 URL（图像的路径）、none（默认值，无图像被显示）和 inherit（从父元素继承属性，部分浏览器对此属性不支持）。

【演练 7-7】 设置列表项图像，本例页面 7-7.html 的显示效果如图 7-11 所示。

代码如下：

```
<html>
<head>
<title>设置列表项图像</title>
<style>
  body{background-color:#ccc;}
  ul{
    font-size:1.5em;
    color:#00458c;
    list-style-image:url(images/book.gif);      /*设置列表项图像*/
  }
  .img_fault{
    list-style-image:url(images/fault.gif);     /*设置列表项图像错误的URL，图片不能正确显示*/
  }
  .img_none{
    list-style-image:none;                      /*设置列表项图像为不显示，所以没有图片显示*/
  }
</style>
</head>
<body>
<h2>兴宇书城图书分类</h2>
<ul>
  <li>人文</li>
  <li class="img_fault">科学</li>
  <li>教育</li>
  <li class="img_none">生活</li>
  <li>文艺</li>
</ul>
</body>
</html>
```

图 7-11 页面的显示效果

【说明】

① 页面预览后可以清楚地看到，当 list-style-image 属性设置为 none 或者设置的图片路

径出错时，list-style-type 属性会替代 list-style-image 属性对列表产生作用。

② 虽然使用 list-style-image 很容易实现设置列表项图像的目的，但是也失去了一些常用特性。list-style-image 属性不能精确控制图片替换的项目修饰符距文字的位置，在这个方面不如 background-image 灵活。

7.2.3 设置列表项位置

list-style-position 属性用于设置在何处放置列表项修饰符，其属性值只有两个关键词 outside（外部）和 inside（内部）。使用 outside 属性值后，列表项修饰符被放置在文本以外，环绕文本且不根据修饰符对齐；使用 inside 属性值后，列表项修饰符放置在文本之内，像是插入在列表项内容最前面的内联元素一样。

【演练 7-8】 设置列表项位置，本例页面 7-8.html 的显示效果如图 7-12 所示。

代码如下：

```
<html>
<head>
<title>设置列表项位置</title>
<style>
  body{background-color:#ccc;}
  ul.inside {
    list-style-position: inside;     /*将列表修饰符定义在列表之内*/
  }
  ul.outside {
    list-style-position: outside;   /*将列表修饰符定义在列表之外*/
  }
  li {
    font-size:1.5em;
    color:#00458c;
    border:1px solid #00458c;     /*增加边框突出显示效果*/
  }
</style>
</head>
<body>
<h2>电脑商城电脑办公用品</h2>
<ul class="inside">
  <li>笔记本电脑</li>
  <li>平板电脑</li>
  <li>超级本</li>
</ul>
<ul class="outside">
  <li>台式机</li>
  <li>服务器</li>
</ul>
</body>
</html>
```

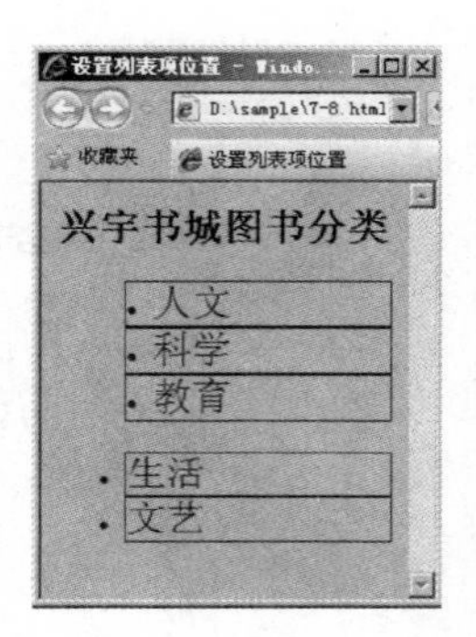

图 7-12　页面的显示效果

7.2.4 图文信息列表

在网页中经常可以看到图文信息列表，如图 7-13 所示。之所以称为图文信息列表，是因为列表的内容是以图片和简短语言的形式呈现在页面中的。

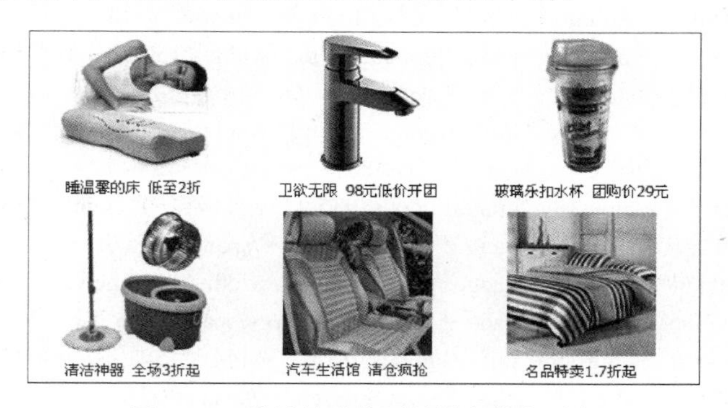

图 7-13　常见的购物网站图文信息列表

由图 7-13 可以看出，图文信息列表其实就是图文混排的一部分，在处理图片和文字之间的关系时大同小异，下面以一个实例讲解图文信息列表的实现。

【演练 7-9】 使用图文信息列表制作兴宇书城热销图书页面局部信息，本例页面 7-9.html 的显示效果如图 7-14 所示。

图 7-14　热销图书图文信息列表

制作过程如下。

（1）建立网页结构

首先建立一个简单的无序列表，插入相应的图片和文字说明。为了突出显示说明文字和商品价格的效果，采用<strong>、<span>、<em>和
标签对文字进行修饰。

代码如下：

```
<body>
<ul>
  <li><a href="#"><img src="images/goods_01.jpg" width="150" height="150" /><strong>数码爱好
```

```
者的天地<br>数码摄影</strong> <span>￥<em>100</em></span></a></li>
        <li><a href="#"><img src="images/goods_02.jpg" width="150" height="150" /><strong>投资理财者的首选<br>全球财经</strong> <span>￥<em>80</em></span></a></li>
        <li><a href="#"><img src="images/goods_03.jpg" width="150" height="150" /><strong>美食爱好者的天堂<br>简单美食</strong> <span>￥<em>90</em></span></a></li>
        <li><a href="#"><img src="images/goods_01.jpg" width="150" height="150" /><strong>数码爱好者的天地<br>数码摄影</strong> <span>￥<em>100</em></span></a></li>
        <li><a href="#"><img src="images/goods_02.jpg" width="150" height="150" /><strong>投资理财者的首选<br>全球财经</strong> <span>￥<em>80</em></span></a></li>
        <li><a href="#"><img src="images/goods_03.jpg" width="150" height="150" /><strong>美食爱好者的天堂<br>简单美食</strong> <span>￥<em>90</em></span></a></li>
        <li><a href="#"><img src="images/goods_01.jpg" width="150" height="150" /><strong>数码爱好者的天地<br>数码摄影</strong> <span>￥<em>100</em></span></a></li>
        <li><a href="#"><img src="images/goods_02.jpg" width="150" height="150" /><strong>投资理财者的首选<br>全球财经</strong> <span>￥<em>80</em></span></a></li>
    </ul>
    </body>
```

在没有 CSS 样式的情况下，图片和文字说明均以列表形式显示，页面效果如图 7-15 所示。

（2）使用 CSS 样式初步美化图文信息列表

图文信息列表的结构确定后，接下来开始编写 CSS 样式规则，首先定义 body 的样式规则，代码如下：

```
body {
      margin:0;
      padding:0;
      font-size:12px;
}
```

接下来，定义整个列表的样式规则。将列表的宽度和高度分别设置为 656px 和 420px，且列表在浏览器中居中显示。为了美化显示效果，去除默认的列表修饰符，设置内边距，增加浅色边框，代码如下：

图 7-15　无 CSS 样式的效果

```
ul {
      width:656px;                /*设置元素宽度*/
      height:420px;               /*设置元素高度*/
      margin:0 auto;              /*设置元素自动居中对齐*/
      padding:12px 0 0 12px;      /*上、右、下、左的内边距依次为 12px,0px,0px,12px*/
      border:1px solid #ccc;      /*边框为 1px 的灰色实线*/
      border-top-style:dotted;    /*上边框样式为点画线*/
      list-style:none;            /*列表无样式*/
}
```

为了让多个<li>标签横向排列，这里使用“float:left;”规则实现这种效果，并且增加外边距进一步美化显示效果。需要注意的是，由于设置了浮动效果，并且又增加了外边距，IE

浏览器可能会产生双倍间距的 bug，所以再增加“display:inline;”规则解决兼容性问题，代码如下：

```
ul li {
    float:left;                    /*向左浮动*/
    margin:0 12px 12px 0;          /*上、右、下、左的外边距依次为 0px,12px,12px,0px*/
    display:inline;                /*内联元素*/
}
```

与之前的示例一样，将内联元素 a 标签转化为块级元素，使其具备宽和高的属性，并对转换后的 a 标签设置宽度和高度，接着，设置文本居中显示，定义超出 a 标签定义的宽度时隐藏文字，代码如下：

```
ul li a {
    display:block;                 /*将内联元素 a 标签转化为块级元素*/
    width:152px;                   /*a 标签的宽度*/
    height:200px;                  /*a 标签的高度*/
    text-decoration:none;
    text-align:center;
    overflow:hidden;               /*超出 a 标签定义的宽度时隐藏文字*/
}
```

经过以上 CSS 样式初步美化图文信息列表，页面显示效果如图 7-16 所示。

图 7-16　CSS 样式初步美化图文信息列表

（3）进一步美化图文信息列表

在使用 CSS 样式初步美化图文信息列表之后，虽然页面的外观有了明显的改善，但是在显示细节上并不理想，还需要进一步美化。这里依次对列表中的<img>、<strong>、<span>、和<em>标签定义样式规则，代码如下：

```
ul li a img {
    width:150px;                   /*图片显示的宽度为 150px（等同于原始宽度）*/
    height:150px;                  /*图片显示的高度为 150px（等同于原始高度）*/
    border:1px solid #ccc;         /*边框为 1px 的灰色实线*/
}
```

```
ul li a strong {
        display:block;                          /*块级元素*/
        width:152px;                            /*设置元素宽度*/
        height:30px;                            /*设置元素高度*/
        line-height:15px;                       /*行高为 15px*/
        font-weight:100;
        color:#333;
        overflow:hidden;                        /*溢出隐藏*/
}
ul li a span {
        display:block;                          /*块级元素*/
        width:152px;                            /*设置元素宽度*/
        height:20px;                            /*设置元素高度*/
        line-height:20px;                       /*行高为 20px*/
        color:#666;
}
ul li a span em {
        font-style:normal;
        font-weight:800;
        color:#f60;
}
```

经过进一步美化图文信息列表，页面显示效果如图 7-17 所示。

图 7-17　进一步美化图文信息列表

（4）设置超链接的样式

在图 7-17 中，当鼠标悬停于图片列表及文字上时，没有超链接的样式。为了更好地展现视觉效果，引起浏览者的注意，还需要添加鼠标悬停于图片列表及文字上时的变化样式，代码如下：

```
ul li a:hover img {
        border-color:#f33;                      /*鼠标悬停于图片上时，图片显示红色边框*/
}
```

```
ul li a:hover strong {
    color:#03c;                    /*鼠标悬停于 strong 区域上时，文字显示蓝色*/
}
ul li a:hover span em {
    color:#f00;                    /*鼠标悬停于 em 区域上时，文字显示红色*/
}
```

以上操作完成后，最终的页面效果如图 7-14 所示。

7.3　创建导航菜单

普通的 Web 站点由一组页面组成，通过超链接在各个页面之间导航。制作导航菜单的方法可以分为普通的超链接导航菜单和使用列表标签构建的导航菜单。

7.3.1　普通的超链接导航菜单

普通的超链接导航菜单的制作比较简单，主要采用将文字链接从“内联元素”变为“块级元素”的方法来实现。

【演练 7-10】 制作荧光灯效果的菜单，鼠标未悬停在菜单项上时的效果如图 7-18（a）所示，鼠标悬停在菜单项上时的效果如图 7-18（b）所示。

制作过程如下。

（1）建立网页结构

首先建立一个包含超链接的 Div 容器，在容器中建立 5 个用于实现导航菜单的文字链接。代码如下：

```
<body>
  <div id="menu">
    <a href="#">首页</a>
    <a href="#">关于</a>
    <a href="#">图书</a>
    <a href="#">特别推荐</a>
    <a href="#">会员登录</a>
  </div>
</body>
```

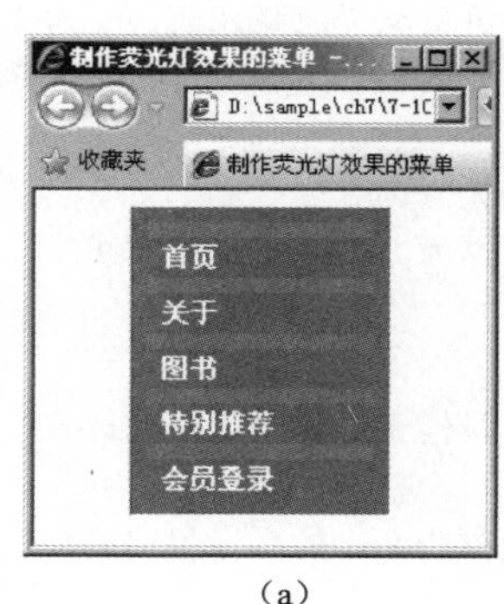

（a）

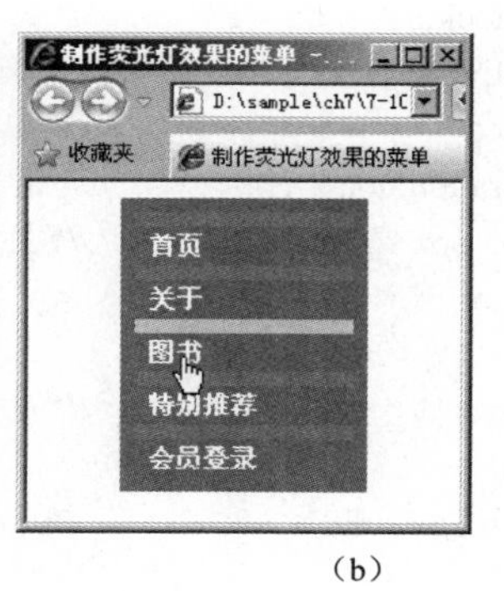

（b）

图 7-18　普通的超链接导航菜单

在没有 CSS 样式的情况下，菜单的效果如图 7-19 所示。

（2）设置容器的 CSS 样式

接着设置菜单 Div 容器的整体区域样式，设置菜单的宽度、背景色，以及文字的字体和大小。代码如下：

```
#menu {
    font-family:Arial;
    font-size:14px;
    font-weight:bold;
    width:120px;                    /*设置元素宽度*/
    padding:8px;                    /*内边距为 8px*/
    background:#333;
    margin:0 auto;                  /*设置元素自动居中对齐*/
    border:1px solid #ccc;          /*边框为 1px 的灰色实线*/
  }
```

经过以上设置容器的 CSS 样式，菜单显示效果如图 7-20 所示。

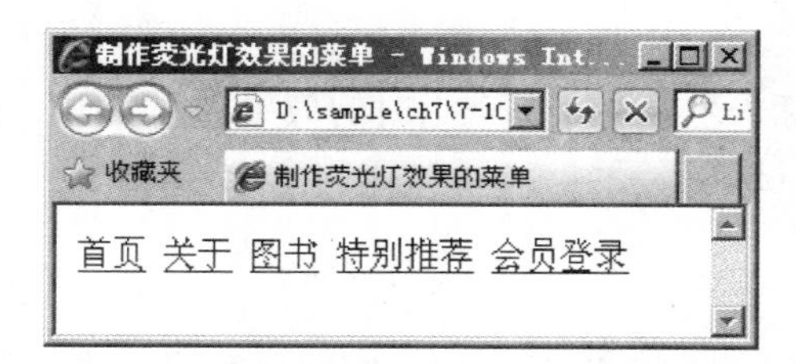

图 7-19　无 CSS 样式的菜单效果

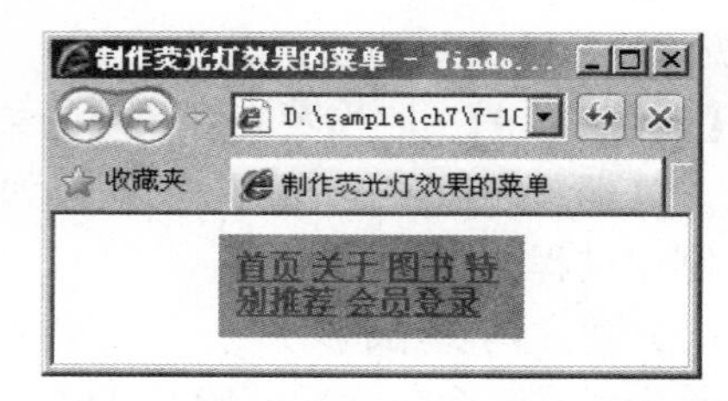

图 7-20　设置容器 CSS 样式后的菜单效果

（3）设置菜单项的 CSS 样式

在设置容器的 CSS 样式之后，菜单项的排列效果并不理想，还需要进一步美化。为了使 5 个文字链接依次竖直排列，需要将它们从“内联元素”变为“块级元素”。此外，还应该为它们设置背景色和内边距，以使菜单文字之间的距离不要过于狭小。接下来设置文字的样式，取消链接下画线，并将文字设置为灰色。最后，建立鼠标悬停于菜单项上时的样式，使菜单项具有“荧光灯”的效果。代码如下：

```
#menu a, #menu a:visited{
    display:block;                  /*文字链接从“内联元素”变为“块级元素”*/
    padding:4px 8px;                /*上、下内边距为 4px，右、左内边距为 8px*/
    color:#ccc;
    text-decoration:none;           /*链接无修饰”*/
    border-top:8px solid #060;      /*上边框为 8px 的深绿色实线*/
    height:1em;
  }
  #menu a:hover{                    /*鼠标悬停于菜单项上时的样式*/
    color:#ff0;
    border-top:8px solid #0e0;      /*上边框为 8px 的亮绿色实线*/
  }
```

菜单经过进一步美化，显示效果如图 7-18 所示。

7.3.2 纵向列表模式的导航菜单

1．纵向列表模式导航菜单的特点

相对于普通的超链接导航菜单，列表模式的导航菜单能够实现更美观的效果。应用 Web 标准进行网页制作时，通常使用<ul>无序列表标签来构建菜单，其中，纵向列表模式的导航菜单是应用比较广泛的一种，如图 7-21 所示。

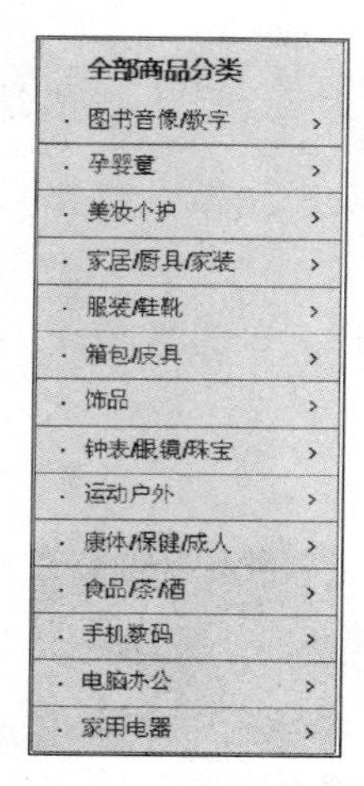

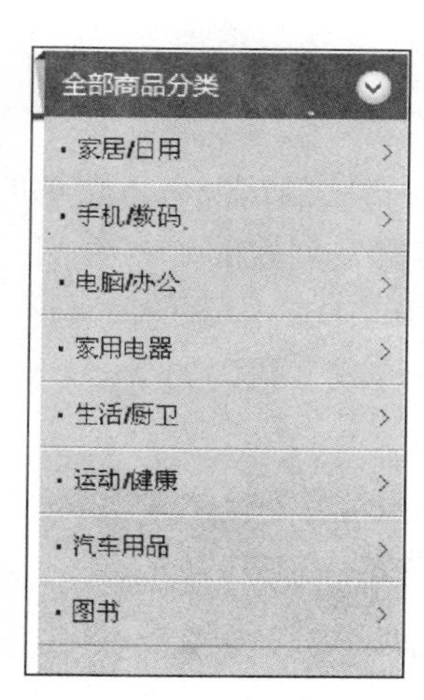

图 7-21 典型的纵向导航菜单

由于纵向导航菜单的内容并没有逻辑上的先后顺序，因此可以使用无序列表制作纵向导航菜单。

【演练 7-11】 制作纵向列表模式的导航菜单，鼠标未悬停在菜单项上时的效果如图 7-22（a）所示，鼠标悬停在菜单项上时的效果如图 7-22（b）所示。

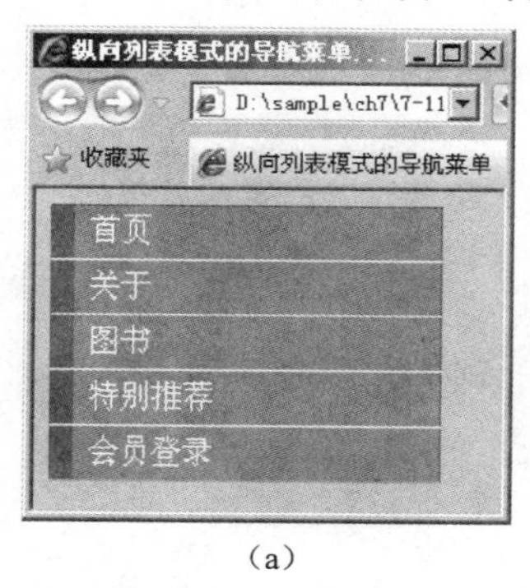

（a）

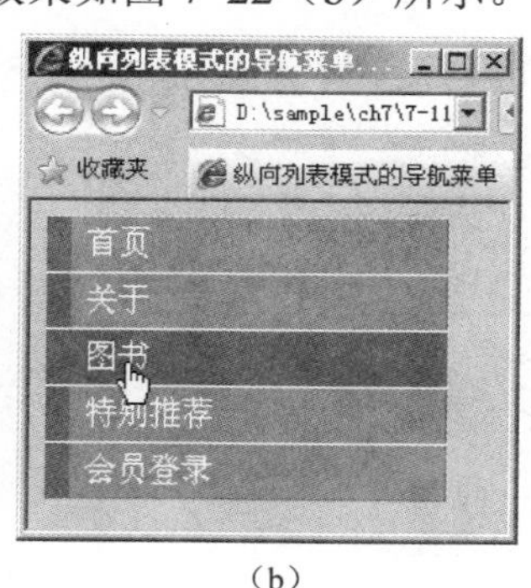

（b）

图 7-22 纵向列表模式的导航菜单

制作过程如下。

（1）建立网页结构

首先建立一个包含无序列表的 Div 容器，列表包含 5 个选项，每个选项中包含一个用于实现导航菜单的文字链接。代码如下：

```
<body>
<div id="nav">
```

```
    <ul>
      <li><a href="#">首页</a></li>
      <li><a href="#">关于</a></li>
      <li><a href="#">图书</a></li>
      <li><a href="#">特别推荐</a></li>
      <li><a href="#">会员登录</a></li>
    </ul>
  </div>
  </body>
```

在没有 CSS 样式的情况下，菜单的效果如图 7-23 所示。

（2）设置容器及列表的 CSS 样式

接着设置菜单 Div 容器的整体区域样式，设置菜单的宽度、字体，以及列表和列表选项的类型及边框样式。代码如下：

```
#nav{
  width:200px;                          /*设置菜单的宽度 */
  font-family:Arial;
}
#nav ul{
  list-style-type:none;                 /*不显示项目符号 */
  margin:0px;                           /*外边距为 0px*/
  padding:0px;                          /*内边距为 0px*/
}
#nav li{
  border-bottom:1px solid #ed9f9f;      /*设置列表选项（菜单项）的下边框线 */
}
```

经过以上设置容器及列表的 CSS 样式，菜单显示效果如图 7-24 所示。

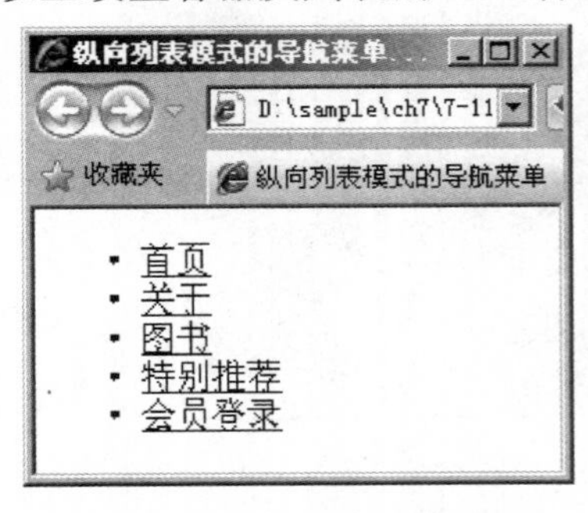

图 7-23　无 CSS 样式的效果

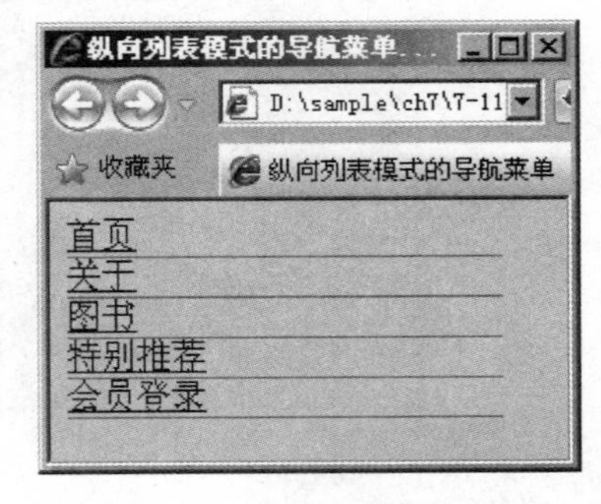

图 7-24　修改后的菜单效果

（3）设置菜单项超链接的 CSS 样式

在设置容器的 CSS 样式之后，菜单项的显示效果并不理想，还需要进一步美化。接下来设置菜单项超链接的区块显示、左边的粗红边框、右侧阴影及内边距。最后，建立未访问过的链接、访问过的链接及鼠标悬停于菜单项上时的样式。代码如下：

```
#nav li a{
  display:block;                        /*区块显示 */
```

```
    padding:5px 5px 5px 0.5em;
    text-decoration:none;                    /*链接无修饰 */
    border-left:12px solid #711515;          /*左边的粗红边框 */
    border-right:1px solid #711515;          /*右侧阴影 */
}
#nav li a:link, #nav li a:visited{           /*未访问过的链接、访问过的链接的样式*/
    background-color:#c11136;                /*改变背景色 */
    color:#fff;                              /*改变文字颜色 */
}
#nav li a:hover{                             /*鼠标悬停于菜单项上时的样式 */
    background-color:#990020;                /*改变背景色 */
    color:#ff0;                              /*改变文字颜色 */
}
```

菜单经过进一步美化，显示效果如图 7-22 所示。

2．案例——制作兴宇书城图书分类纵向导航菜单

【演练 7-12】 制作兴宇书城图书分类纵向导航菜单，本例文件 7-12.html 的页面效果如图 7-25 所示。

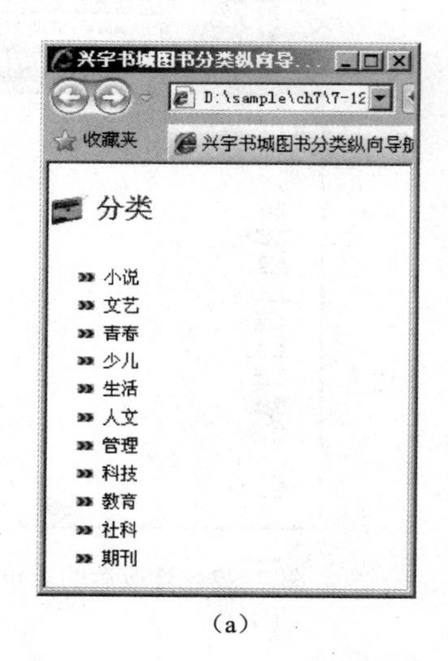

（a）

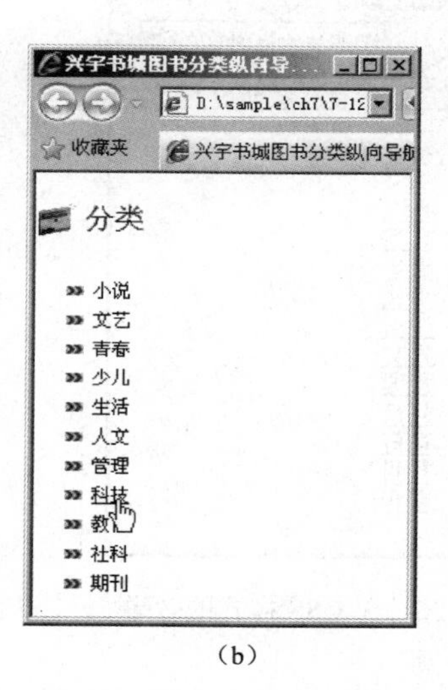

（b）

图 7-25　兴宇书城图书分类纵向导航菜单

制作过程如下。

（1）建立网页结构

首先建立一个包含无序列表的 Div 容器，容器包含一个分类图标和一个列表，列表又包含 11 个选项，每个选项中包含一个用于实现导航菜单的文字链接。代码如下：

```
<body>
<div class="right_box">
  <div class="title"><span class="title_icon"><img src="images/bullet5.gif"/></span>分类</div>
  <ul class="list">
    <li><a href="#">小说</a></li>
    <li><a href="#">文艺</a></li>
```

```
        <li><a href="#">青春</a></li>
        <li><a href="#">少儿</a></li>
        <li><a href="#">生活</a></li>
        <li><a href="#">人文</a></li>
        <li><a href="#">管理</a></li>
        <li><a href="#">科技</a></li>
        <li><a href="#">教育</a></li>
        <li><a href="#">社科</a></li>
        <li><a href="#">期刊</a></li>
    </ul>
</div>
</body>
```

在没有 CSS 样式的情况下，菜单的效果如图 7-26 所示。

（2）设置容器及列表的 CSS 样式

接着设置页面整体的样式、菜单 Div 容器的样式、标题区的样式、菜单列表及列表项的样式，如图 7-27 所示。

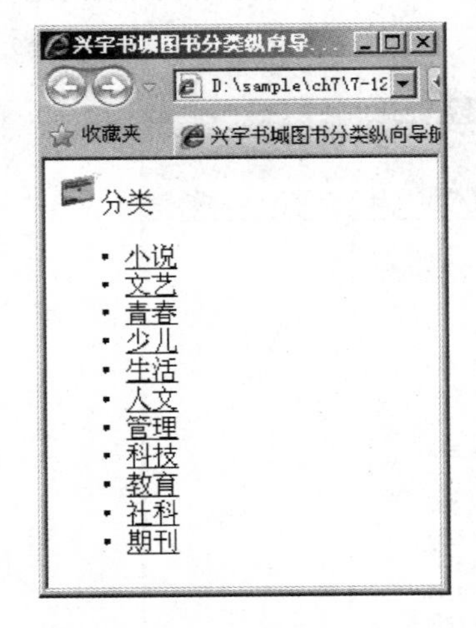

图 7-26　无 CSS 样式的效果

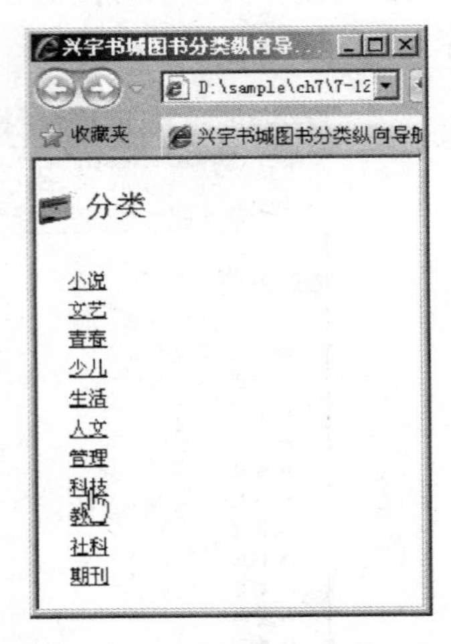

图 7-27　修改后的菜单效果

代码如下：

```
body{                          /*设置页面整体的样式*/
  font-family:Arial, Helvetica, sans-serif;
  padding:0;                   /*内边距为 0px*/
  font-size:12px;
  margin:0px auto;             /*页面自动居中对齐*/
  color:#000;
}
.right_box{                    /*设置菜单 Div 容器的样式*/
  width:170px;                 /*设置容器宽度*/
  float:left;                  /*向左浮动*/
  padding:10px 0 0 0;          /*上、右、下、左的内边距依次为 10px,0px,0px,0px*/
}
.title{                        /*设置标题区的样式*/
```

```
    color:#ee4699;
    padding:0px;              /*内边距为 0px*/
    float:left;               /*向左浮动*/
    font-size:19px;
    margin:10px 0 10px 0;     /*上、右、下、左的外边距依次为 10px,0px,10px,0px*/
}
span.title_icon{              /*设置标题图标的样式*/
    float:left;               /*向左浮动*/
    padding:0 5px 0 0;        /*上、右、下、左的内边距依次为 0px,5px,0px,0px*/
}
ul.list{                      /*设置菜单列表的样式*/
    clear:both;               /*清除浮动*/
    padding:10px 0 0 20px;    /*上、右、下、左的内边距依次为 10px,0px,0px,20px*/
    margin:0px;
}
ul.list li{                   /*设置菜单列表项的样式*/
    list-style:none;          /*列表项无样式类型*/
    padding:2px 0 2px 0;      /*上、右、下、左的内边距依次为 2px,0px,2px,0px*/
}
```

（3）设置菜单项超链接的 CSS 样式

在设置容器及列表的 CSS 样式之后，菜单项的显示效果并不理想，还需要进一步美化。接下来设置菜单项超链接的样式，使每个菜单项的前面都加上列表背景图像“»”。最后，建立鼠标悬停于菜单项上时的链接样式。代码如下：

```
ul.list li a{                        /*设置菜单项超链接的样式*/
    list-style:none;                 /*列表项无样式类型*/
    text-decoration:none;            /*无修饰*/
    color:#000;
    background:url(images/menu_bullet.gif) no-repeat left;        /*背景图像无重复，左对齐*/
    padding:0 0 0 17px;              /*上、右、下、左的内边距依次为 0px,0px,0px,17px*/
}
ul.list li a:hover{                  /*设置鼠标悬停于菜单项上时的链接样式*/
    text-decoration:underline;       /*下画线*/
}
```

菜单经过进一步美化，显示效果如图 7-25 所示。读者可以在纵向列表模式导航菜单的基础上进一步制作二级纵向列表模式的导航菜单，但是这里并不推荐采用这种方式。其原因是，CSS 样式存在的意义是为页面外在表现服务，而不是为页面行为服务。包含二级导航的菜单需要根据行为显示或隐藏菜单的二级内容，这种显示或隐藏的行为应该使用 JavaScript 脚本语言来完成。在后面章节中将会讲解如何使用 CSS 样式结合 JavaScript 脚本实现二级纵向列表模式的导航菜单。

7.3.3 横向列表模式的导航菜单

1．横向列表模式导航菜单的特点

在设计人员制作网页时，经常要求导航菜单能够在水平方向上显示。通过 CSS 属性的控制，可以实现列表模式导航菜单的横竖转换。在保持原有 HTML 结构不变的情况下，将纵向导航转变成横向导航最重要的环节就是设置<li>标签为浮动。

【演练 7-13】 制作横向列表模式的导航菜单，鼠标未悬停在菜单项上时的效果如图 7-28（a）所示，鼠标悬停在菜单项上时的效果如图 7-28（b）所示。

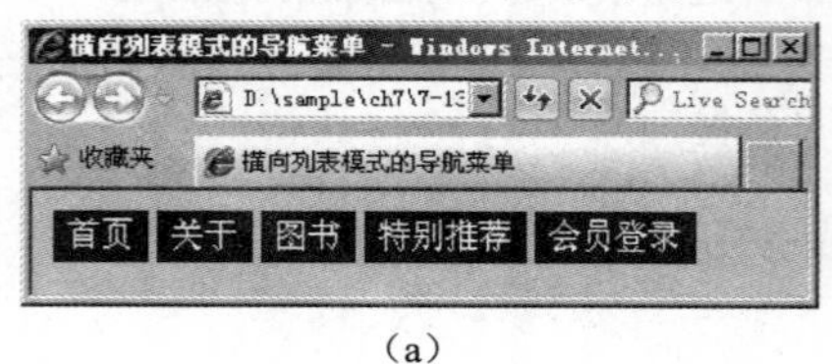

（a）

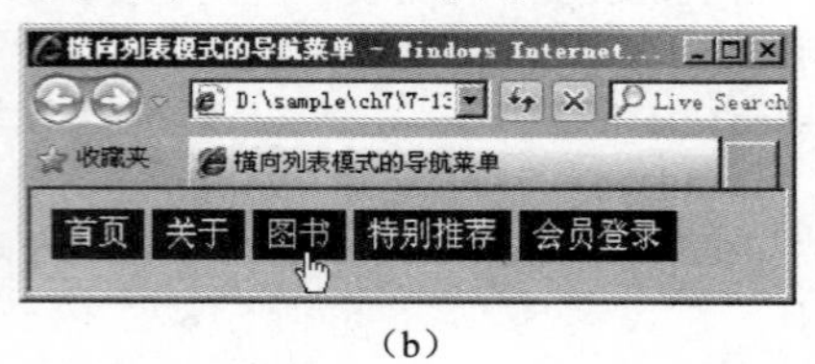

（b）

图 7-28　横向列表模式的导航菜单

制作过程如下。

（1）建立网页结构

本例的网页结构与演练 7-11 中的网页结构完全相同，这里不再赘述。在没有 CSS 样式的情况下，菜单的效果如图 7-29 所示。

（2）设置容器及列表的 CSS 样式

接着设置菜单 Div 容器的整体区域样式，设置菜单的宽度、字体，以及列表和列表选项的类型及边框样式。代码如下：

```
#nav{
  width:360px;                    /*设置菜单水平显示的宽度 */
  font-family:Arial;
}
#nav ul{                          /*设置列表的类型 */
  list-style-type:none;           /*不显示项目符号 */
  margin:0px;                     /*外边距为 0px*/
  padding:0px;                    /*内边距为 0px*/
}
#nav li{
  float:left;                     /*设置<li>标签的 float 属性，使得菜单项全部水平显示*/
}
```

以上设置中最为关键的代码就是“float:left;”，正是设置了<li>标签为浮动，才能将纵向导航菜单转变成横向导航菜单。设置容器及列表的 CSS 样式后，菜单显示效果如图 7-30 所示。

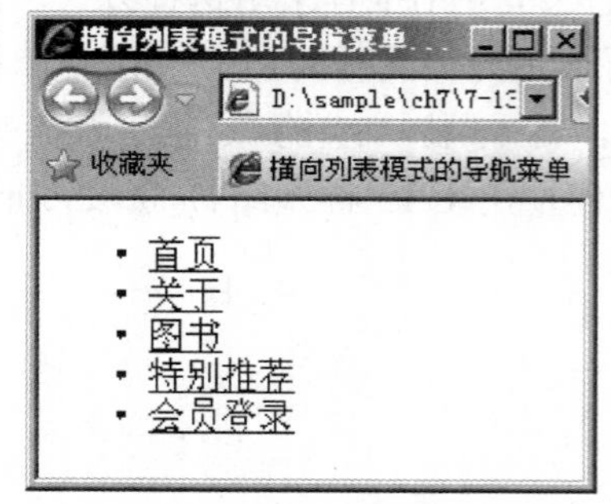

图 7-29　无 CSS 样式的菜单效果

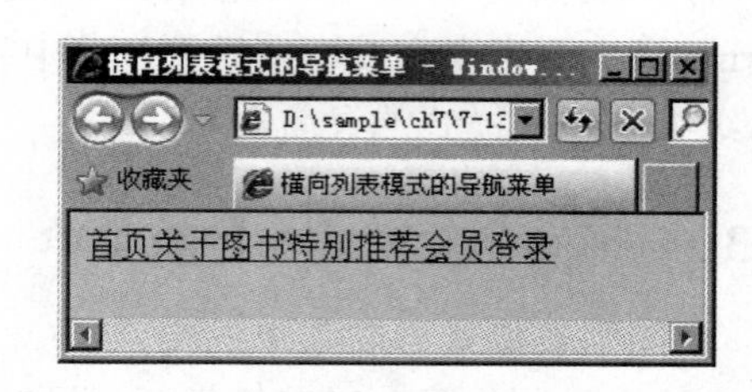

图 7-30　设置容器 CSS 样式后的菜单效果

（3）设置菜单项超链接的 CSS 样式

在设置容器的 CSS 样式之后，菜单项横向拥挤在一起，效果非常不理想，还需要进一步美化。接下来设置菜单项超链接的区块显示、四周的边框线及内、外边距。最后，建立未访问过的链接、访问过的链接及鼠标悬停于菜单项上时的样式。代码如下：

```
#nav li a{
   display:block;                          /*块级元素 */
   padding:3px 6px 3px 6px;
   text-decoration:none;                   /*链接无修饰 */
   border:1px solid #711515;               /*超链接区块四周的边框线效果相同 */
   margin:2px;
}
#nav li a:link, #nav li a:visited{         /*未访问过的链接、访问过的链接的样式*/
   background-color:#c11136;               /*改变背景色 */
   color:#fff;                             /*改变文字颜色 */
}
#nav li a:hover{                           /*鼠标悬停于菜单项上时的样式 */
   background-color:#990020;               /*改变背景色 */
   color:#ff0;                             /*改变文字颜色 */
}
```

菜单经过进一步美化，显示效果如图 7-28 所示。

2．案例——制作兴宇书城主导航菜单

【演练 7-14】 制作兴宇书城主导航菜单。如果当前页面是“首页”，则“首页”菜单项自动显示下画线。本例文件 7-14.html 的页面效果如图 7-31 所示。

图 7-31　兴宇书城图书分类纵向导航菜单

制作过程如下。

（1）建立网页结构

首先建立一个包含无序列表的 Div 容器，列表包含 7 个选项，每个选项中包含一个用于实现导航菜单的文字链接。代码如下：

```
<body>
<div id="menu">
  <ul>
    <li class="selected"><a href="index.html">首页</a></li>
    <li><a href="about.html">关于</a></li>
    <li><a href="category.html">图书</a></li>
```

```
            <li><a href="specials.html">特别推荐</a></li>
            <li><a href="myaccount.html">会员登录</a></li>
            <li><a href="register.html">注册</a></li>
            <li><a href="contact.html">联系</a></li>
        </ul>
    </div>
    </body>
```

在没有 CSS 样式的情况下，菜单的效果如图 7-32 所示。

图 7-32　无 CSS 样式的效果

（2）设置容器及列表的 CSS 样式

接着设置页面整体的样式、菜单 Div 容器的样式、菜单列表及列表项的样式。代码如下：

```
body{                          /*设置页面整体的样式*/
   background:url(images/bg.jpg) repeat-x top #fff;       /*背景图像水平重复，顶端对齐*/
   font-family:Arial, Helvetica, sans-serif;
   padding:0;                  /*内边距为 0px*/
   font-size:12px;
   margin:0px auto;            /*页面自动居中对齐*/
   color:#000;
}
#menu{                         /*设置菜单 Div 容器的样式*/
   width:628px;                /*设置容器宽度为 628px*/
   height:30px;                /*设置容器高度为 30px*/
   float:left;                 /*向左浮动*/
   padding:3px 0 0 10px;       /*上、右、下、左的内边距依次为 3px,0px,0px,10px*/
}
#menu ul{                      /*设置菜单列表的样式*/
   display:block;              /*块级元素*/
   list-style:none;            /*列表项无样式类型*/
   padding:9px 0 0 10px;       /*上、右、下、左的内边距依次为 9px,0px,0px,10px*/
   margin:0px;                 /*外边距为 0px*/
}
#menu ul li{                   /*设置菜单列表项的样式*/
   display:inline;             /*行级元素*/
   padding:0px;                /*内边距为 0px*/
   margin:0px;                 /*外边距为 0px*/
   height:20px;                /*设置元素高度为 20px*/
}
```

设置容器及列表的 CSS 样式后，菜单显示效果如图 7-33 所示。

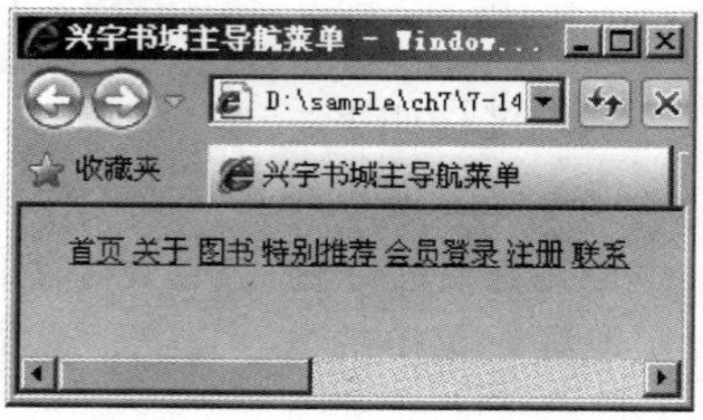

图 7-33　修改后的菜单效果

（3）设置菜单项超链接的 CSS 样式

在设置容器及列表的 CSS 样式之后，菜单项的显示效果并不理想，还需要进一步美化，特别是要实现当前页面的菜单项链接显示下画线的效果。最后，还要建立鼠标悬停于菜单项上时的链接样式。代码如下：

```
#menu ul li a{                          /*设置菜单项超链接的样式*/
    height:27px;                        /*设置元素高度为 27px*/
    display:block;                      /*块级元素*/
    padding:0px 10px 0 10px;            /*上、右、下、左的内边距依次为 0px,10px,0px,10px*/
    margin:0 4px 0 4px;                 /*上、右、下、左的外边距依次为 0px,4px,0px,4px*/
    _margin:0 2px 0 2px;                /*兼容早期的 IE 浏览器*/
    float:left;                         /*向左浮动*/
    text-decoration:none;               /*无修饰*/
    text-align:center;                  /*文字居中对齐*/
    color:#37728e;
    font-size:13px;
    line-height:25px;                   /*行高为 25px*/
}
#menu ul li.selected a{                 /*设置当前页面菜单项链接显示下画线的样式*/
    height:27px;                        /*设置元素高度为 27px*/
    display:block;                      /*块级元素*/
    padding:0px 10px 0 10px;            /*上、右、下、左的内边距依次为 0px,10px,0px,10px*/
    margin:0 5px 0 5px;                 /*上、右、下、左的外边距依次为 0px,5px,0px,5px*/
    float:left;                         /*向左浮动*/
    text-decoration:underline;          /*下画线*/
    text-align:center;                  /*文字居中对齐*/
    color:#37728e;
    font-size:13px;
    line-height:25px;                   /*行高为 25px*/
}
#menu ul li a:hover{                    /*设置鼠标悬停于菜单项上时的链接样式*/
    color:#37728e;
    text-decoration:underline;          /*下画线*/
}
```

菜单经过进一步美化，显示效果如图 7-31 所示。

7.4 使用 CSS 设置链接与导航菜单综合案例

本节主要讲解兴宇书城环保天地页面的制作，重点讲解用 CSS 设置链接、列表与导航菜单等相关知识。

7.4.1 页面布局规划

页面布局的首要任务是弄清网页的布局方式，分析版式结构，待整体页面搭建有明确规划后，再根据成熟的规划切图。

通过成熟的构思与设计，兴宇书城环保天地页面的效果如图 7-34 所示，页面布局示意图如图 7-35 所示。页面中的主要内容包括水平导航菜单、图片列表、登录表单及文字链接列表。

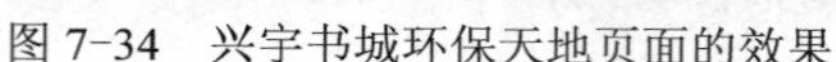
图 7-34 兴宇书城环保天地页面的效果

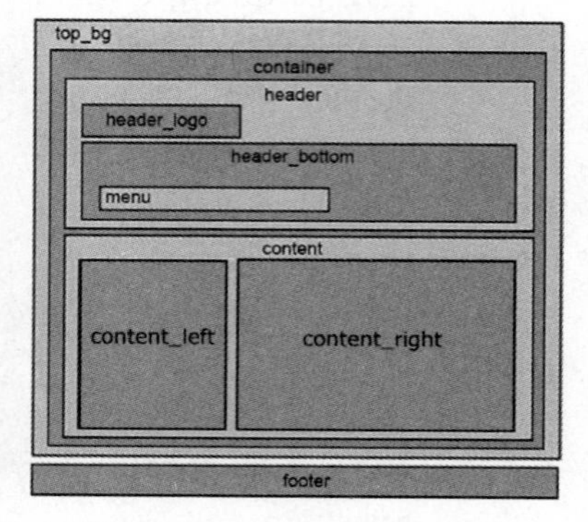

图 7-35 页面布局示意图

7.4.2 页面的制作过程

1．前期准备

（1）栏目文件夹结构

在栏目文件夹中创建文件夹 images 和 style，分别用来存放图像素材和外部样式表文件。

（2）页面素材

将本页面需要使用的图像素材存放在文件夹 images 中。

（3）外部样式表

在文件夹 style 中新建一个名为 style.css 的样式表文件。

2．制作页面

（1）页面整体的制作

页面整体 body、超链接风格和整体容器 top_bg 的 CSS 定义代码如下：

```
body {
    background: #232524;                    /*设置浅绿色环保主题的背景色*/
    margin: 0;                              /*外边距为 0px*/
    padding:0;                              /*内边距为 0px*/
    font-family: "宋体", Arial, Helvetica, sans-serif;
    font-size: 12px;
    line-height: 1.5em;
    width: 100%;                            /*设置元素百分比宽度*/
}
a:link, a:visited {
    color: #069;
    text-decoration: underline;             /*下画线*/
}
```

```
a:active, a:hover {
    color: #990000;
    text-decoration: none;              /*无修饰*/
}
#top_bg {
    width:100%;                         /*设置元素百分比宽度*/
    background: #7bdaae url(../images/top_bg.jpg) repeat-x;  /*设置页面背景图像水平重复*/
}
```

（2）页面顶部的制作

页面顶部的内容被放置在名为 header 的 Div 容器中，主要用来显示页面宣传语和导航菜单，如图 7-36 所示。

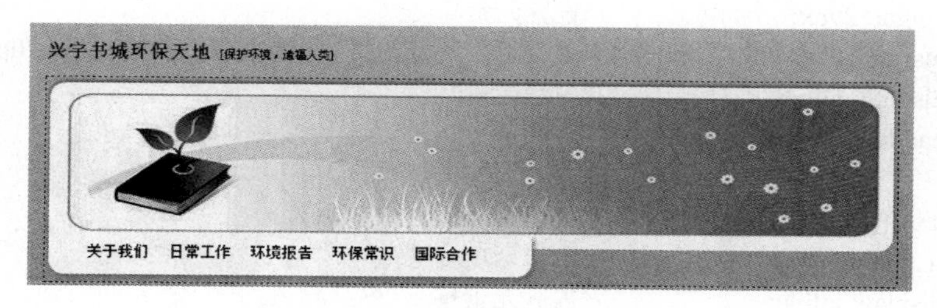

图 7-36　页面顶部的显示效果

CSS 代码如下：

```
#container {                        /*页面容器 container 的 CSS 规则*/
    width: 900px;                   /*设置元素宽度*/
    margin: 0 auto;                 /*设置元素自动居中对齐*/
}
#header {                           /*页面顶部容器 header 的 CSS 规则*/
    width: 100%;                    /*设置元素百分比宽度*/
    height: 280px;                  /*设置元素高度*/
}
#header_logo {                      /*页面顶部 logo 区域的 CSS 规则*/
    float: left;
    display:inline;                 /*此元素会被显示为内联元素*/
    width: 500px;
    height: 20px;
    font-family:Tahoma, Geneva, sans-serif;
    font-size: 20px;
    font-weight: bold;
    color: #678275;
    margin: 28px 0 0 15px;
    padding: 0;
}
#header_logo span {                 /*页面顶部 logo 区域宣传语的 CSS 规则*/
    margin-left:10px;               /*设置宣传语距"环保天地"左外边距为 10px*/
    font-size: 11px;
    font-weight: normal;
```

```
        color: #000;
    }
    #header_bottom {                    /*页面顶部背景图片及菜单区域的 CSS 规则*/
        float: left;                    /*向左浮动*/
        width: 873px;                   /*设置元素宽度*/
        height: 216px;                  /*设置元素高度*/
        background: url(../images/header_bottom_bg.png) no-repeat;   /*设置顶部背景图像无重复*/
        margin: 15px 0 0 15px;          /*上、右、下、左的外边距依次为 15px,0px, 0px,15px*/
    }
    #menu {                             /*菜单区域的 CSS 规则*/
        float: left;                    /*菜单向左浮动*/
        width: 465px;                   /*设置元素宽度*/
        height: 29px;                   /*设置元素高度*/
        margin: 170px 0 0 23px;         /*上、右、下、左的外边距依次为 170px,0px, 0px,23px*/
        display:inline;                 /*内联元素*/
        padding: 0;                     /*内边距为 0px*/
    }
    #menu ul {                          /*菜单列表的 CSS 规则*/
        list-style: none;               /*不显示项目符号 */
        display: inline;                /*内联元素*/
    }
    #menu ul li {                       /*菜单列表项的 CSS 规则*/
        float:left;                     /*将纵向导航菜单转换为横向导航菜单，该设置至关重要*/
        padding-left:20px;              /*左内边距为 20px*/
        padding-top:5px;                /*上内边距为 5px*/
    }
    #menu ul li a {                     /*菜单列表项超链接的 CSS 规则*/
        font-family:"黑体";
        font-size:16px;
        color:#393;
        text-decoration:none;           /*无修饰*/
    }
    #menu ul li a:hover {               /*菜单列表项鼠标悬停的 CSS 规则*/
        color:#fff;
        background:#396;
    }
```

（3）页面中部的制作

页面中部的内容被放置在名为 content 的 Div 容器中，主要用来显示“环保天地”栏目的职责、自然风光图片、登录表单及新闻更新等内容，如图 7-37 所示。

CSS 代码如下：

```
    #content {                          /*页面中部容器的 CSS 规则*/
        overflow:auto;                  /*溢出内容自动处理*/
        margin: 15px;                   /*外边距为 15px*/
        padding: 0;                     /*内边距为 0px*/
    }
```

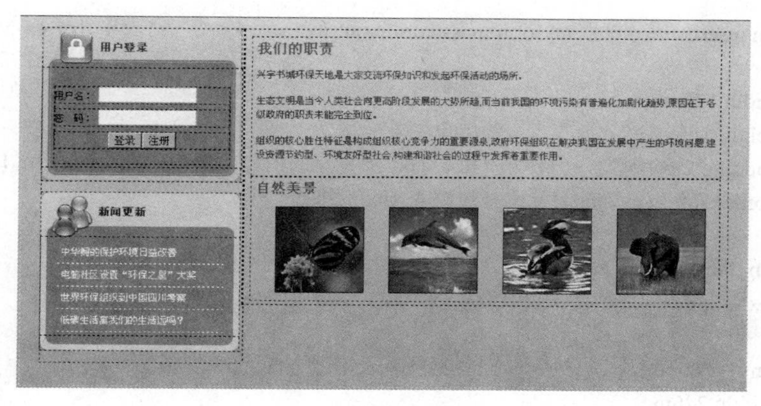

图 7-37　页面中部的效果

```
#content_left {                    /*页面中部左侧区域的 CSS 规则*/
    float:left;                    /*向左浮动*/
    width: 250px;
    margin: 0 0 0 10px;            /*上、右、下、左的外边距依次为 0px,0px,0px,10px*/
    padding: 0;                    /*内边距为 0px*/
}
#section {                         /*左侧区域表单容器的 CSS 规则*/
    margin: 0 0 15px 0;            /*上、右、下、左的外边距依次为 0px,0px,15px,0px*/
    padding: 0;                    /*内边距为 0px*/
}
#section_1_top {                   /*左侧区域表单上方登录图片及用户登录文字的 CSS 规则*/
    width: 176px;
    height: 36px;
    font-family:"黑体";
    font-weight: bold;
    font-size: 14px;
    color: #276b45;
    background: url(../images/section_1_top_bg.jpg) no-repeat;   /*表单上方背景图像无重复*/
    margin: 0px;                   /*外边距为 0px*/
    padding: 15px 0 0 70px;        /*上、右、下、左的内边距依次为 15px,0px,0px,70px*/
}
#section_1_mid {                   /*左侧区域表单中间部分的 CSS 规则*/
    width: 217px;
    background: url(../images/section_1_mid_bg.jpg) repeat-y;   /*表单中间背景图像垂直重复*/
    margin: 0;                     /*外边距为 0px*/
    padding: 5px 15px;             /*上、下内边距为 5px，右、左内边距为 15px*/
}
#section_1_mid .myform {           /*左侧区域表单本身的 CSS 规则*/
    margin: 0;                     /*外边距为 0px*/
    padding: 0;                    /*内边距为 0px*/
}
.myform .frm_cont {                /*表单内容下外边距的 CSS 规则*/
    margin-bottom:8px;             /*下外边距为 8px*/
}
```

```
.myform .username input, .myform .password input {                    /*表单元素输入框的 CSS 规则
*/
    width:120px;
    height:18px;
    padding:2px 0px 2px 15px;  /*上、右、下、左的内边距依次为 2px,0px,2px,15px*/
    border:solid 1px #aacfe4;    /*边框为 1px 的细线*/
}
.myform .btns {                         /*表单元素按钮的 CSS 规则*/
    text-align:center;
}
#section_1_bottom {                     /*右侧区域表单下方的 CSS 规则*/
    width: 246px;
    height: 17px;
    background: url(../images/section_1_bottom_bg.jpg) no-repeat;  /*表单底部细线的背景图像*/
}
#section2 {                             /*左侧区域“新闻更新”容器的 CSS 规则*/
    margin: 0 0 15px 0;                 /*上、右、下、左的外边距依次为 0px,0px,15px,0px*/
    padding: 0;                         /*内边距为 0px*/
}
#section_2_top {                        /*新闻更新上方图片及文字的 CSS 规则*/
    width: 176px;
    height: 42px;
    font-family:"黑体";
    font-weight: bold;
    font-size: 14px;
    color: #276b45;
    background:   url(../images/section_2_top_bg.jpg) no-repeat; /*新闻更新上方的背景图像*/
    margin: 0;                          /*外边距为 0px*/
    padding: 15px 0 0 70px;             /*上、右、下、左的内边距依次为 15px,0px,0px,70px*/
}
#section_2_mid {                        /*新闻更新中间区域的 CSS 规则*/
    width: 246px;
    background:   url(../images/section_2_mid_bg.jpg) repeat-y;
    margin: 0;                          /*外边距为 0px*/
    padding: 5px 0;                     /*上、下内边距为 5px，右、左内边距为 0px*/
}
#section_2_mid ul {                     /*新闻更新中间列表的 CSS 规则*/
    list-style: none;                   /*不显示项目符号 */
    margin: 0 20px;                     /*上、下外边距为 0px，右、左外边距为 20px*/
    padding: 0;                         /*内边距为 0px*/
}
#section_2_mid li {                     /*新闻更新中间列表项的 CSS 规则*/
    border-bottom: 1px dotted #fff; /*底部边框为 1px 的点画线*/
    margin: 0;                          /*外边距为 0px*/
    padding: 5px;                       /*内边距为 5px*/
}
#section_2_mid li a {                   /*新闻更新中间列表项超链接的 CSS 规则*/
```

```
        color: #fff;
        text-decoration: none;          /*无修饰*/
}
#section_2_mid li a:hover {          /*新闻更新中间列表项鼠标悬停的 CSS 规则*/
        color:#363;
        text-decoration: none;          /*无修饰*/
}
#section_2_bottom {                  /*新闻更新下方区域的 CSS 规则*/
        width: 246px;
        height: 18px;
        background:   url(../images/section_2_bottom_bg.jpg) no-repeat; /*新闻底部细线的背景图像*/
}
#content_right {                     /*页面中部右侧区域的 CSS 规则*/
        float:left;                     /*向左浮动*/
        width:580px;                    /*设置元素宽度*/
        padding:10px;                   /*内边距为 10px*/
}
.post {                              /*右侧区域内容的 CSS 规则*/
        padding:5px;                    /*内边距为 5px*/
}
.post h1 {                           /*右侧区域内容中一级标题的 CSS 规则*/
        font-family: Tahoma;
        font-size: 18px;
        color: #588970;
        margin: 0 0 15px 0;             /*上、右、下、左的外边距依次为 0px,0px,15px,0px*/
        padding: 0;                     /*内边距为 0px*/
}
.post p {                            /*右侧区域内容中段落标题的 CSS 规则*/
        font-family: Arial;
        font-size: 12px;
        color: #46574d;
        text-align: justify;            /*文字两端对齐*/
        margin: 0 0 15px 0;             /*上、右、下、左的外边距依次为 0px,0px,15px,0px*/
        padding: 0;                     /*内边距为 0px*/
}
.post img {                          /*右侧区域内容中图像的 CSS 规则*/
        margin: 0 0 0 25px;             /*上、右、下、左的外边距依次为 0px,0px,0px,25px*/
        padding: 0;                     /*内边距为 0px*/
        border: 1px solid #333;         /*图像显示粗细为 1px 的深灰色细边框*/
}
```

（4）页面底部的制作

页面底部的内容被放置在名为 footer 的 Div 容器中，用来显示版权信息，如图 7-38 所示。

Copyright © 2012 兴宇书城 All Rights Reserved

图 7-38　页面底部的效果

CSS 代码如下：

```
#footer {
    font-size: 12px;
    color: #7bdaae;
    text-align:center;              /*文字居中对齐*/
}
```

（5）页面结构代码

为了使读者对页面的样式与结构有一个全面的认识，最后说明整个页面（index.html）的结构代码，代码如下：

```
<html>
<head>
<title>用 CSS 设置链接与导航菜单综合案例</title>
<link href="style/style.css" rel="stylesheet" type="text/css" />
</head>
<body>
<div id="top_bg">
  <div id="container">
    <div id="header">
      <div id="header_logo">兴宇书城环保天地<span>[保护环境，造福人类]</span></div>
      <div id="header_bottom">
        <div id="menu">
          <ul>
            <li><a href="#">关于我们</a></li>
            <li><a href="#">日常工作</a></li>
            <li><a href="#">环境报告</a></li>
            <li><a href="#">环保常识</a></li>
            <li><a href="#">国际合作</a></li>
          </ul>
        </div>
      </div>
    </div>
    <div id="content">
      <div id="content_left">
        <div id="section">
          <div id="section_1_top">用户登录</div>
          <div id="section_1_mid">
            <div class="myform">
              <form action="" method="post">
                <div class="frm_cont username">用户名：
                  <label for="username"></label>
                  <input type="text" name="username" id="username" />
                </div>
                <div class="frm_cont password">密    码：
                  <label for="password"></label>
                  <input type="password" name="password" id="password" />
                </div>
```

```
                <div class="btns">
                    <input type="submit" name="button1" id="button1" value="登录" />
                    <input type="button" name="button2"id="button2" value="注册" />
                </div>
            </form>
        </div>
    </div>
    <div id="section_1_bottom"></div>
</div>
<div id="section2">
    <div id="section_2_top">新闻更新</div>
    <div id="section_2_mid">
        <ul>
            <li><a href="#" target="_blank">中华鲟的保护环境日益改善</a></li>
            <li><a href="#" target="_parent">电脑社区设置“环保之星”大奖</a></li>
            <li><a href="#" target="_blank">世界环保组织到中国四川考察</a></li>
            <li><a href="#" target="_blank">低碳生活离我们的生活远吗？</a></li>
        </ul>
    </div>
    <div id="section_2_bottom"></div>
</div>
</div>
<div id="content_right">
    <div class="post">
        <h1>我们的职责</h1>
        <p>兴宇书城环保天地是大家交流环保知识和发起环保活动的场所。</p>
        <p>生态文明是当今人类社会向更高阶段发展的大势所趋……（此处省略文字）</p>
        <p>组织的核心胜任特征是构成组织核心竞争力的重要源泉……（此处省略文字）</p>
    </div>
    <div class="post" >
        <h1>自然美景</h1>
        <a href="#"><img src="images/thumb_1.jpg" width="108" height="108" /></a>
        <a href="#"><img src="images/thumb_2.jpg" width="108" height="108" /></a>
       <a href="#"><img src="images/thumb_3.jpg" width="108" height="108" /></a>
       <a href="#"><img src="images/thumb_4.jpg" width="108" height="108" /></a>
    </div>
</div>
</div>
</div>
</div>
<div id="footer">Copyright &copy; 2012  兴宇书城  All Rights Reserved</div>
</body>
</html>
```

7.5　实训——制作力天商务网技术支持页面

【实训】 制作力天商务网技术支持页面，重点练习用 CSS 设置链接、列表与导航菜单等相关知识。页面效果如图 7-39 所示，布局示意图如图 7-40 所示。

图 7-39　力天商务网技术支持页面

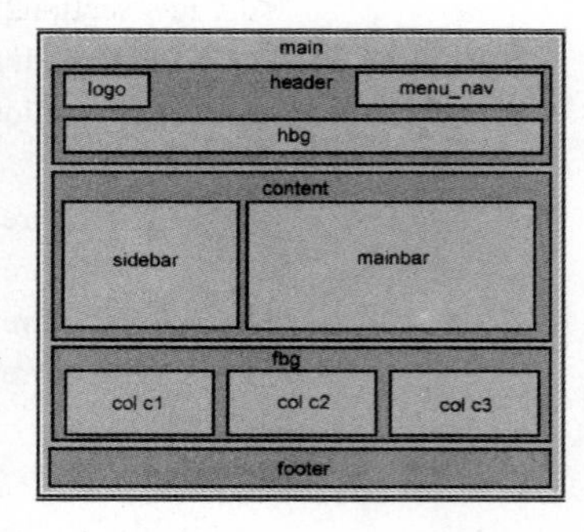

图 7-40　页面布局示意图

制作步骤如下。

1．前期准备

（1）栏目文件夹结构

在栏目文件夹中创建文件夹 images 和 style，分别用来存放图像素材和外部样式表文件。

（2）页面素材

将本页面需要使用的图像素材存放在文件夹 images 中。

（3）外部样式表

在文件夹 style 中新建一个名为 style.css 的样式表文件。

2．制作页面

（1）页面整体的制作

包括页面整体 body、整体容器 main、h1～h4 标题、段落、超链接风格、浮动和清除浮动的 CSS 定义，代码如下：

```
body {                              /*设置页面整体的样式*/
  margin:0;                         /*外边距为 0px*/
  padding:0;                        /*内边距为 0px*/
  width:100%;                       /*设置页面百分比宽度*/
  color:#959595;
  font:normal 12px/1.8em Arial, Helvetica, sans-serif; background:#eaeaea;
}
.main {                             /*设置整体容器 main 的样式*/
  padding:0;                        /*内边距为 0px*/
  margin:0 auto;                    /*设置容器自动居中对齐*/
```

```
    width:970px;                    /*设置容器宽度为 970px*/
  }
  h1 {                              /*设置一级标题（力天商务 Logo 文字）的样式*/
    margin:0;                       /*外边距为 0px*/
    padding:10px 0 0 0;             /*上、右、下、左的内边距依次为 10px,0px,0px,0px*/
    color:#636363;
    font:bold 38px/1.2em Arial, Helvetica, sans-serif;
    letter-spacing:-2px;            /*字符间距为-2px，使得力天商务 Logo 文字靠得很近*/
    text-align:center;              /*文字居中对齐*/
  }
  h1 a, h1 a:hover {                /*设置一级标题普通链接和鼠标悬停的样式*/
    color:#636363;
    text-decoration:none;           /*无修饰*/
  }
  h1 span {                         /*设置一级标题 span 范围的样式*/
    color:#78bbe6;
  }
  h1 small {                        /*设置一级标题旁边小字“融通天下”的样式*/
    padding:0 10px;                 /*上、下内边距为 0px，右、左内边距为 10px*/
    font:normal 12px/1.2em Arial, Helvetica, sans-serif;
    letter-spacing:normal;          /*正常字符间距*/
  }
  h2 {                              /*设置二级标题（各栏目区域标题）的样式*/
    font:normal 24px Arial, Helvetica, sans-serif;
    padding:2px 0;                  /*上、下内边距为 2px，右、左内边距为 0px*/
    margin:0;                       /*外边距为 0px*/
    color:#595959;                  /*深灰色文字*/
  }
  h3 {                              /*设置三级标题（广告条上“明天”两字）的样式*/
    font:normal 30px 黑体,Arial, Helvetica, sans-serif;
    padding:18px 0 8px 0;           /*上、右、下、左的内边距依次为 18px,0px,8px,0px*/
    margin:0;                       /*外边距为 0px*/
    color:#fdfdfd;
    text-transform:uppercase;       /*大写*/
  }
  h4 {                              /*设置四级标题（广告条上“会更好”三字）的样式*/
    font:normal 22px 黑体,Arial, Helvetica, sans-serif;
    padding:18px 0 8px 0;           /*上、右、下、左的内边距依次为 18px,0px,8px,0px*/
    margin:0;                       /*外边距为 0px*/
    color:#fdfdfd;
  }
  p {                               /*设置普通段落的样式*/
    font:normal 12px/1.8em Arial, Helvetica, sans-serif;
    margin: 4px 0px;                /*上、下外边距为 4px，右、左外边距为 0px*/
    padding: 0px 0px 2px 0px;       /*上、右、下、左的内边距依次为 0px,0px,2px,0px*/
  }
  a {                               /*设置普通链接的样式*/
```

```
    color:#78bbe6;
    text-decoration:underline;          /*下画线*/
}
.fl {                                   /*设置向左浮动的样式*/
    float:left;                         /*向左浮动*/
}
.fr {                                   /*设置向右浮动的样式*/
    float:right;                        /*向右浮动*/
}
.clr {                                  /*设置清除浮动的样式*/
    clear:both;                         /*清除浮动*/
    padding:0;                          /*内边距为 0px*/
    margin:0;                           /*外边距为 0px*/
    width:100%;
    font-size:0px;
    line-height:0px;                    /*清除行高*/
}
```

（2）页面顶部的制作

页面顶部的内容被放置在名为 header 的 Div 容器中，主要用来显示页面 Logo、导航菜单和广告条，如图 7-41 所示。

图 7-41　页面顶部的显示效果

CSS 代码如下：

```
/*header */
.header {                               /*页面顶部容器 header 的样式*/
    padding:0;                          /*内边距为 0px*/
}
.logo {                                 /*页面顶部 logo 区域的样式*/
    width:320px;                        /*宽度为 320px*/
    padding:0;                          /*内边距为 0px*/
    margin:0 auto;                      /*设置元素自动居中对齐*/
    float:left;                         /*向左浮动*/
}
/*menu */
.menu_nav {                             /*页面顶部主导航菜单的样式*/
    margin:0;                           /*外边距为 0px*/
    padding:0;                          /*内边距为 0px*/
    width:570px;
    float:right;                        /*向右浮动，使得菜单在页面中右对齐*/
}
```

```
.menu_nav ul {                    /*菜单列表的样式*/
  list-style:none;                /*不显示项目符号*/
  margin:0;                       /*外边距为 0px*/
  padding:0;                      /*内边距为 0px*/
  float:right;                    /*向右浮动*/
}
.menu_nav ul li {                 /*菜单列表项的样式*/
  margin:0;                       /*外边距为 0px*/
  padding:0;                      /*内边距为 0px*/
  width:70px;
  float:left;                     /*向左浮动*/
}
.menu_nav ul li a {               /*菜单列表项链接的样式*/
  display:block;                  /*块级元素*/
  margin:0 1px 0 0;               /*上、右、下、左的外边距依次为 0px,1px,0px,0px*/
  padding:20px;                   /*内边距为 20px*/
  color:#878989;
  text-decoration:none;           /*无修饰*/
  font-size:13px;
  line-height:16px;               /*行高为 16px*/
}
.menu_nav ul li.active a, .menu_nav ul li a:hover {  /*菜单列表项鼠标激活和悬停链接的样式*/
  color:#fff;                     /*文字白色*/
  text-decoration:none;           /*无修饰*/
  background:#78bbe6;             /*天蓝色背景*/
}
/*hbg */
.hbg {                            /*页面顶部广告条的样式*/
  margin:2px 0 0 0;               /*上、右、下、左的外边距依次为 2px,0px,0px,0px*/
  padding:0;                      /*内边距为 0px*/
  border:1px solid #fff;          /*边框为 1px 白色实线*/
  background:#78bbe6;             /*天蓝色背景*/
}
.hbg img {                        /*广告条图片的样式*/
  margin:1px 1px 1px 1px;         /*外边距为 1px*/
}
.hbg div.info {                   /*广告条中广告语信息区域的样式*/
  text-align:center;              /*文字居中对齐*/
  width:298px;
  padding:10px 0 0 0;             /*上、右、下、左的内边距依次为 10px,0px,0px,0px*/
}
```

（3）页面中部的制作

页面中部的内容被放置在名为 content 的 Div 容器中，分为左侧区域和右侧区域。左侧区域布局包括查询表单、商务导航纵向菜单和合作伙伴纵向菜单；右侧区域布局包括力天科技简介和核心技术列表，如图 7-42 所示。

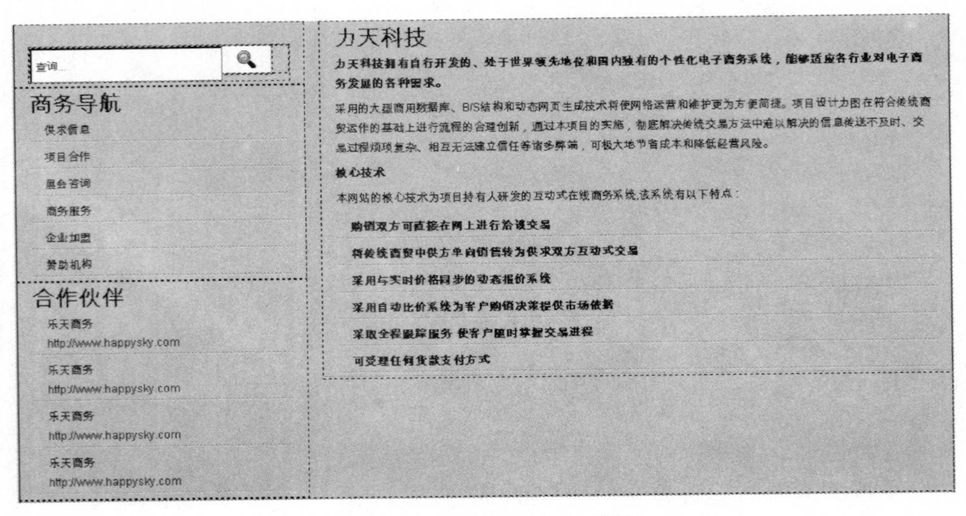

图 7-42　页面中部的显示效果

CSS 代码如下：

```
/*content */
.content {                    /*页面中部内容的样式*/
  padding:2px 0;              /*上、下内边距为 2px,，右、左内边距为 0px*/
  margin:0 auto;              /*设置元素自动居中对齐*/
  width:970px;
}
.sidebar {                    /*页面中部左侧栏的样式*/
  padding:0;                  /*内边距为 0px*/
  float:left;                 /*向左浮动*/
  width:300px;                /*宽度为 300px*/
}
.sidebar .gadget {            /*左侧区域中三个分区的样式*/
  margin:0;                   /*外边距为 0px*/
  padding:5px 15px;           /*上、下内边距为 5px，右、左内边距为 15px*/
}
.search span {                /*查询表单范围 span 的样式*/
  width:250px;                /*宽度为 250px*/
  display:block;              /*块级元素*/
  background:#fff;            /*白色背景*/
  height:29px;                /*高度为 29px*/
  margin:0;                   /*外边距为 0px*/
  padding:0;                  /*内边距为 0px*/
  border:1px solid #e7e7e7;   /*边框为 1px 浅灰色实线*/
}
.search input#s {             /*查询表单中输入框的样式*/
  float:left;                 /*向左浮动*/
  width:200px;                /*宽度为 200px*/
  padding:7px 0 7px 10px;     /*上、右、下、左的内边距依次为 7px,0px,7px,10px*/
  margin:0;
```

```
    border:0;                       /*不显示边框*/
    background:none;
    color:#afaeae;
    font:normal 12px/15px Arial, Helvetica, sans-serif;
}
.search .btn {                      /*查询表单中按钮的样式*/
    float:left;                     /*向左浮动*/
    padding:0;                      /*内边距为 0px*/
    margin:0;                       /*外边距为 0px*/
    border:0;                       /*不显示边框*/
    width:auto;                     /*宽度自适应*/
}
.mainbar {                          /*页面中部主栏目的样式*/
    margin:0;                       /*外边距为 0px*/
    padding:0;                      /*不显示边框*/
    float:right;                    /*向右浮动*/
    width:653px;
}
.mainbar img {                      /*主栏目中图片的样式*/
    padding:4px;                    /*内边距为 4px*/
    border:1px solid #f2f2f1;       /*边框为 1px 浅灰色实线*/
    background:#fff;
}
.mainbar img.fl {                   /*主栏目中图片浮动的样式*/
    margin:4px 16px 4px 0;          /*上、右、下、左的外边距依次为 4px,16px,4px,0px*/
    float:left;                     /*向左浮动*/
}
.mainbar .article {                 /*主栏目中内容分区的样式*/
    margin:0;
    padding:5px 15px;               /*上、下内边距为 5px，右、左内外距为 15px*/
    background:url(../images/menu_line.gif) repeat-x bottom;     /*背景图像水平重复，底端对齐*/
}
ul.sb_menu, ul.ex_menu {            /*纵向导航列表菜单的样式*/
    margin:0;                       /*外边距为 0px*/
    padding:0;                      /*内边距为 0px*/
    color:#939393;                  /*浅灰色文字*/
    list-style:none;                /*不显示项目符号*/
}
ul.sb_menu li, ul.ex_menu li {      /*纵向导航列表菜单列表项的样式*/
    margin:0;                       /*外边距为 0px*/
    background:url(../images/menu_line.gif) repeat-x bottom;     /*背景图像水平重复，底端对齐*/
    padding:4px 0 4px 15px;         /*上、右、下、左的内边距依次为 4px,0px,4px,15px*/
}
ul.sb_menu li a, ul.ex_menu li a { /*纵向导航列表菜单列表项链接的样式*/
    color:#939393;
    text-decoration:none;           /*无修饰*/
    margin-left:-15px;              /*左外边距为-15px，以便显示列表项前的背景图片*/
```

```
    padding-left:15px;                /*左内边距为 15px*/
    background:url(../images/menu_link.gif) no-repeat left center;   /*背景图像水平无左边，居中对齐*/
}
ul.sb_menu li a:hover, ul.ex_menu li a:hover, ul.sb_menu li.active a, ul.ex_menu li.active a {
    color:#78bbe6;                    /*菜单列表项鼠标悬停链接和激活链接的颜色为天蓝色*/
    text-decoration:underline;        /*下画线*/
}
```

（4）页面中下部的制作

页面中下部的内容被放置在名为 fbg 的 Div 容器中，包括力天画廊、技术支持和服务宗旨三个区域，如图 7-43 所示。

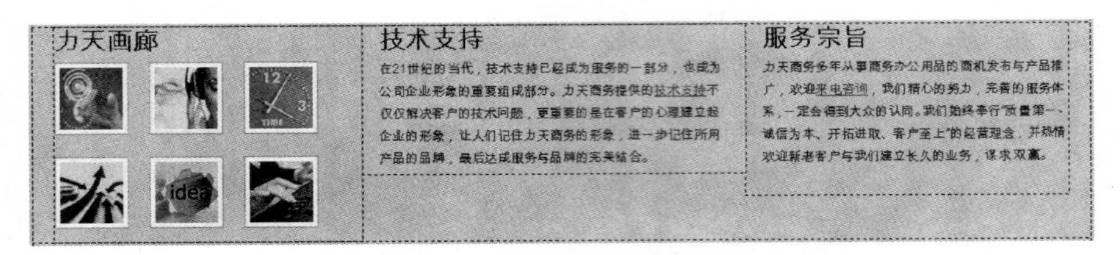

图 7-43　页面中下部的显示效果

CSS 代码如下：

```
/*fbg */
.fbg {                                /*页面中下部的样式*/
    background:url(../images/menu_line.gif) repeat-x top;  /*背景图像水平重复，顶端对齐*/
    padding:5px 0;                    /*上、下内边距为 5px，右、左内边距为 0px*/
}
.fbg_resize {
    margin:0 auto;                    /*设置元素自动居中对齐*/
    padding:0 20px;                   /*上、下内边距为 0px，右、左内边距为 20px*/
    width:930px;
}
.fbg img {                            /*页面中下部中的图片样式*/
    padding:4px;                      /*内边距为 4px*/
    border:1px solid #cfd2d4;         /*边框为 1px 浅色实线*/
    background-color:#fff;
}
.fbg .col {                           /*三个分区的总样式*/
    margin:0;                         /*外边距为 0px*/
    float:left;                       /*向左浮动*/
    background:url(../images/fbg_line.gif) repeat-y right;   /*背景图像垂直重复，右侧对齐*/
}
.fbg .c1 {                            /*力天画廊分区的样式*/
    padding:0 16px 0 0;               /*上、右、下、左的内边距依次为 0px,16px,0px,0px*/
    width:266px;                      /*宽度为 266px*/
}
.fbg .c2 {                            /*技术支持分区的样式*/
    padding:0 16px;                   /*上、下内边距为 0px，右、左内边距为 16px*/
```

```
    width:320px;                      /*宽度为 320px*/
  }
  .fbg .c3 {                          /*服务宗旨分区的样式*/
    padding:0 0 0 16px;               /*上、右、下、左的内边距依次为 0px,0px,0px,16px*/
    width:280px;                      /*宽度为 280px*/
    background:none;                  /*无背景*/
  }
  .fbg .c1 img {                      /*力天画廊分区中图片的样式*/
    margin:8px 16px 8px 0;            /*上、右、下、左的外边距依次为 8px,16px,8px,0px*/
  }
```

（5）页面底部的制作

页面底部的内容被放置在名为 footer 的 Div 容器中，用来显示版权信息，如图 7-44 所示。

Copyright © 力天商务有限公司. 热线：800-820-1234 ICP备10011234号　　设计：力天科技

图 7-44　页面底部的显示效果

CSS 代码如下：

```
/*footer */
.footer {                             /*页面底部的样式*/
  background:url(../images/menu_line.gif) repeat-x top;  /*背景图像水平重复，顶端对齐*/
}
.footer_resize {                      /*页面底部区域尺寸的样式*/
  margin:0 auto;                      /*设置元素自动居中对齐*/
  padding:10px 0;                     /*上、下内边距为 10px，右、左内边距为 0px*/
  width:930px;                        /*宽度为 930px*/
}
.footer .lf {                         /*页面底部区域左浮动的样式*/
  float:left;                         /*向左浮动*/
}
.footer .rf {                         /*页面底部区域右浮动的样式*/
  float:right;                        /*向右浮动*/
}
.footer p {                           /*页面底部区域段落的样式*/
  margin:0;                           /*外边距为 0px*/
  padding:4px 0;                      /*上、下内边距为 4px，右、左内边距为 0px*/
  width:auto;
  line-height:1.5em;                  /*行高为字符的 1.5 倍*/
}
.footer p a {
  text-decoration:none;               /*超链接无修饰*/
}
```

（6）制作页面的网页结构代码

为了使读者对页面的样式与结构有一个全面的认识，最后说明整个页面（support.html）的结构代码，代码如下：

```
<html>
<head>
<head>
<title>支持</title>
<link href="style/style.css" rel="stylesheet" type="text/css" />
</head>
<body>
<div class="main">
  <div class="header">
    <div class="logo">
     <h1><a href="index.html"><span>力天</span>商务<small>融通天下</small></a></h1>
    </div>
    <div class="menu_nav">
      <ul>
        <li><a href="index.html">首页</a></li>
        <li class="active"><a href="support.html">支持</a></li>
        <li><a href="about.html">关于</a></li>
        <li><a href="blog.html">博客</a></li>
        <li><a href="contact.html">联系</a></li>
      </ul>
    </div>
    <div class="clr"></div>
    <div class="hbg">
      <img src="images/header_images.jpg" width="650" height="120" class="fr"/>
      <div class="info fl">
        <h3>明天</h3>
        <h4>会更好</h4>
      </div>
      <div class="clr"></div>
    </div>
    <div class="clr"></div>
  </div>
  <div class="content">
    <div class="mainbar">
      <div class="article">
        <h2><span>力天科技</span></h2><div class="clr"></div>
        <p><strong>力天科技拥有自行开发的、处于世界领先……（此处省略文字）</strong></p>
        <p>采用的大型商用数据库、B/S 结构和动态网页生成技术……（此处省略文字）</p>
        <p><strong>核心技术</strong></p>
        <p>本网站的核心技术为项目持有人研发的互动式在线商务系统，该系统有以下特点：</p>
        <ul class="sb_menu">
          <li><a href="#"><strong>购销双方可直接在网上进行洽谈交易</strong></a></li>
          <li><a href="#"><strong>将传统商贸中供方……（此处省略文字）</strong></a></li>
          <li><a href="#"><strong>采用与实时价格同步的动态报价系统</strong></a></li>
          <li><a href="#"><strong>采用自动比价系统为……（此处省略文字）</strong></a></li>
          <li><a href="#"><strong>采取全程跟踪服务……（此处省略文字）</strong></a></li>
          <li><a href="#"><strong>可受理任何货款支付方式</strong></a></li>
        </ul>
      </div>
    </div>
```

```
      <div class="sidebar">
        <div class="gadget">
          <div class="search">
            <form method="get" id="search" action="">
              <span>
              <input type="text" value="查询..." name="s" id="s" />
              <input type="image" src="images/search.gif" value="Go" class="btn" />
              </span>
            </form>
            <div class="clr"></div>
          </div>
        </div>
        <div class="gadget">
          <h2 class="star"><span>商务导航</span></h2>
          <div class="clr"></div>
          <ul class="sb_menu">
            <li><a href="#">供求信息</a></li>
            <li><a href="#">项目合作</a></li>
            <li><a href="#">展会咨询</a></li>
            <li><a href="#">商务服务</a></li>
            <li><a href="#">企业加盟</a></li>
            <li><a href="#">赞助机构</a></li>
          </ul>
        </div>
        <div class="gadget">
          <h2 class="star"><span>合作伙伴</span></h2>
          <div class="clr"></div>
          <ul class="ex_menu">
            <li><a href="#">乐天商务<br />
              http://www.happysky.com</a></li>
            <li><a href="#">乐天商务<br />
              http://www.happysky.com</a></li>
            <li><a href="#">乐天商务<br />
              http://www.happysky.com</a></li>
            <li><a href="#">乐天商务<br />
              http://www.happysky.com</a></li>
          </ul>
        </div>
      </div>
      <div class="clr"></div>
    </div>
    <div class="fbg">
      <div class="fbg_resize">
        <div class="col c1">
          <h2><span>力天画廊</span></h2>
          <a href="#"><img src="images/pic_1.jpg" width="58" height="58" title="梦幻空间"/></a>
          <a href="#"><img src="images/pic_2.jpg" width="58" height="58" title="聆听天籁"/></a>
          <a href="#"><img src="images/pic_3.jpg" width="58" height="58" title="争分夺秒"/></a>
          <a href="#"><img src="images/pic_4.jpg" width="58" height="58" title="融会贯通"/></a>
          <a href="#"><img src="images/pic_5.jpg" width="58" height="58" title="时代思潮"/></a>
```

```
            <a href="#"><img src="images/pic_6.jpg" width="58" height="58" title="弹指神通"/></a>
          </div>
          <div class="col c2">
            <h2><span>技术支持</span></h2>
            <p>在 21 世纪的当代，技术支持已经成为服务的一部分……（此处省略文字）</p>
          </div>
          <div class="col c3">
            <h2><span>服务宗旨</span></h2>
            <p>力天商务多年从事商务办公用品的商机发布与产品……（此处省略文字）</p>
          </div>
          <div class="clr"></div>
        </div>
      </div>
      <div class="footer">
        <div class="footer_resize">
          <p class="lf">Copyright &copy;  <a href="#">力天商务有限公司</a>.  热线：800-820-1234  ICP 备 10011234 号</p>
          <p class="rf">设计： <a href="#">力天科技</a></p>
          <div class="clr"></div>
        </div>
      </div>
    </div>
    </body>
    </html>
```

习题 7

1．综合使用链接、纵向导航菜单和表单技术制作如图 7-45 所示的页面。

2．综合使用链接、横向导航菜单和表单技术制作如图 7-46 所示的页面。

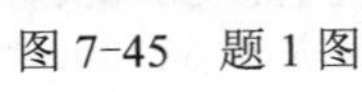

图 7-45　题 1 图

图 7-46　题 2 图

第 8 章　使用 JavaScript 制作网页特效

JavaScript 作为 Web 上第一个脚本语言（Scripting Language），是由 Netscape 公司开发并随 Navigator 2.0 浏览器一起发布的，它是介于 Java 与 HTML 之间、基于对象事件驱动的编程语言。JavaScript 是制作网页的行为标准之一。在 Web 标准中，使用 HTML 设计网页的结构，使用 CSS 设计网页的表现，使用 JavaScript 制作网页的特效。

8.1　JavaScript 简介

脚本（Script）实际上就是一段程序，用来完成某些特殊的功能。脚本程序既可以在服务器端运行（称为服务器脚本，如 ASP 脚本、PHP 脚本等），也可以直接在浏览器端运行（称为客户端脚本）。

客户端脚本常用来响应用户动作、验证表单数据，以及显示各种自定义内容，如对话框、动画等。使用客户端脚本时，由于脚本程序随网页同时下载到客户机中，因此在对网页进行验证或响应用户动作时，无须通过网络与 Web 服务器进行通信，从而降低了网络的传输量和服务器的负荷，改善了系统的整体性能。目前，JavaScript 和 VBScript 是两种使用最广泛的脚本语言。VBScript 仅被 Internet Explorer 支持，而 JavaScript 则几乎被所有浏览器支持。

JavaScript 是一种基于对象（Object）和事件驱动（Event Driven），并具有安全性能的脚本语言。它可与 HTML、CSS 一起实现在一个 Web 页面中链接多个对象，与 Web 客户交互的作用，从而开发出客户端的应用程序。JavaScript 通过嵌入或调入 HTML 文档中实现其功能，它弥补了 HTML 语言的不足，是 Java 与 HTML 折中的选择。JavaScript 的开发环境很简单，不需要 Java 编译器，而是直接运行在浏览器中，因而备受网页设计者的喜爱。

JavaScript 语言的前身叫做 LiveScript，自从 Sun 公司推出著名的 Java 语言后，Netscape 公司引进了 Sun 公司有关 Java 的程序概念，将 LiveScript 重新进行设计，并改名为 JavaScript。

目前流行的多数浏览器都支持 JavaScript，如 Netscape 公司的 Navigator 3.0 及以上版本，Microsoft 公司的 Internet Explorer 3.0 及以上版本。

JavaScript 是一种行为脚本语言，用 JavaScript 可以创建出运行在多平台和浏览器上的交互行为和效果。

8.2　在网页中插入 JavaScript 的方法及定义

8.2.1　在 HTML 文档中嵌入脚本程序

将 JavaScript 的脚本程序包含在 HTML 中，使之成为 HTML 文档的一部分。其格式为：

```
<script language ="JavaScript">
  JavaScript 语言代码;
  JavaScript 语言代码;
  ...
</Script>
```

属性 language ="JavaScript"指出使用的脚本语言是 JavaScript。

在网页中最常用的定义脚本的方法是使用<script>…</script>标签，将其插入 HTML 文档的<head>…</head>或<body>…</body>之间，在多数情况下应放到<head>…</head>标签之间，这样可以让 JavaScript 程序代码先于其他代码被加载执行。

在编写 JavaScript 脚本时，可以像编辑 HTML 文档一样，在文本编辑器或 HTML 文档编辑器中输入 JavaScript 脚本的代码。

【演练 8-1】 在 HTML 文档中嵌入 JavaScript 的脚本，本例文件 8-1.html 在浏览器中显示的效果如图 8-1 和图 8-2 所示。

图 8-1　加载时的运行结果

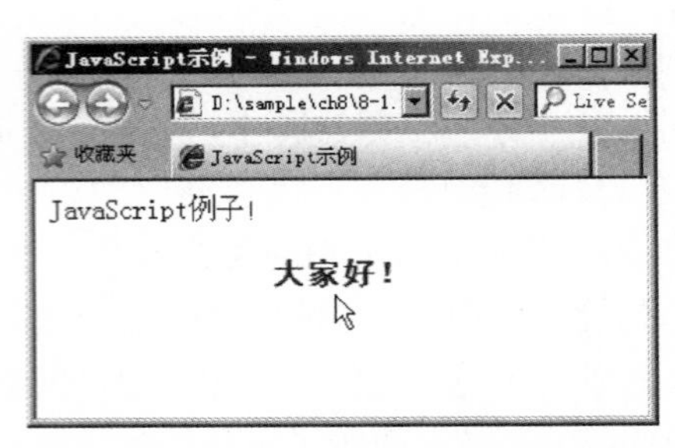

图 8-2　单击“确定”按钮后的运行结果

代码如下：

```
<html>
  <head>
    <title>JavaScript 示例</title>
    <script language="JavaScript">
      document.write("JavaScript 例子！ ");
      alert("欢迎进入 JavaScript 世界！ ");
    </script>
  </head>
  <body>
    <h3 style="font:12pt; font-family:'黑体'; color:red; text-align:center">大家好！ </h3>
  </body>
</html>
```

【说明】

① document.write()是文档对象的输出函数，其功能是将圆括号中的字符或变量值输出到窗口中。alert()是 JavaScript 的窗口对象方法，其功能是弹出一个对话框并显示其中的字符串。

② 如图 8-1 所示为浏览器加载时的显示结果，如图 8-2 所示为单击自动弹出对话框中的“确定”按钮后的最终显示结果。从上面的实例中可以看出，在用浏览器加载 HTML 文

件时，是从文件头向后解释并处理 HTML 文档的。

③ 注意在<script language ="JavaScript">…</script>中的程序代码有大、小写之分，如果将 document.write()写成 Document.write()，程序将无法正确执行。

8.2.2 链接脚本文件

可以把脚本保存在一个扩展名为.js 的文本文件中，供需要该脚本的多个 HTML 文件引用。要引用外部脚本文件，使用 script 标签的 src 属性指定外部脚本文件的 URL。其格式为：

```
<head>
  …
  <script type="text/javascript" src="脚本文件名.js"></script>
  …
</head>
```

type="text/javascript"属性定义文件的类型是 JavaScript 脚本文件。src 属性定义.js 文件的 URL。

如果使用 src 属性，则浏览器只使用外部文件中的脚本，并忽略任何位于<script>…</script>之间的脚本。脚本文件可以用任何文本编辑器（如记事本）打开并编辑，一般脚本文件的扩展名为.js，内容是脚本，不包含 HTML 标签。其格式为：

```
JavaScript 语言代码;        // 注释
JavaScript 语言代码;
…
JavaScript 语言代码;
```

例如，将演练 8-1 改为链接脚本文件，运行过程和结果与演练 8-1 相同。

```
<html>
  <head>
    <title>JavaScript 示例</title>
    <script type="text/javascript" src="test.js">   </script>          <!-- URL 为 test.js -->
  </head>
  <body>
     <h3 style="font:12pt; font-family:'黑体'; color:red; text-align:center">大家好！ </h3>
  </body>
</html>
```

脚本文件 test.js 的内容为：

```
document.write("JavaScript 例子！ ");
alert("欢迎进入 JavaScript 世界！ ");
```

8.2.3 在标签内添加脚本

可以在 HTML 表单的输入标签内添加脚本，以响应输入的事件。

【演练 8-2】 在标签中添加 JavaScript 的脚本，本例文件 8-2.html 在浏览器中显示的效果如图 8-3 和图 8-4 所示。

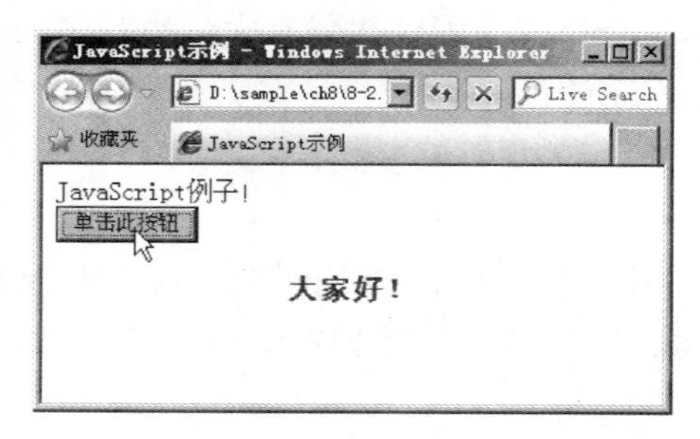

图 8-3　初始显示

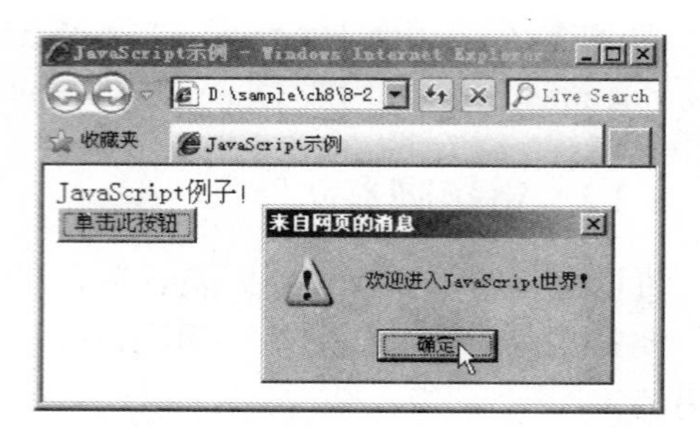

图 8-4　单击按钮后的运行结果

代码如下：

```
<html>
  <head><title>JavaScript 示例</title></head>
  <body>
    JavaScript 例子！
    <form>
      <input type="button" onClick="JavaScript:alert('欢迎进入 JavaScript 世界！');" value="单击此按钮">
    </form>
   <h3 style="font:12pt; font-family:'黑体'; color:red; text-align:center">大家好！ </h3>
  </body>
</html>
```

8.3　常见的网页特效

在网页中使用 JavaScript 脚本能增强页面的动态特性和特殊效果，并完成使用 HTML 元素无法完成的任务。下面介绍几种常见的网页特效制作方法。

8.3.1　循环滚动的图文字幕

在网站的首页经常可以看到循环滚动的图文展示信息，来引起浏览者的注意，这种技术是通过滚动字幕技术实现的。

1．字幕标签的语法

在网页中，制作滚动字幕使用<marquee>标签，其格式为：

```
<marquee direction="left|right|up|down" behavior="scroll|side|alternate" loop="i|-1|infinite"
        hspace="m" vspace="n" scrollamount="i" scrolldelay="j" bgcolor="色彩"
        width="x|x%" height="y"> 流动文字或（和）图片 </marquee>
```

字幕属性的含义如下。

direction：设置字幕内容的滚动方向。

behavior：设置滚动字幕内容的运动方式。

loop：设置字幕内容滚动次数，默认值为无限。

hspace：设置字幕水平方向空白像素数。

vspace：设置字幕垂直方向空白像素数。

scrollamount：设置字幕滚动的数量，单位是像素。

scrolldelay：设置字幕滚动的延迟时间，单位是毫秒。

bgcolor：设置字幕的背景颜色。

width：设置字幕的宽度，单位是像素。

height：设置字幕的高度，单位是像素。

2．案例——循环展示的图书

【演练 8-3】 制作循环滚动的图像字幕。制作书城图书展示的网页，滚动的图像支持超链接，并且当鼠标指针移动到图像上时，画面静止；当鼠标指针移出图像后，图像继续滚动。页面显示的效果如图 8-5 所示。

（a）

（b）

图 8-5 循环滚动的图像字幕

制作步骤如下。

（1）前期准备

在示例文件夹中创建图像文件夹 images，用来存放图像素材。将本页面需要使用的图像素材存放在文件夹 images 中，本实例中使用的图片素材大小均为 130px×130px。

（2）建立网页

在示例文件夹中新建一个名为 8-3.html 的网页。

（3）编写代码

打开新建的网页 8-3.html，编写实现循环滚动图像字幕的程序。代码如下：

```
<html>
<head>
<title>书城图书展示</title>
</head>
<body>
<table width="450" border="0" align="center">
<tr>
  <td>
  <div id=demo style="overflow: hidden; width: 450px; color: #ffffff; height: 160px">
    <table cellpadding=0 width=100% align=left border=0 cellspacing=0>
    <tbody>
    <tr>
```

```
<!--------------------demo1-------------------->
  <td id=demo1 valign=top>
   <table cellspacing=1 cellpadding=1>
   <tbody>
   <tr valign=top>
   <td valign=top noWrap>
    <div align=right>
       <table cellspacing=0 cellpadding=0 align=center border=0>
        <tbody>
        <tr>
        <td align=middle>
        <table cellspacing=0 cellpadding=0 width=150 align=center border=0>
        <tbody>
        <tr>
        <td align=middle height=100>
        <a href="#" target=_blank>
        <img height=130 src="images/goods_01.jpg" width=130 border=0>
        </a></td></tr>
        <tr>
        <td class=nav1 align=middle height=20>
        <a class=apm2 href="#" target=_blank>志翔笔记本电脑
        </a></td></tr></tbody></table></td>
        <td align=middle>
        <table cellspacing=0 cellpadding=0 width=150 align=center border=0>
        <tbody>
        <tr>
        <td align=middle height=100>
        <a href="#" target=_blank>
        <img height=130 src="images/goods_02.jpg" width=130 border=0>
        </a></td></tr>
        <tr>
        <td class=nav1 align=middle height=20>
        <a class=apm2 href="#" target=_blank>天翔笔记本电脑
        </a></td></tr></tbody></table></td>
        <td align=middle>
        <table cellspacing=0 cellpadding=0 width=150 align=center border=0>
        <tbody>
        <tr>
        <td align=middle height=100>
        <a href="#" target=_blank>
        <img height=130 src="images/goods_03.jpg" width=130 border=0>
        </a></td></tr>
        <tr>
        <td class=nav1 align=middle height=20>
        <a class=apm2 href="#" target=_blank>宇翔笔记本电脑
        </a></td></tr></tbody></table></td>
        <td align=middle>
```

```
				<table cellspacing=0 cellpadding=0 width=150 align=center border=0>
				<tbody>
				<tr>
				<td align=middle height=100>
				<a href="#" target=_blank>
				<img height=130 src="images/goods_04.jpg" width=130 border=0>
				</a></td></tr>
				<tr>
				<td class=nav1 align=middle height=20>
				<a class=apm2 href="#" target=_blank>飞翔笔记本电脑
				</a></td></tr></tbody></table></td>
				<td align=middle>
				<table cellspacing=0 cellpadding=0 width=150 align=center border=0>
				<tbody>
				<tr>
				<td align=middle height=100>
				<a href="#" target=_blank>
				<img height=130 src="images/goods_05.jpg" width=130 border=0>
				</a></td></tr>
				<tr>
				<td class=nav1 align=middle height=20>
				<a class=apm2 href="#" target=_blank>山姆笔记本电脑
				</a></td></tr></tbody></table></td>
				<td align=middle>
				<table cellspacing=0 cellpadding=0 width=150 align=center border=0>
				<tbody>
				<tr>
				<td align=middle height=100>
				<a href="#" target=_blank>
				<img height=130 src="images/goods_06.jpg" width=130 border=0>
				</a></td></tr>
				<tr>
				<td class=nav1 align=middle height=20>
				<a class=apm2 href="#" target=_blank>汉姆笔记本电脑
				</a></td></tr></tbody></table></td>
				</tr></tbody></table></div></td></tr></tbody></table></td>
<!-------------------demo2--------------------->
				<td id=demo2 width="0">
				</td>
			</tr></tbody></table>
		</div>
<!--------------------demo end------------------>
<script>
  var dir=1                        //每步移动像素，该值越大，字幕滚动得越快
  var speed=20                     //循环周期（毫秒），该值越大，字幕滚动得越慢
  demo2.innerHTML=demo1.innerHTML
  function Marquee(){              //正常移动
```

```
        if (dir>0    && (demo2.offsetwidth-demo.scrollleft)<=0) demo.scrollleft=0
        if (dir<0 && (demo.scrollleft<=0)) demo.scrollleft=demo2.offsetwidth
          demo.scrollleft+=dir
          demo.onmouseover=function() {clearInterval(MyMar)}                    //暂停移动
          demo.onmouseout=function() {MyMar=setInterval(Marquee,speed)}         //继续移动
      }
      var MyMar=setInterval(Marquee,speed)
    </script>
    </td>
    </tr>
    </table>
    </body>
    </html>
```

【说明】 制作循环滚动字幕的关键在于字幕参数的设置及合适的图像素材，要求如下。

① 滚动字幕代码的第 1 行定义的是字幕 Div 容器，其宽度决定了字幕中能够同时显示的最多图片个数。例如，本例中每张图片的宽度为 130px，设置字幕 Div 的宽度为 450px。这样，在字幕 Div 中最多能显示三个完整的图片。字幕所在表格的宽度应当等于字幕 Div 的宽度。例如，设置表格的宽度为 450px，恰好等于字幕 Div 的宽度。

② 字幕 Div 的高度应当大于图片的高度，这是因为在图片下方定义的还有超链接文字，文字本身也会占用一定的高度。例如，本例中每张图片的高度为 130px，设置字幕 Div 的高度为 160px，这样既可以显示出图片，也可以显示出链接文字。

8.3.2 幻灯片切换的广告

在网站的首页中经常能够看到幻灯片切换的广告，既美化了页面的外观，又可以节省版面的空间。本节主要讲解如何使用 JavaScript 脚本制作幻灯片切换的广告。

1．准备幻灯片播放器

幻灯片切换广告的特效需要使用特定的 Flash 幻灯片播放器，本例中使用的幻灯片播放器名为 playswf.swf，将其复制到示例文件夹的根文件夹中。

2．案例——幻灯片切换的图书广告

【演练 8-4】 制作幻灯片切换的图书广告，每隔一段时间，广告将自动切换到下一幅画面；如果单击广告下方的数字，将直接切换到相应的画面；如果单击链接文字，则可以打开相应的网页（读者可以根据需要自己设置链接的页面，这里不再制作该链接功能）。页面显示的效果如图 8-6 所示。

制作步骤如下。

（1）前期准备

在示例文件夹中创建图像文件夹 images，用来存放图像素材。将本页面需要使用的图像素材存放在文件夹 images 中，本实例中使用的图片素材大小均为 410px×350px。

（2）建立网页

在示例文件夹中新建一个名为 8-4.html 的网页。

（3）编写代码

打开新建的网页 8-4.html，编写实现幻灯片切换广告的程序。代码如下：

（a）

（b）

图 8-6　幻灯片切换的广告

```
<html>
<head>
<title>幻灯片切换的图书广告</title>
</head>
<body>
<div style="width:410px;height:370px;border:1px solid #000">
<script type=text/javascript>
<!--
   imgurl1="images/goods_01.jpg";
   imgtext1="百吃不厌家常菜";
   imglink1=escape("#");
   imgurl2="images/goods_02.jpg";
   imgtext2="家常菜精选";
   imglink2=escape("#");
   imgurl3="images/goods_03.jpg";
   imgtext3="面包机美食料理";
   imglink3=escape("#");
   imgurl4="images/goods_04.jpg";
   imgtext4="豆浆机美食料理";
   imglink4=escape("#");
   var focus_width=410                          //图片的宽度
   var focus_height=350                         //图片的高度
   var text_height=20                           //文字的高度
   var swf_height = focus_height+text_height    //播放器的高度=图片的高度+文字的高度
   var pics = imgurl1+"|"+imgurl2+"|"+imgurl3+"|"+imgurl4
   var links = imglink1+"|"+imglink2+"|"+imglink3+"|"+imglink4
   var texts = imgtext1+"|"+imgtext2+"|"+imgtext3+"|"+imgtext4
   document.write('<object ID="focus_flash" classid="clsid:d27cdb6e-ae6d-11cf-96b8-44553540000"
 codebase="http://fpdownload.macromedia.com/pub/shockwave/cabs/flash/swflash.cab#version=6,0,0,0"
width="'+ focus_width +'" height="'+ swf_height +'">');
   document.write('<param name="allowScriptAccess" value="sameDomain"><param name="movie"
value="playswf.swf"><param name="quality" value="high"><param name="bgcolor" value="#fff">');
   document.write('<param name="menu" value="false"><param name=wmode value="opaque">');
```

```
    document.write('<param name="FlashVars" value="pics='+pics+'&links='+links+'&texts='+
texts+'&borderwidth='+focus_width+'&borderheight='+focus_height+'&textheight='+text_height+'">');
    document.write('<embed ID="focus_flash" src="playswf.swf" wmode="opaque" FlashVars="pics=
'+pics+'&links='+links+'&texts='+texts+'&borderwidth='+focus_width+'&borderheight='+focus_height+'&tex
theight='+text_height+'" menu="false" bgcolor="#c5c5c5" quality="high"
  width="'+ focus_width+'" height="'+ swf_height +'" allowScriptAccess="sameDomain" type="application/x-
shockwave-flash" pluginspage="http://www.macromedia.com/go/getflashplayer" />');
    document.write('</object>');
-->
</script>
</div>
</body>
</html>
```

【说明】 制作幻灯片切换效果的关键在于播放器参数的设置及合适的图像素材，要求如下。

① 将播放器参数中的 focus_width 设置为图片的宽度（410px），focus_height 设置为图片的高度（350px），text_height 设置为文字的高度（20px），pics 用于定义图片的来源，links 用于定义链接文字的链接地址，texts 用于定义链接文字的内容。

② 幻灯片所在 Div 容器的宽度应当等于图片的宽度，Div 容器的高度应当等于图片的高度加上文字的高度。例如，设置 Div 容器的宽度为 410px，恰好等于图片的宽度；设置 Div 容器的高度为 370px，恰好等于图片的高度（350px）加上文字的高度（20px）。

8.4 实训——制作二级纵向列表模式的导航菜单

在前面的章节中已经讲解了纵向列表模式导航菜单，在本章的实训中将讲解使用 CSS 样式结合 JavaScript 脚本制作二级纵向列表模式的导航菜单，页面显示效果如图 8-7 所示。

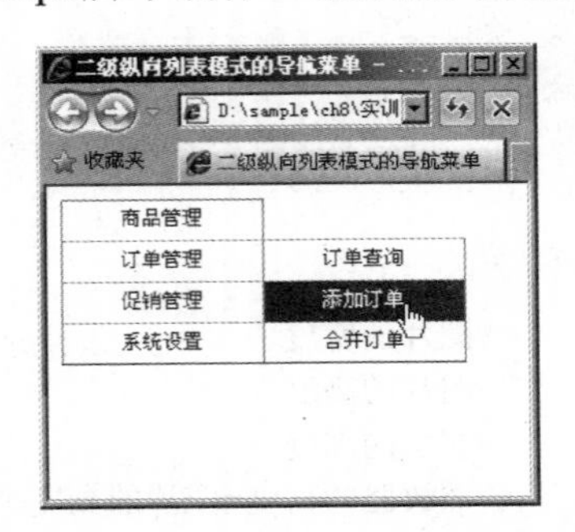

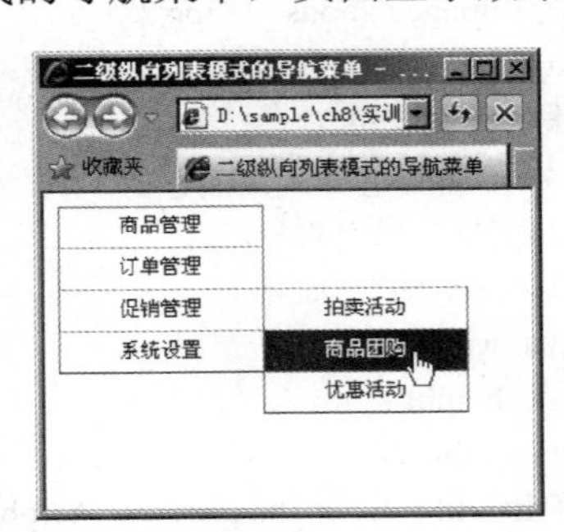

图 8-7　二级纵向列表模式的导航菜单

制作过程如下。

（1）建立网页结构

首先建立一个包含二级导航菜单选项的嵌套无序列表。其中，一级导航菜单包含 4 个菜单项，二级导航菜单包含用于实现导航的文字链接。代码如下：

```
<body>
<ul id="nav">
```

```
    <li><a href="#">商品管理</a>
      <ul>
        <li><a href="#">添加商品</a></li>
        <li><a href="#">商品分类</a></li>
        <li><a href="#">品牌管理</a></li>
        <li><a href="#">用户评论</a></li>
      </ul>
    </li>
    <li><a href="#">订单管理</a>
      <ul>
        <li><a href="#">订单查询</a></li>
        <li><a href="#">添加订单</a></li>
        <li><a href="#">合并订单</a></li>
      </ul>
    </li>
    <li><a href="#">促销管理</a>
      <ul>
        <li><a href="#">拍卖活动</a></li>
        <li><a href="#">商品团购</a></li>
        <li><a href="#">优惠活动</a></li>
      </ul>
    </li>
    <li><a href="#">系统设置</a></li>
  </ul>
  </body>
```

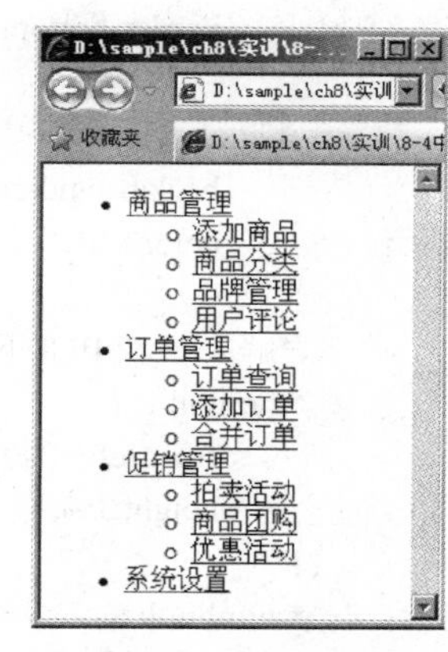

图 8-8　菜单的初始效果

在没有使用 CSS 样式的情况下，菜单的初始效果如图 8-8 所示。

（2）设置菜单的 CSS 样式

在设计网页菜单时，一般二级导航是被隐藏的，只有当鼠标指针经过一级导航时才会触发二级导航的显示，而当鼠标指针移开后，二级导航又自动隐藏。在这个设计思路的基础上，接着设置菜单的宽度、字体，以及列表和列表选项的类型和边框样式。

代码如下：

```
ul {
    margin:0;                          /*外边距为 0px*/
    padding:0;                         /*内边距为 0px*/
    list-style:none;                   /*列表无项目符号*/
    width:120px;
    border-bottom:1px solid   #999;
    font-size:12px;
    text-align:center;                 /*文字居中对齐*/
}
ul li {
    position:relative;                 /*相对定位*/
}
li ul {
    position:absolute;                 /*绝对定位*/
    left:119px;
```

```
        top:0;
        display:none;
    }
    ul li a {
        width:108px;
        display:block;                      /*块级元素*/
        text-decoration:none;               /*无修饰*/
        color:#666666;
        background:#fff;
        padding:5px;
        border:1px solid #ccc;
        border-bottom:0px;
    }
    ul li a:hover {
        background-color:#69f;
        color:#fff;
    }
    /*解决 ul 在 IE 8 下显示不正确的问题*/
    * html ul li {
        float:left;
        height:1%;
    }
    * html ul li a {
        height:1%;
    }
    /* end */
    li:hover ul, li.over ul {
        display:block;
    }
```

需要说明的是，CSS 代码中的:hover 属于伪类，而 IE 8 浏览器只支持<a>标签的伪类，不支持其他标签的伪类。为此在 CSS 中定义了一个鼠标指针经过一级导航时的类.over，并将其属性也设置为“display:block;”。除此之外，如果想在 IE 8 浏览器中也能正确显示，还需要借助 JavaScript 脚本来实现。

（3）添加实现二级导航菜单的 JavaScript 脚本

在页面的<head>…</head>之间添加实现二级导航菜单的 JavaScript 脚本。代码中需要指定鼠标指针经过一级导航时的类名 over，代码如下：

```
<script type="text/javascript">
startList = function() {
  if (document.all&&document.getElementById) {
    navRoot = document.getElementById("nav");    //获取页面元素无序列表 nav
    for (i=0; i<navRoot.childNodes.length; i++) {
      node = navRoot.childNodes[i];
      if (node.nodeName=="LI") {
        node.onmouseover=function() {
          this.className+=" over";               //指定鼠标指针经过一级导航时的类名 over
```

```
        }
        node.onmouseout=function() {
          this.className=this.className.replace(" over", "");
        }
      }
    }
  }
}
window.onload=startList;                    //页面加载时调用函数
</script>
```

至此，二级纵向列表模式的导航菜单制作完毕，页面预览后的效果如图 8-7 所示。

【说明】

① CSS 代码中将列表<li>标签定义为“ul li {position:relative;}”相对定位方式，目的在于将其作为子级定位的对象，而不会导致最终在绝对定位时，二级导航菜单出现错位现象。

② 将列表<li>标签内部的无序列表设置为绝对定位，相对于父级元素距左 119px，距顶部 0px，并且隐藏不可见。代码如下：

```
li ul {
      position:absolute;
      left:119px;
      top:0;
      display:none;
}
```

这里设置绝对定位距左 119px，而不是<ul>标签最初定义的 120px，少了 1px 的距离是因为绝对定位的二级导航感应区的位置需要能被鼠标指针所接触到。如果设置不当，可能会造成鼠标指针还未到达二级导航的位置，二级导航就又被隐藏了。

③ 代码中的 li:hover ul, li.over ul {display:block;}表示当鼠标指针经过时，ul 的样式为 display:block，即鼠标指针经过时显示相应的二级导航。

习题 8

1．在 Web 页面中用中文方式显示当天的日期和星期，如 2012 年 4 月 21 日星期六。请把下面代码加到其他网页中：

```
<script language="JavaScript">
today=new Date();
function date()
{
   this.length=date.arguments.length
   for(var i=0;i<this.length;i++)
      this[i+1]=date.arguments[i];
}
var d=new date("星期日","星期一","星期二","星期三","星期四","星期五","星期六");
document.write("<font color=##000000 style='font-size:9pt;font-family:宋体'>",today.getYear(),"年",
```

```
today.getMonth()+1,"月",today.getDate(),"日",d[today.getDay()+1],"</font>" );
</script>
```

2．制作一个 Web 页面，当鼠标悬停（onMouseOver）在文字链接上时，Web 页面从蓝色自动变为红色（document.bgColor='red'），如图 8-9 所示。

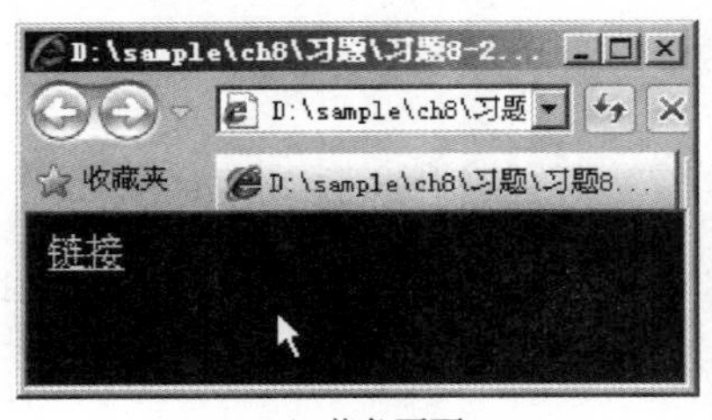

（a）蓝色页面

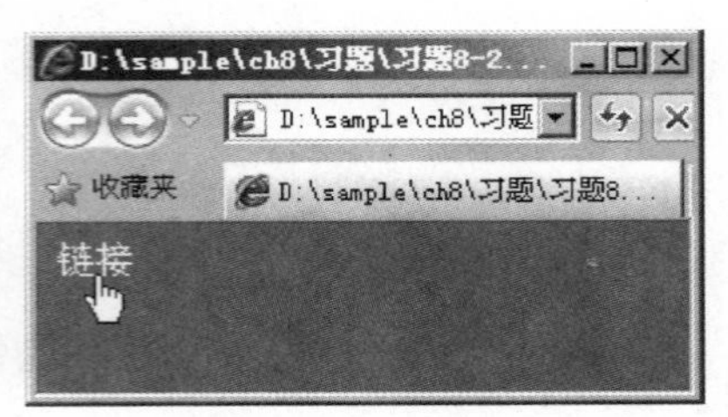

（b）红色页面

图 8-9　题 2 图

3．在网页中显示一个工作中的数字时钟，如图 8-10 所示。

4．制作一个禁止使用鼠标右键操作的网页。当浏览者在网页上单击鼠标右键时，自动弹出一个警告对话框，禁止用户使用右键快捷菜单，实例效果如图 8-11 所示。

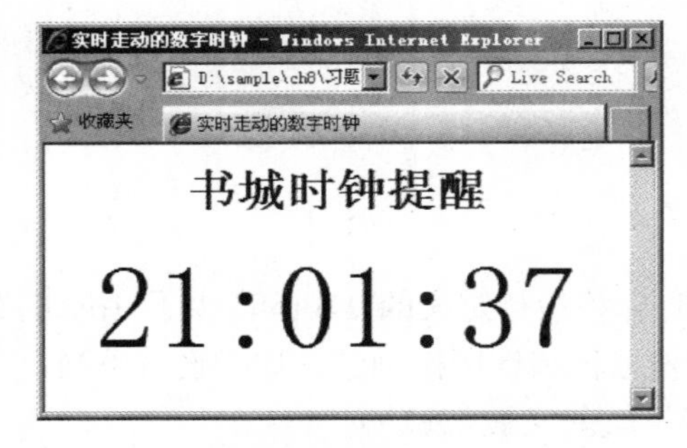

图 8-10　题 3 图

图 8-11　题 4 图

5．文字循环向上滚动，当鼠标指针移动到文字上时，文字停止滚动；鼠标指针移开，则继续滚动，如图 8-12 所示。

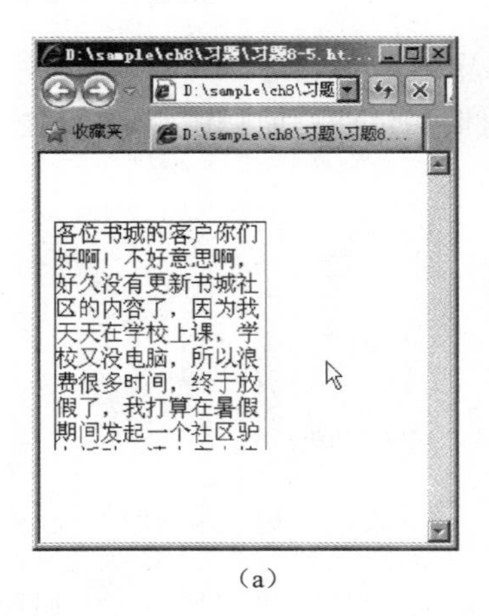

（a）

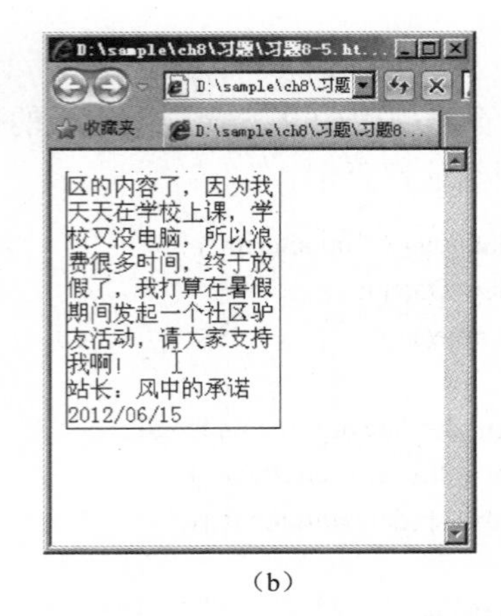

（b）

图 8-12　题 5 图

第 9 章　兴宇书城首页和列表页

网上购物商城系统是一种具有交互功能的商业信息系统，它在网络上建立一个虚拟的购物商城，使购物过程变得轻松、快捷、方便。本章主要运用前面章节讲解的各种网页制作技术介绍如何制作一个电子商务网站，从而进一步巩固网页设计与制作的基本知识。

9.1　网站的开发流程

典型的网站开发流程包括以下几个阶段。

① 规划站点：包括确立站点的策略或目标、确定所面向的用户以及站点的数据需求。

② 网站制作：包括设置网站的开发环境、规划页面设计和布局、创建内容资源等。

③ 测试站点：使用 Dreamweaver 测试页面的链接及网站的兼容性。

④ 发布站点：使用 Dreamweaver 将站点发布到服务器上。

9.1.1　规划站点

建设网站首先要对站点进行规划，规划的范围包括确定网站的服务职能、服务对象、所要表达的内容等，还要考虑站点文件的结构等。在着手开发站点之前认真进行规划，以后能够节省大量的时间。

1．规划站点目标

在站点的规划中，最重要的就是“构思”，良好的创意往往比实际的技术更为重要，在这个过程中可以用文档记录、修改并完善规划内容，因为它直接决定了站点的质量和未来的访问量。在规划站点目标时应确定如下问题。

（1）确定建站的目的

建立网站的目的要么是增加利润，要么是传播信息或观点。显然，创建兴宇书城网站的目的是第一种：增加利润。随着网上交易安全性方面的逐渐完善，网上购物已逐渐成为人们消费的时尚。同时，通过网上在线销售，可以扩展企业的销售渠道，提高公司的知名度，降低企业的销售成本，兴宇书城正是在这样的业务背景下建立的。

（2）确定目标用户（浏览者）

不同年龄、爱好的浏览者，对站点的要求是不同的。所以最初的规划阶段，确定目标用户是一个至关重要的步骤。兴宇书城网站主要针对网上购买图书的消费者，年龄一般以 18~50 岁为主。针对这个年龄阶段的特点，网站提供的功能和服务需要符合现代、时尚、便捷的特点。设计网站整体风格时也需要考虑时尚、明快的设计样式，包括整个网站的色彩、Logo、图片设计等。

（3）确定网站的内容

内容决定一切，内容价值决定了浏览者是否有兴趣继续关注网站。网上购物商城系统包括的模块很多，除了购物网站之外，还涉及商品管理、客户管理、订单管理、支付管理、物流管理等诸多方面。

书城前台页面的主要功能包括：书城首页展示各种图书，帮助客户搜索到欲购买的图书，展示图书的详细信息，会员的注册与登录，书城的购物流程和指南，购买商品的购物车，客户确认订单并填写送货地址，选择支付方式和物流方式等。

书城后台页面的主要功能包括：商品管理，订单管理，促销管理，广告管理，文章管理，会员管理和系统设置等。

由于篇幅所限，本书只讲解书城前台的首页、列表页、图书详细信息页、查看购物车页以及书城后台的登录页、查询商品页、添加商品页和会员管理页。

首页（index.html）：包括网站的Logo、导航、特色图书、新书上架、购物车链接等栏目。

列表页（category.html）：分类显示图书列表页面。

图书详细信息页（details.html）：查看图书细节时显示的页面。

查看购物车页（cart.html）：查看添加到购物车中的图书信息及金额。

登录页（login.html）：使用账号登录商城后台管理程序的页面。

查询商品页（search.html）：在商城后台管理页面中查询需要管理的商品。

添加商品页（addgoods.html）：在商城后台管理页面中添加新的商品。

会员管理页（manage.html）：在商城后台管理页面中管理会员信息。

2．使用合理的文件夹保存文档

要有效地规划和组织站点，除了规划站点的外观外，还要规划站点的基本结构和文件的位置。一般来说，使用文件夹可以清晰明了地表现文档的结构，所以应该用文件夹来合理构建文档结构。首先为站点建立一个根文件夹（根目录），在其中创建多个子文件夹，然后将文档分门别类存储到相应的文件夹中。如果必要，还可创建多级子文件夹，这样可以避免很多不必要的麻烦。设计合理的站点结构，能够提高工作效率，方便对站点的管理。

文档中不仅有文字，还包含其他任何类型的对象，如图像、声音等，这些文档资源不能直接存储在 HTML 文档中，所以更需要注意它们的存放位置。例如，可以在 images 文件夹中放置网页中所用到的各种图像文件，在 products 文件夹中放置产品方面的网页。

3．使用合理的文件名称

当网站的规模变得很大的时候，使用合理的文件名就显得十分必要，文件名应该容易理解且便于记忆，让人一看文件名就能知道网页表述的内容。

虽然使用中文的文件名对中国人来说显得很方便，但在实际的网页设计过程中应避免使用中文，因为很多 Web 服务器使用的是英文操作系统，不能对中文文件名提供很好的支持，并且浏览网站的用户也可能使用英文操作系统，中文文件名可能导致浏览错误或访问失败。如果实在对英文不熟悉，可以采用汉语拼音作为文件名称来使用。

另外，很多 Web 服务器采用不同的操作系统，有可能区分文件名大小写，所以在构建站点时，全部要使用小写的文件名。

4．本地站点结构与远端站点结构保持相同

为了方便维护和管理，本地站点的结构应该与远端站点结构保持相同，这样在本地站点完成对网页的设计、制作、编辑时，可以与远方站点一一对应，把本地站点上传至 Web 服务器上时，能够保证完整地将站点上传，避免不必要的麻烦。

9.1.2 网站制作

完整的网站制作包括以下两个过程。

1．前台页面制作

当网页设计人员拿到美工效果图以后，编写 HTML、CSS，将效果图转换为.html 网页文件，其中包括图片收集、页面布局规划等工作。

2．后台程序开发

后台程序开发包括网站数据库设计、网站和数据库的链接、动态网页编程等。本书主要讲解前台页面的制作，后台程序开发读者可以在动态网站设计的课程中学习。

9.1.3 测试网站

在把站点上传到服务器之前，要先在本地对其进行测试。实际上，在站点建设过程中，最好经常对站点进行测试并解决出现的问题，这样可以尽早发现问题并避免重犯错误。

应该确保在目标浏览器中，页面能够正常显示和正常使用，所有链接都正常，页面下载也不会占用太长时间，这几点很重要。在发布站点之前，还可以通过运行站点报告来测试整个站点并解决出现的问题。

下面的准则可以帮助设计者为站点的访问者创造尽可能最佳的体验。

- 尽可能在不同的浏览器和平台上预览页面。
- 检查站点是否有断开的链接（不工作的链接），并修复断开的链接。由于其他站点也在重新设计、重新组织，因此所链接的页面有可能已被移动或删除。
- 监控页面的大小以及下载这些页面所用的时间。
- 通过在 Dreamweaver 中运行站点报告，检查整个站点是否存在问题，例如，未命名文档、空标签以及冗余的嵌套标签等。
- 使用 Dreamweaver 的验证程序来检查代码中是否有标签错误或语法错误。
- 当 Flash 的内容在 Flash Player 中运行时检查其是否有错。可以在测试模式下对本地文件使用 Flash 调试器，也可以使用调试器测试远程位置 Web 服务器中的文件。

9.1.4 发布站点

在创建一个功能齐全的 Web 站点后，可以使用 Dreamweaver 将文件上传到远程 Web 服务器中以发布该站点。Dreamweaver 中包含管理站点的工具，可以向远程服务器和从远程服务器传输文件，设置存回/取出过程来防止覆盖文件，以及同步本地和远端站点上的文件。

9.2 设计首页布局

熟悉了网站的开发流程后，就可以开始制作首页了。制作首页前，用户还需要利用 Dreamweaver 创建站点，搭建整个网站的大致结构。

9.2.1 使用 Dreamweaver 创建站点

在实际的网站开发中，设计人员常用 Dreamweaver 工具辅助开发。该软件提供代码智能提示、视图预览、项目管理、站点管理等强大功能。下面以兴宇书城为例，讲解如何在 Dreamweaver 中创建网站。这里采用的版本是目前比较流行的 Dreamweaver CS3，其主工作区由插入工具栏、文档工具栏、文档窗口、属性面板等部分组成，如图 9-1 所示。

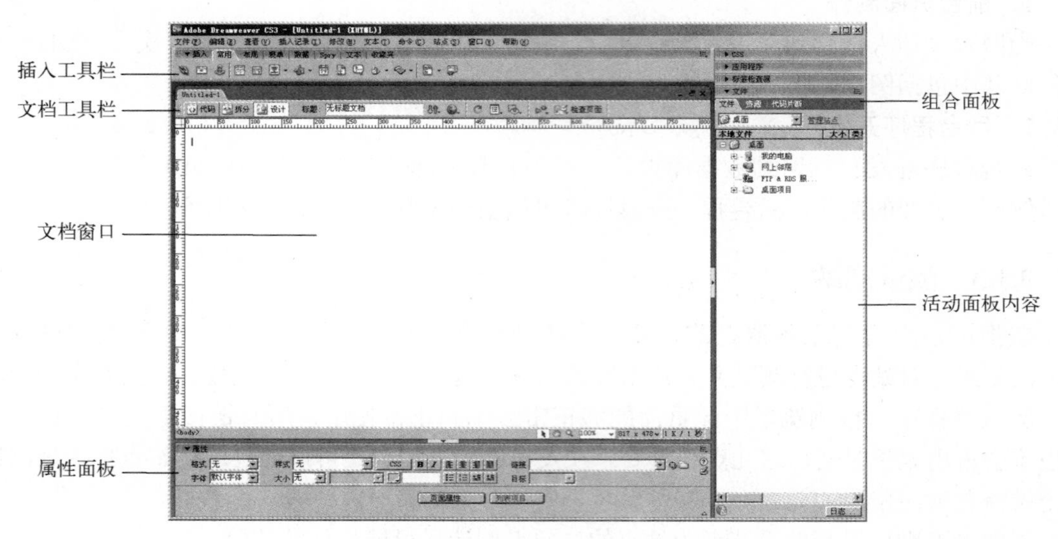

图 9-1　Dreamweaver 主界面

1．建立站点

操作步骤如下。

① 打开“管理站点”对话框。在主菜单中选择“站点”→“管理站点”命令，打开“管理站点”对话框。单击“新建”按钮，选择“站点”项，如图 9-2 所示。

② 定义站点名称。在弹出的站点定义对话框中选择“高级”选项卡。在“站点名称”文本框中输入站点名称，例如“兴宇书城”，如图 9-3 所示。该站点名称只是在 Dreamweaver 中的一个站点标识，因此也可以使用中文名称。

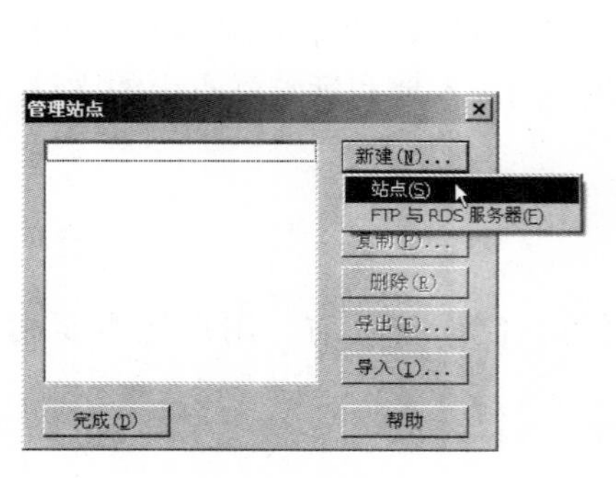

图 9-2　新建站点

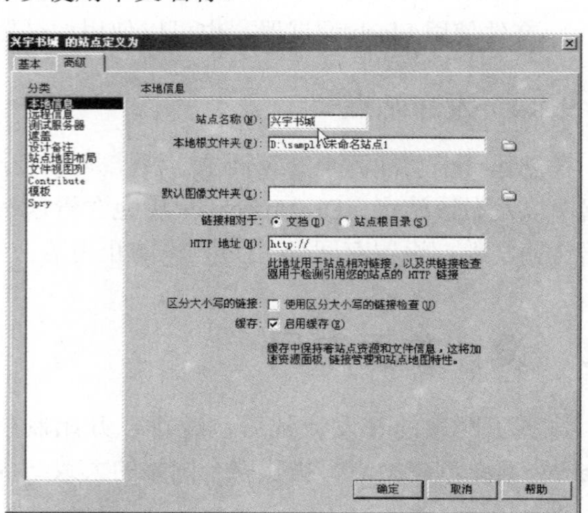

图 9-3　站点定义对话框

③ 定义站点使用的本地根文件夹。单击“本地根文件夹”文本框旁边的浏览按钮，在

打开的选择站点的本地根文件夹对话框中，定位到事先建立的站点文件夹中，或者单击右上角的“新建文件夹”按钮 创建一个新文件夹，如图 9-4 所示。打开并选定文件夹后，站点定义对话框中相应文本框的内容将自动更新。

④ 以上操作完成后即完成了站点的定义，单击“确定”按钮，返回“管理站点”对话框。单击“完成”按钮，此时“文件”面板中出现新建的站点结构，如图 9-5 所示。

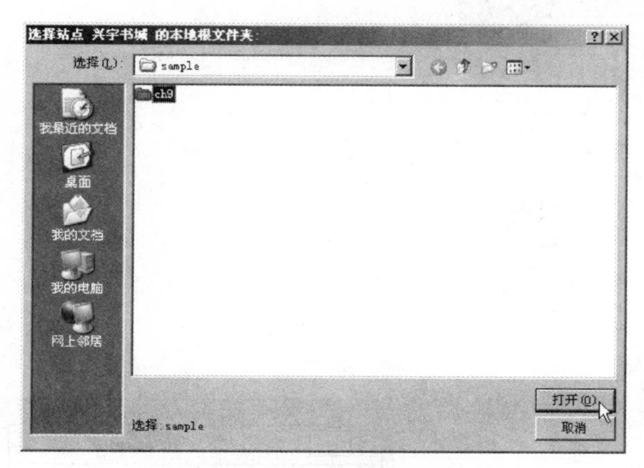

图 9-4　选择站点的本地根文件夹

图 9-5　站点结构

2．建立文件夹结构

在制作各网页前，用户需要确定整个网站的文件夹结构。对于中小型网站，一般会创建如下通用的文件夹结构：

images 文件夹：存放网站的所有图片。

style 文件夹：存放网站的 CSS 样式文件，实现内容和样式的分离。

js 文件夹：存放 JavaScript 脚本文件。

admin 文件夹：存放网站后台管理程序。

对于网站下的各网页文件，例如，index.html 等一般存放在网站根文件夹下。需要注意的是，网站的文件夹、网页文件名及网页素材文件名一般都为小写，并采用代表一定含义的英文命名。

打开“文件”面板，右键单击“站点-兴宇书城”项，在弹出的快捷菜单中选择“新建文件夹”命令，如图 9-6 所示。依次添加相应的文件夹，完成后站点的文件夹结构如图 9-7 所示。

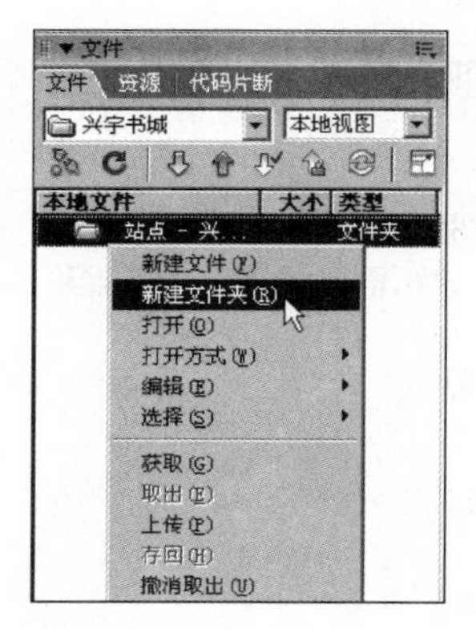

图 9-6　新建文件夹

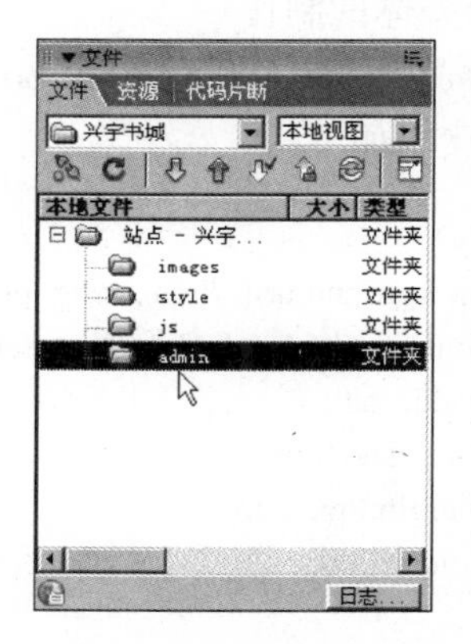

图 9-7　站点的文件夹结构

9.2.2 页面布局规划

书城首页应当包括网站的 Logo、导航、特色图书、新书上架、购物车链接等栏目，是一个典型的两列布局页面。书城首页的效果如图 9-8 所示，布局示意图如图 9-9 所示。

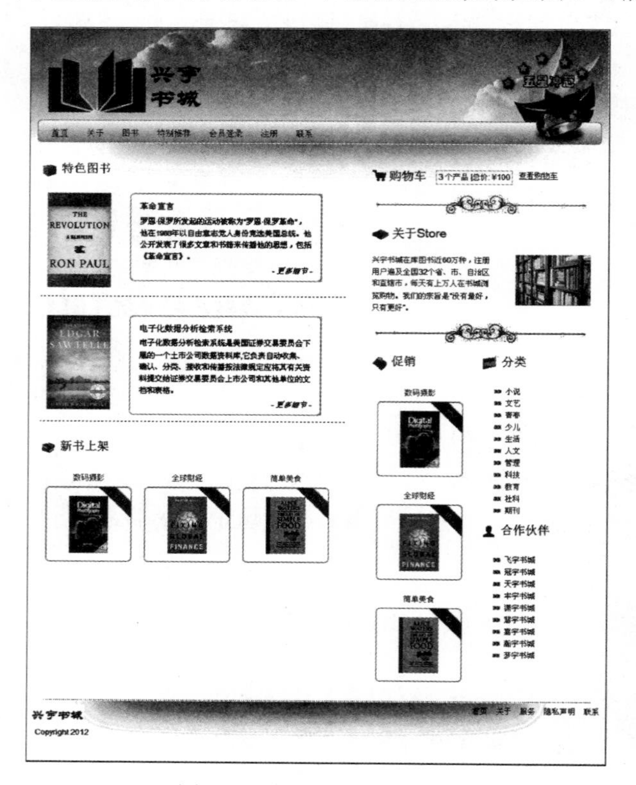

图 9-8　书城首页的效果

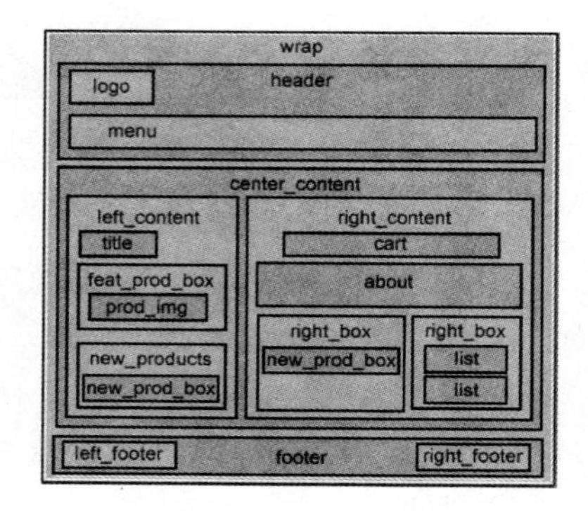

图 9-9　布局示意图

9.3 首页的制作

在实现了首页的整体布局后，接下来就要完成兴宇书城首页的制作。

制作过程如下。

1．页面整体的制作

页面全局规则包括页面整体 body、整体容器 wrap、超链接、清除浮动和普通段落的 CSS 定义，代码如下：

```
body{                                        /*页面整体的 CSS 规则*/
  background:url(../images/bg.jpg) repeat-x top #fff;     /*页面背景图像水平重复，顶端对齐*/
  font-family:Arial, Helvetica, sans-serif;
  padding:0;                                 /*内边距为 0px*/
  font-size:12px;
  margin:0px auto;                           /*设置元素自动居中对齐*/
  color:#000;
}
#wrap{                                       /*整体容器 wrap 的 CSS 规则*/
```

```
    width:900px;                        /*容器的宽度*/
    height: auto;                       /*高度自适应*/
    margin:auto;                        /*设置元素自动居中对齐*/
    background-color:#fff;              /*背景色为白色*/
}
a{
    color:#d81e7a;                      /*普通超链接的颜色为暗红色*/
}
.clear{
    clear:both;                         /*清除浮动*/
}
p{                                      /*普通段落的 CSS 规则*/
    padding:5px 0 5px 0;                /*上、右、下、左的内边距依次为 5px,0px,5px,0px*/
    margin:0px;                         /*外边距为 0px*/
    text-align:justify;                 /*文字两端对齐*/
    line-height:19px;                   /*行高为 19px*/
}
```

2．页面顶部的制作

页面顶部的内容被放置在名为 header 的 Div 容器中，主要用来显示网站 Logo 和导航菜单，如图 9-10 所示。

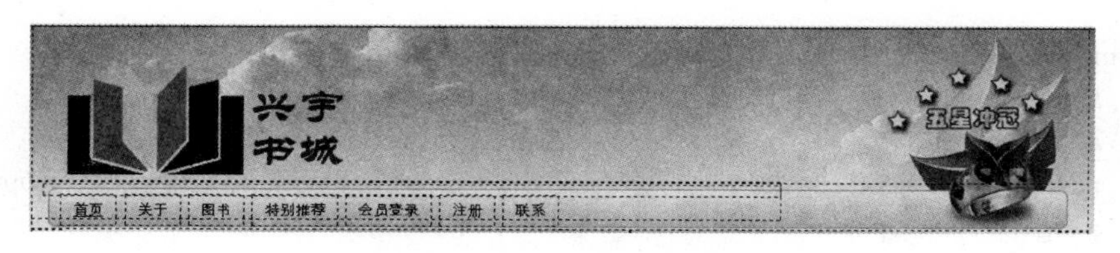

图 9-10　页面顶部的显示效果

CSS 代码如下：

```
.header{                                /*页面顶部的 CSS 规则*/
    width:900px;                        /*顶部区域的宽度*/
    height:181px;                       /*顶部区域的高度*/
    background:url(../images/header.jpg) no-repeat center; /*顶部背景图像无重复，居中对齐*/
}
.logo{                                  /*网站 Logo 的 CSS 规则*/
    padding:30px 0 0 20px;              /*上、右、下、左的内边距依次为 30px,0px,0px,20px*/
}
#menu{                                  /*导航菜单的 CSS 规则*/
    width:628px;                        /*菜单的宽度*/
    height:30px;                        /*菜单的高度*/
    float:left;                         /*向左浮动*/
    padding:3px 0 0 10px;               /*上、右、下、左的内边距依次为 3px,0px,0px,10px*/
}
#menu ul{                               /*菜单列表的 CSS 规则*/
    display:block;                      /*定义为块级元素*/
    list-style:none;                    /*列表无项目符号*/
```

```
    padding:9px 0 0 10px;              /*上、右、下、左的内边距依次为 9px,0px,0px,10px*/
    margin:0px;                        /*外边距为 0px*/
  }
  #menu ul li{                         /*菜单列表项的 CSS 规则*/
    display:inline;                    /*定义为行级元素*/
    padding:0px;                       /*内边距为 0px*/
    margin:0px;                        /*外边距为 0px*/
    height:20px;
  }
  #menu ul li a{                       /*列表项链接的 CSS 规则*/
    height:27px;                       /*设置元素高度*/
    display:block;                     /*定义为块级元素*/
    padding:0px 10px 0 10px;           /*上、右、下、左的内边距依次为 0px,10px,0px,10px*/
    margin:0 4px 0 4px;                /*上、右、下、左的外边距依次为 0px,4px,0px,4px*/
    _margin:0 2px 0 2px;               /*为了兼容早期版本的 IE 浏览器*/
    float:left;                        /*向左浮动*/
    text-decoration:none;              /*无修饰*/
    text-align:center;                 /*文字居中对齐*/
    color:#37728e;                     /*导航菜单列表项链接的颜色为深青色*/
    font-size:13px;
    line-height:25px;                  /*行高*/
  }
  #menu ul li.selected a{              /*当前页面导航链接的 CSS 规则*/
    height:27px;                       /*设置元素高度*/
    display:block;                     /*定义为块级元素*/
    padding:0px 10px 0 10px;           /*上、右、下、左的内边距依次为 0px,10px,0px,10px*/
    margin:0 5px 0 5px;                /*上、右、下、左的外边距依次为 0px,5px,0px,5px*/
    float:left;                        /*向左浮动*/
    text-decoration:underline;         /*下画线*/
    text-align:center;                 /*文字居中对齐*/
    color:#37728e;                     /*当前页面链接的颜色为深青色*/
    font-size:13px;
    line-height:25px;                  /*行高*/
  }
  #menu ul li a:hover{                 /*列表项链接鼠标悬停的 CSS 规则*/
    color:#37728e;                     /*鼠标悬停链接的颜色为深青色*/
    text-decoration:underline;         /*下画线*/
  }
```

3．左侧区域的制作

本页面中，左侧区域被放置在名为 left_content 的 Div 容器中，用来显示特色图书和新书上架信息，如图 9-11 所示。

该部分内容较多，在制作特色图书区域时，要注意应用定位与浮动技术；在制作新书上架区域时，要注意应用图文混排技术显示出“新书”的标记背景图片。

CSS 代码如下：

```
  .center_content{        /*主体内容区域的 CSS 规则*/
```

```
    width:900px;          /*宽度*/
    padding:0px;          /*内边距为 0px*/
    background:url(../images/center_bg.gif) no-repeat center top;  /*背景图像无重复，顶端居中对齐*/
  }
  .left_content{              /*左侧边栏区域的 CSS 规则*/
    width:490px;          /*宽度*/
    float:left;           /*向左浮动*/
    padding:20px 0 20px 20px;
  }
  .title{                     /*栏目标题区域的 CSS 规则*/
    color:#ee4699;
    padding:0px;          /*内边距为 0px*/
    float:left;           /*向左浮动*/
    font-size:19px;
    margin:10px 0 10px 0;
  }
  span.title_icon{            /*标题图标的 CSS 规则*/
    float:left;           /*向左浮动*/
    padding:0 5px 0 0;
  }
  p.details{          /*详细内容段落的 CSS 规则*/
    padding:5px 15px 5px 15px;    /*上、右、下、左的内边距依次为 5px,15px,5px,15px*/
    font-size:11px;       /*字体大小*/
  }
  .prod_title{                /*商品标题的 CSS 规则*/
    color:#42b1e5;
    padding:5px 0 0 15px;              /*上、右、下、左的内边距依次为 5px,0px,0px,15px*/
    font-size:13px;                    /*字体大小为 13px*/
  }
  a.more{                              /*“更多细节”链接的 CSS 规则*/
    font-style:italic;                 /*斜体*/
    color:#42b1e5;
    float:right;                       /*向右浮动*/
    text-decoration:none;              /*无修饰*/
    font-size:11px;                    /*字体大小为 11px*/
    padding:0px 15px 0 0 ;             /*上、右、下、左的内边距依次为 0px,15x,0px,0px*/
  }
  .feat_prod_box{                      /*“特色图书”区域容器的 CSS 规则*/
    padding:10px 0 10px 10px;          /*上、右、下、左的内边距依次为 10px,0x,10px,10px*/
    margin:0 20px 20px 0;              /*上、右、下、左的外边距依次为 0px,20x,20px,0px*/
    border-bottom:1px #b2b2b2 dashed;          /*底部边框为 1px 灰色虚线框*/
    clear:both;                        /*清除浮动*/
  }
  .prod_img{                           /*商品图像的 CSS 规则*/
    float:left;                        /*向左浮动*/
    padding:0 5px 0 0;                 /*上、右、下、左的内边距依次为 0px,5x,0px,0px*/
    text-align:center;                 /*文字居中对齐*/
```

图 9-11　左侧区域

```
}
.prod_det_box{              /*“特色图书”详细信息容器的 CSS 规则*/
   width:295px;
   float:left;              /*向左浮动*/
   padding:0 0 0 25px;      /*上、右、下、左的内边距依次为 0px,0x,0px,25px*/
   position:relative;       /*相对定位*/
}
.box_top{                   /*“特色图书”详细信息顶部的 CSS 规则*/
   width:295px;
   height:9px;
   background:url(../images/box_top.gif) no-repeat center bottom; /*顶部图像无重复，底端居中对齐*/
}
.box_center{                /*“特色图书”详细信息中间部分的 CSS 规则*/
   width:295px;
   height:auto;
   background:url(../images/box_center.gif) repeat-y center; /*中间部分图像垂直重复，居中对齐*/
}
.box_bottom{                /*“特色图书”详细信息底部的 CSS 规则*/
   width:295px;
   height:9px;
   background:url(../images/box_bottom.gif) no-repeat center top; /*底部图像无重复，顶端居中对齐*/
}
.new_products{              /*“新书上架”容器的 CSS 规则*/
   clear:both;              /*清除浮动*/
   padding:0px;             /*内边距为 0px*/
}
.new_prod_box{              /*“新书上架”单本图书区域的 CSS 规则*/
   float:left;              /*向左浮动*/
   text-align:center;
   padding:10px;            /*内边距为 10px*/
}
.new_prod_box a{            /*单本图书超链接的 CSS 规则*/
   padding:5px 0 5px 0;     /*上、右、下、左的内边距依次为 5px,0x,5px,0px*/
   color:#b5b5b6;
   text-decoration:none;    /*无修饰*/
   display:block;           /*块级元素*/
}
.new_prod_bg{               /*单本图书背景图像的 CSS 规则*/
   width:132px;
   height:119px;
   text-align:center;
   background:url(../images/new_prod_box.gif) no-repeat center;   /*背景图像无重复，居中对齐*/
   position:relative;       /*相对定位*/
}
.new_icon{                  /*单本图书右上角 new 图标的 CSS 规则*/
   position:absolute;       /*绝对定位*/
   top:0px;
```

```
    right:0px;
    z-index:200;          /*置于顶层显示*/
  }
  img.thumb{              /*新书图片的 CSS 规则*/
    padding:10px 0 0 0;
  }
```

4．右侧区域的制作

本页面中，右侧区域被放置在名为 right_content 的 Div 容器中，用来显示购物车统计信息、在库图书简介、促销专栏和图书分类链接，如图 9-12 所示。

该部分内容较多，但大多数样式在讲解左侧区域时已经讲解，这里不再赘述，只讲解右侧区域新增的样式。

图 9-12　右侧区域

CSS 代码如下：

```
  .right_content{             /*设置右侧区域的样式*/
    width:370px;              /*设置区域宽度*/
    float:left;               /*向左浮动*/
    padding:20px 0 20px 20px;
  }
  .cart{                      /*设置购物车区域的样式*/
    width:337px;              /*设置区域宽度*/
    float:left;               /*向左浮动*/
    height:40px;              /*设置区域高度*/
    margin:10px 0 10px 0;
    background:url(../images/border.gif) no-repeat bottom center;
        /*背景图像无重复水平，底端居中对齐*/
    padding:0 0 40px 0;
  }
  .home_cart_content{         /*设置购物车统计信息的样式*/
    float:left;               /*向左浮动*/
    padding:3px;              /*内边距为 3px*/
    border:1px #eeedee solid; /*边框为 1px 浅灰色实线*/
    margin:10px 0 0 15px;     /*上、右、下、左的外边距依次为 10px,0px, 0px,15px*/
  }
  a.view_cart{                /*设置查看购物车链接的样式*/
    display:block;            /*块级元素*/
    float:left;               /*向左浮动*/
    margin:12px 0 0 10px;     /*上、右、下、左的外边距依次为 12px,0px, 0px,10px*/
    color:#ee4699;            /*链接颜色为浅红色*/
  }
  .about{                     /*设置在库图书区域的样式*/
    width:337px;              /*设置区域宽度*/
    clear:both;               /*清除浮动*/
    background:url(../images/border.gif) no-repeat bottom center;  /*背景图像无重复，底端居中对齐*/
    padding:0 0 40px 0;       /*上、右、下、左的内边距依次为 0px,0px,40px,0px*/
  }
```

```
img.right{                  /*设置在库图书图片的样式*/
    float:right;            /*向右浮动*/
    padding:0 0 0 30px;     /*上、右、下、左的内边距依次为 0px,0px,0px,30px*/
}
.right_box{                 /*设置促销区域容器和分类区域容器的样式*/
    width:170px;            /*设置区域宽度*/
    float:left;             /*向左浮动*/
    padding:10px 0 0 0;     /*上、右、下、左的内边距依次为 10px,0px,0px,0px*/
}
ul.list{                    /*设置分类区域列表的样式*/
    clear:both;             /*清除浮动*/
    padding:10px 0 0 20px;  /*上、右、下、左的内边距依次为 10px,0px,0px,20px*/
    margin:0px;             /*外边距为 0px*/
}
ul.list li{                 /*设置列表项的样式*/
    list-style:none;        /*列表无项目符号*/
    padding:2px 0 2px 0;    /*上、右、下、左的内边距依次为 2px,0px,2px,0px*/
}
ul.list li a{               /*设置列表项超链接的样式*/
    list-style:none;        /*列表无项目符号*/
    text-decoration:none;   /*无修饰*/
    color:#000;
    background:url(../images/left_menu_bullet.gif) no-repeat left;/*背景图像无重复，左对齐*/
    padding:0 0 0 17px;     /*上、右、下、左的内边距依次为 0px,0px,0px,17px*/
}
ul.list li a:hover{         /*设置列表项鼠标悬停链接的样式*/
    text-decoration:underline; /*下画线*/
}
```

5．页面底部区域的制作

页面底部区域的内容被放置在名为 footer 的 Div 容器中，用来显示版权信息和支付配送信息，如图 9-13 所示。

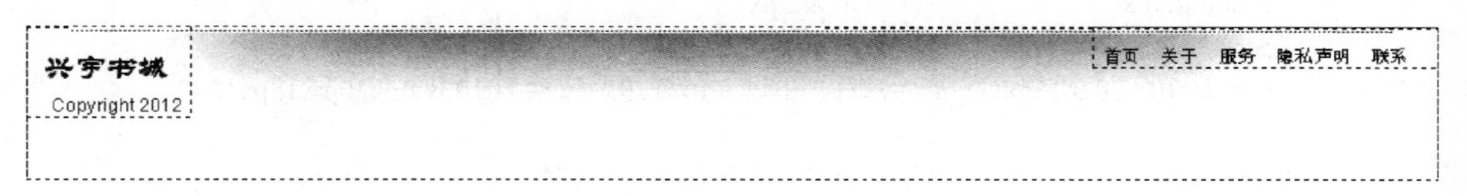

图 9-13　页面底部区域

CSS 代码如下：

```
.footer{                    /*页面底部区域的 CSS 规则*/
    height:100px;           /*区域高度*/
    background:url(../images/footer_bg.gif) no-repeat top center; /*背景图像无重复，顶端居中对齐*/
}
.left_footer{               /*底部区域左侧的 CSS 规则*/
    float:left;             /*向左浮动*/
    padding:10px 0 0 10px;  /*上、右、下、左的内边距依次为 10px,0px,0px,10px*/
```

```
}
.right_footer{                /*底部区域右侧的CSS规则*/
   float:right;               /*向右浮动*/
   padding:10px 10px 0 0;     /*上、右、下、左的内边距依次为10px,10px,0px,0px*/
}
.footer a{                    /*底部区域超链接的CSS规则*/
   text-decoration:none;      /*无修饰*/
   padding:0 5px 0 5px;       /*上、右、下、左的内边距依次为0px,5px,0px,5px*/
   color:#afaeaf;
}
```

6．页面结构代码

为了使读者对页面的样式与结构有一个全面的认识，最后说明整个页面（index.html）的结构代码，代码如下：

```
<html>
<head>
<meta charset="gb2312">
<title>商城首页</title>
<link rel="stylesheet" type="text/css" href="style/style.css" />
</head>
<body>
<div id="wrap">
  <div class="header">
    <div class="logo">
      <a href="index.html"><img src="images/logo.png" alt="" title="" border="0" /></a>
    </div>
    <div id="menu">
      <ul>
        <li class="selected"><a href="index.html">首页</a></li>
        <li><a href="about.html">关于</a></li>
        <li><a href="category.html">图书</a></li>
        <li><a href="specials.html">特别推荐</a></li>
        <li><a href="myaccount.html">会员登录</a></li>
        <li><a href="register.html">注册</a></li>
        <li><a href="contact.html">联系</a></li>
      </ul>
    </div>
  </div>
  <div class="center_content">
    <div class="left_content">
      <div class="title">
        <span class="title_icon"><img src="images/bullet1.gif" /></span>特色图书
      </div>
      <div class="feat_prod_box">
        <div class="prod_img"><a href="details.html"><img src="images/prod1.gif" alt="" title=""
border="0" /></a></div>
        <div class="prod_det_box">
```

```
      <div class="box_top"></div>
      <div class="box_center">
        <div class="prod_title">革命宣言</div>
        <p class="details">罗恩·保罗所发起的运动被称为……（此处省略文字）</p>
        <a href="details.html" class="more">- 更多细节 -</a>
        <div class="clear"></div>
      </div>
      <div class="box_bottom"></div>
    </div>
    <div class="clear"></div>
  </div>
  <div class="feat_prod_box">
    <div class="prod_img"><a href="details.html"><img src="images/prod2.gif" alt="" title=""
    border="0" /></a></div>
    <div class="prod_det_box">
      <div class="box_top"></div>
      <div class="box_center">
        <div class="prod_title">电子化数据分析检索系统</div>
        <p class="details">电子化数据分析检索系统是美国……（此处省略文字）</p>
        <a href="details.html" class="more">- 更多细节 -</a>
        <div class="clear"></div>
      </div>
      <div class="box_bottom"></div>
    </div>
    <div class="clear"></div>
  </div>
  <div class="title">
    <span class="title_icon"><img src="images/bullet2.gif" alt="" title="" /></span>新书上架
  </div>
  <div class="new_products">
    <div class="new_prod_box"> <a href="details.html">数码摄影</a>
      <div class="new_prod_bg"> <span class="new_icon"><img src="images/new_icon.gif"
      alt="" title="" /></span> <a href="details.html"><img src="images/thumb1.gif" alt=""
      title="" class="thumb" border="0" /></a> </div>
    </div>
    <div class="new_prod_box"> <a href="details.html">全球财经</a>
      <div class="new_prod_bg"> <span class="new_icon"><img src="images/new_icon.gif"
      alt="" title="" /></span> <a href="details.html"><img src="images/thumb2.gif" alt=""
      title="" class="thumb" border="0" /></a> </div>
    </div>
    <div class="new_prod_box"> <a href="details.html">简单美食</a>
      <div class="new_prod_bg"> <span class="new_icon"><img src="images/new_icon.gif"
      alt="" title="" /></span> <a href="details.html"><img src="images/thumb3.gif" alt=""
      title="" class="thumb" border="0" /></a> </div>
    </div>
  </div>
  <div class="clear"></div>
```

```
</div>
<!--左侧边栏结束-->
<div class="right_content">
  <div class="cart">
    <div class="title">
      <span class="title_icon"><img src="images/cart.gif" alt="" title="" /></span>购物车
    </div>
    <div class="home_cart_content">
      3 个产品 |总价<span class="red">: &yen;100</span>
    </div>
  <a href="cart.html" class="view_cart">查看购物车</a> </div>
  <div class="title">
    <span class="title_icon"><img src="images/bullet3.gif" /></span>关于 Store
  </div>
  <div class="about">
    <p> <img src="images/about.gif" class="right" />兴宇书城在库……（此处省略文字）</p>
  </div>
  <div class="right_box">
    <div class="title">
      <span class="title_icon"><img src="images/bullet4.gif" /></span>促销
    </div>
    <div class="new_prod_box"> <a href="details.html">数码摄影</a>
      <div class="new_prod_bg"> <span class="new_icon"><img src="images/promo_icon.gif"
      alt="" title="" /></span> <a href="details.html"><img src="images/thumb1.gif" alt=""
      title="" class="thumb" border="0" /></a> </div>
    </div>
    <div class="new_prod_box"> <a href="details.html">全球财经</a>
      <div class="new_prod_bg"> <span class="new_icon"><img src="images/promo_icon.gif"
      alt="" title="" /></span> <a href="details.html"><img src="images/thumb2.gif" alt=""
      title="" class="thumb" border="0" /></a> </div>
    </div>
    <div class="new_prod_box"> <a href="details.html">简单美食</a>
      <div class="new_prod_bg"> <span class="new_icon"><img src="images/promo_icon.gif"
      alt="" title="" /></span> <a href="details.html"><img src="images/thumb3.gif" alt=""
      title="" class="thumb" border="0" /></a> </div>
    </div>
  </div>
  <div class="right_box">
    <div class="title">
      <span class="title_icon"><img src="images/bullet5.gif" /></span>分类
    </div>
    <ul class="list">
      <li><a href="#">小说</a></li>
      <li><a href="#">文艺</a></li>
      <li><a href="#">青春</a></li>
      <li><a href="#">少儿</a></li>
      <li><a href="#">生活</a></li>
```

```
				<li><a href="#">人文</a></li>
				<li><a href="#">管理</a></li>
				<li><a href="#">科技</a></li>
				<li><a href="#">教育</a></li>
				<li><a href="#">社科</a></li>
				<li><a href="#">期刊</a></li>
			</ul>
			<div class="title">
				<span class="title_icon"><img src="images/bullet6.gif" /></span>合作伙伴
			</div>
			<ul class="list">
				<li><a href="#">飞宇书城</a></li>
				<li><a href="#">冠宇书城</a></li>
				<li><a href="#">天宇书城</a></li>
				<li><a href="#">丰宇书城</a></li>
				<li><a href="#">潇宇书城</a></li>
				<li><a href="#">慧宇书城</a></li>
				<li><a href="#">嘉宇书城</a></li>
				<li><a href="#">瀚宇书城</a></li>
				<li><a href="#">梦宇书城</a></li>
			</ul>
		</div>
	</div>
	<!--右侧区域结束-->
	<div class="clear"></div>
</div>
<!--主体内容区域结束-->
<div class="footer">
	<div class="left_footer"><img src="images/footer_logo.gif" alt="" title="" /><br />
		<a href="#">Copyright 2012</a></div>
	<div class="right_footer"> <a href="#">首页</a> <a href="#">关于</a> <a href="#">服务</a>
	<a href="#">隐私声明</a> <a href="#">联系</a> </div>
</div>
</div>
</body>
</html>
```

至此，兴宇书城首页制作完毕，读者可以在此基础上根据自己的喜好修改相关的 CSS 规则，进一步美化页面。

9.4 制作列表页

首页完成以后，其他页面在制作时就有章可循了，因为相同的样式和结构可以复用，所以实现其他页面的实际工作量会远远低于首页的制作。

列表页用于分类显示图书列表信息，页面效果如图 9-14 所示，布局示意图如图 9-15 所示。

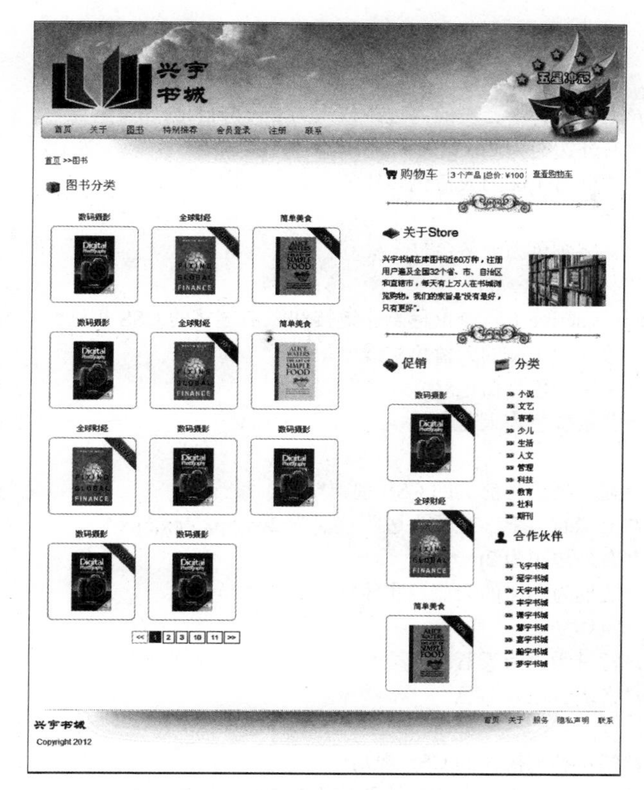

图 9-14　列表页的效果

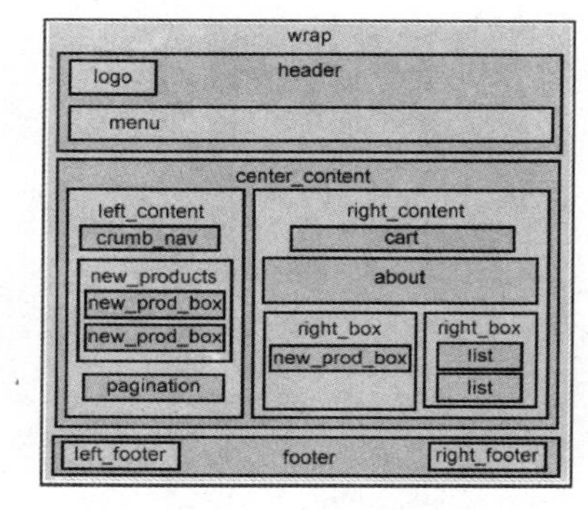

图 9-15　布局示意图

列表页的布局与首页有极大的相似之处，如网站的 Logo、导航、版权区域等，这里不再赘述其实现过程，而是重点讲解如何使用 CSS 规则实现列表结果的翻页效果。

1．前期准备

（1）新建网页

在站点根文件夹中新建列表页 category.html。

（2）添加 CSS 规则

打开网站 style 文件夹中的样式表文件 style.css，在首页的样式之后准备添加实现列表结果翻页效果的 CSS 规则。

2．制作页面

添加一个 pagination 类的 Div 容器，用于对整个翻页区域进行控制，同时设置容器中的翻页文字、翻页链接的样式，CSS 代码如下：

```
div.pagination {                    /*翻页区域容器的 CSS 规则*/
    width:420px;                    /*设置容器宽度*/
    padding:5px;                    /*内边距为 5px*/
    margin:5px;                     /*外边距为 5px*/
    text-align:center;              /*文字居中对齐*/
    float:left;                     /*向左浮动*/
    clear:both;                     /*清除浮动*/
    font-size:10px;
```

```
}
div.pagination a {                    /*翻页区域超链接的 CSS 规则*/
   padding: 2px 5px 2px 5px;          /*上、右、下、左的内边距依次为 2px,5px,2px,5px*/
   margin-right: 2px;                 /*右外边距为 2px*/
   border: 1px solid #1e94cb;         /*边框为 1px 的天蓝色实线*/
   text-decoration: none;             /*无修饰*/
   color: #1e94cb;                    /*文字颜色为天蓝色*/
}
div.pagination a:hover, div.pagination a:active {    /*鼠标悬停链接和激活链接的 CSS 规则*/
   border:1px solid #1e94cb;          /*边框为 1px 的天蓝色实线*/
   color: #fff;                       /*文字颜色为白色*/
   background-color: #1e94cb;         /*背景颜色为天蓝色*/
}
div.pagination span.current {         /*翻页区域当前页的 CSS 规则*/
   padding: 2px 5px 2px 5px;          /*上、右、下、左的内边距依次为 2px,5px,2px,5px*/
   margin-right: 2px;                 /*右外边距为 2px*/
   border: 1px solid #1e94cb;         /*边框为 1px 的天蓝色实线*/
   font-weight: bold;                 /*粗体*/
   background-color: #1e94cb;         /*背景颜色为天蓝色*/
   color: #fff;                       /*文字颜色为白色*/
}
div.pagination span.disabled {        /*禁止翻页操作的 CSS 规则*/
   padding: 2px 5px 2px 5px;          /*上、右、下、左的内边距依次为 2px,5px,2px,5px*/
   margin-right: 2px;                 /*右外边距为 2px*/
   border: 1px solid #f3f3f3;         /*边框为 1px 的浅灰色实线*/
   color: #ccc;                       /*文字颜色为浅灰色*/
}
```

同时在页面中创建一个应用 pagination 类的 Div 容器，容器中添加翻页文字、翻页链接，应用 pagination 类的翻页区域效果如图 9-16 所示。

网页结构代码如下：

```
<div class="pagination">
   <span class="disabled"><<</span>
   <span class="current">1</span>
   <a href="#?page=2">2</a>
   <a href="#?page=3">3</a>
   <a href="#?page=199">10</a>
   <a href="#?page=200">11</a>
   <a href="#?page=2">>></a>
</div>
```

图 9-16　翻页效果

至此，使用 CSS 规则实现翻页效果的制作过程完成。

习题 9

1．综合使用 Div+CSS 技术制作力天商务网的首页，如图 9-17 所示。

2．综合使用 Div+CSS 技术制作力天商务网的“关于”页面，如图 9-18 所示。

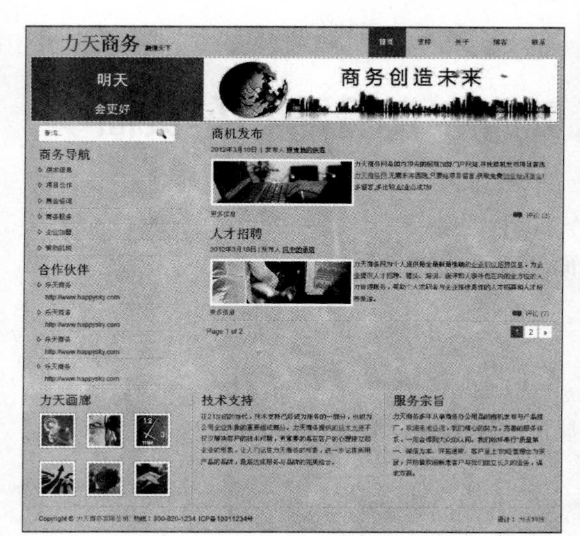

图 9-17　题 1 图

图 9-18　题 2 图

第 10 章 图书详细信息页面和查看购物车页面

在第 9 章中，讲解了商城网站首页的制作，该页也是工作量最大的一个页面。本章将在第 9 章的基础上，分别制作图书详细信息页面和查看购物车页面。

10.1 制作图书详细信息页面

图书详细信息页面是客户查看图书细节时显示的页面，页面的效果如图 10-1 所示，布局示意图如图 10-2 所示。

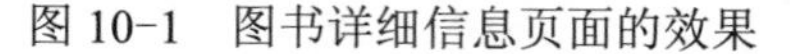

图 10-1 图书详细信息页面的效果

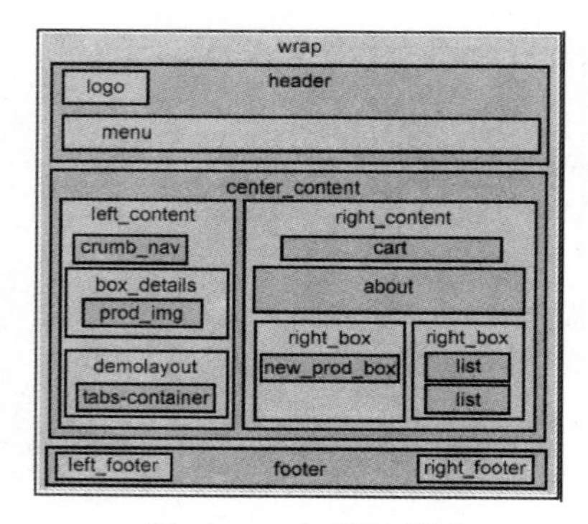

图 10-2 布局示意图

图书详细信息页面的布局与首页有极大的相似之处，例如网站的 Logo、导航、版权区域等，这里不再赘述其实现过程，而是重点讲解如何使用 CSS 规则实现图书详细信息的布局及页框架效果。

1．前期准备

（1）新建网页

在站点根文件夹中新建图书详细信息页面 details.html。

（2）添加 CSS 规则

打开网站 style 文件夹中的样式表文件 style.css，在首页的样式之后准备添加图书详细信息的 CSS 规则。

2．制作页面

图书详细信息的内容被放置在名为 left_content 的 Div 容器中，该容器中包含当前页面位置的导航区、书籍图片、详细信息及更多信息等内容。

制作过程如下。

（1）制作当前页面位置导航区

添加一个 crumb_nav 类的 Div 容器，用于显示当前页面位置，CSS 代码如下：

```
.crumb_nav{                    /*当前页面位置导航区的 CSS 规则*/
  padding:5px 0 10px 0px;      /*上、右、下、左的内边距依次为 5px,0px,10px,0px*/
}
.crumb_nav a{                  /*当前页面位置超链接的 CSS 规则*/
  color:#ee4699;
}
```

同时在页面中创建一个应用 crumb_nav 类的 Div 容器，在容器中添加当前页面位置的提示信息，网页结构代码如下：

```
<div class="crumb_nav">
  <a href="index.html">首页</a> &gt;&gt; 图书明细
</div>
```

应用 crumb_nav 类的当前页面位置的效果如图 10-3 所示。

（2）制作书籍图片及详细信息

在前面的案例中，已经讲解了页面中区块的标题样式，这里不再赘述。下面讲解书籍图片及详细信息的制作过程。

书籍图片及详细信息的内容被放置在名为 box_details 的 Div 容器中，如图 10-4 所示。

首页 >> 图书明细

图 10-3　当前页面位置的效果

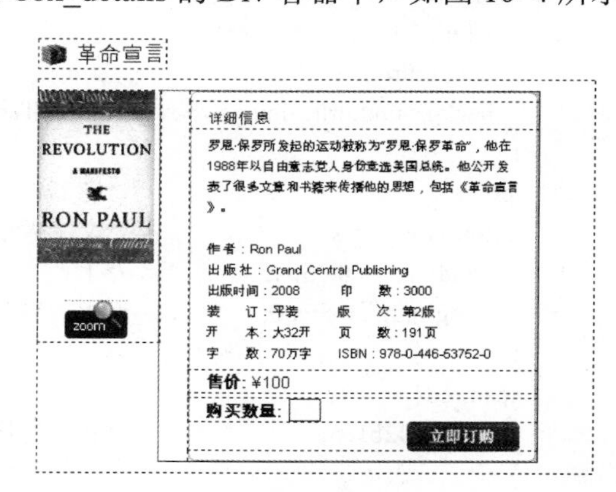

图 10-4　书籍图片及详细信息

CSS 代码如下：

```
.box_details{                  /*书籍图片及详细信息容器的 CSS 规则*/
```

```
    padding:10px 0 10px 0;          /*上、右、下、左的内边距依次为 10px,0px,10px,0px*/
    margin:0 20px 10px 0;           /*上、右、下、左的外边距依次为 0px,20px,10px,0px*/
    clear:both;                     /*清除浮动*/
}
.prod_img{                          /*书籍图片的 CSS 规则*/
    float:left;                     /*向左浮动*/
    padding:0 5px 0 0;              /*上、右、下、左的内边距依次为 0px,5x,0px,0px*/
    text-align:center;              /*文字居中对齐*/
}
.prod_det_box{                      /*详细信息区域的 CSS 规则*/
    width:295px;
    float:left;                     /*向左浮动*/
    padding:0 0 0 25px;             /*上、右、下、左的内边距依次为 0px,0x,0px,25px*/
    position:relative;              /*相对定位*/
}
.box_top{                           /*详细信息顶部的 CSS 规则*/
    width:295px;
    height:9px;
    background:url(../images/box_top.gif) no-repeat center bottom; /*顶部图像无重复，底端居中对齐*/
}
.prod_title{                        /*详细信息标题的 CSS 规则*/
    color:#42b1e5;
    padding:5px 0 0 15px;           /*上、右、下、左的内边距依次为 5px,0x,0px,15px*/
    font-size:13px;
}
.box_center{                        /*详细信息中间部分的 CSS 规则*/
    width:295px;
    height:auto;
    background:url(../images/box_center.gif) repeat-y center; /*中间部分图像垂直重复，居中对齐*/
}
.box_bottom{                        /*详细信息底部的 CSS 规则*/
    width:295px;
    height:9px;
    background:url(../images/box_bottom.gif) no-repeat center top; /*底部图像无重复，顶端居中对齐*/
}
.price{                             /*图书价格的 CSS 规则*/
    font-size:14px;                 /*文字大小*/
    padding:0 0 0 15px;             /*上、右、下、左的内边距依次为 0px,0x,0px,15px*/
    margin:2px 0 5px 0;             /*上、右、下、左的外边距依次为 2px,0px,5px,0px*/
}
span.red{
    color:#42b1e5;                  /*设置价格颜色为红色*/
}
input.count_input{                  /*购买数量文本框的 CSS 规则*/
    width:25px;                     /*文本框宽*/
    height:18px;                    /*文本框高*/
    background-color:#fff;
```

```
    color:#999;
    border:1px #959595 solid;         /*边框为 1px 灰色实线*/
}
span.count{
    padding:2px 2px 0 2px;
}
```

书籍图片及详细信息的网页结构代码如下：

```
<div class="title">
  <span class="title_icon"><img src="images/bullet1.gif" /></span>革命宣言
</div>
<div class="box_details">
  <div class="prod_img">
    <a href="details.html"><img src="images/prod1.gif" /></a> <br /><br />
    <a href="images/big_pic.jpg"><img src="images/zoom.gif" /></a>
  </div>
  <div class="prod_det_box">
    <div class="box_top"></div>
    <div class="box_center">
      <div class="prod_title">详细信息</div>
        <p class="details">罗恩·保罗所发起的运动被称为……（此处省略文字）
          <br /><br />
              作    者：Ron Paul<br>
              出 版 社：Grand Central Publishing<br>
              出版时间：2008      印    数：3000<br>
              装    订：平装      版    次：第 2 版<br>
              开    本：大 32 开  页    数：191 页<br>
              字    数：70 万字   ISBN：978-0-446-53752-0
        </p>
      <div class="price"><strong>售价:</strong> <span class="red"> &yen;100 </span></div>
      <div class="count">
        <strong class="price">购买数量:</strong>
        <span class="count"><input type="text" class="count_input" /></span>
      </div>
      <a href="#" class="more"><img src="images/order_now.gif" border="0" /></a>
      <div class="clear"></div>
    </div>
    <div class="box_bottom"></div>
  </div>
  <div class="clear"></div>
</div>
```

（3）制作“更多信息”和“相关图书”的页框架

在网页中使用页框架可以将类别相似的栏目组织在一个容器中，以节省网页空间。浏览者可以单击页框架上方的选择链接切换到相应的栏目。

“更多信息”和“相关图书”的内容被放置在名为 demolayout 的 Div 容器中，用于显示更为详细的图书信息和相关联的图书信息。默认显示的栏目是“更多信息”，如图 10-5 所示；当浏览者单击“相关图书”链接后，显示的栏目是“相关图书”，如图 10-6 所示。

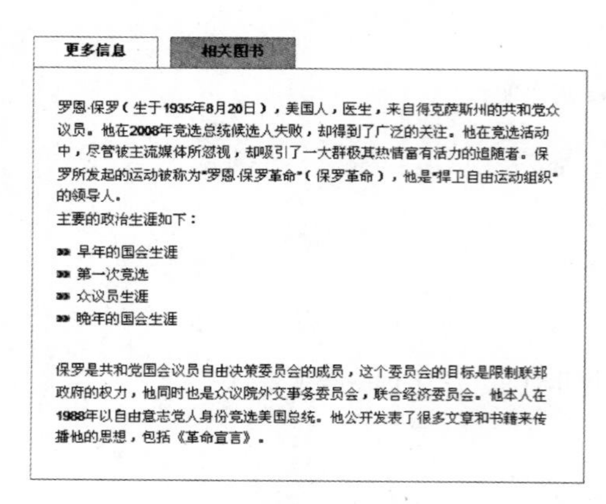

图 10-5 “更多信息”栏目

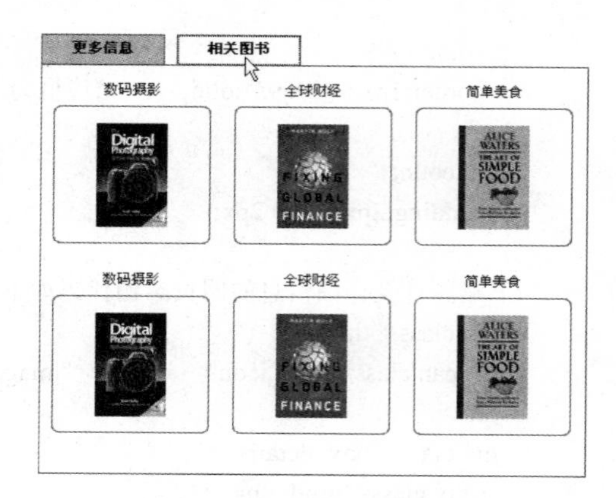

图 10-6 “相关图书”栏目

CSS 代码如下：

```
div.demolayout {                /*页框架容器的 CSS 规则*/
    width:460px;                /*容器的宽度为 460px*/
    margin: 0 0 20px 0;         /*上、右、下、左的外边距依次为 0px,0px,20px,0px*/
}
ul.demolayout {                 /*列表的 CSS 规则*/
    list-style-type: none;      /*列表无项目符号*/
    float: left;                /*向左浮动*/
    margin:0px;                 /*外边距为 0px*/
    padding:0px;                /*内边距为 0px*/
}
ul.demolayout li {              /*列表项的 CSS 规则*/
    margin: 0 10px 0 0;         /*上、右、下、左的外边距依次为 0px,10px,0px,0px*/
    float: left;                /*向左浮动*/
}
.tab{                           /*页框架选项卡的 CSS 规则*/
    border:1px #dfdfdf solid;   /*边框为 1px 浅灰色实线*/
    padding:0 0 25px 0;         /*上、右、下、左的内边距依次为 0px,0px,25px,0px*/
}
ul.demolayout a {               /*列表超链接的 CSS 规则*/
    float: left;                /*向左浮动*/
    display: block;             /*块级元素*/
    padding: 5px 25px;          /*上、下内边距为 5px，右、左内边距为 25px*/
    border: 1px solid # dfdfdf; /*边框为 1px 浅灰色实线*/
    border-bottom: 0;           /*下边框不显示*/
    color: #666;
    background: #eee;           /*浅灰色背景*/
    text-decoration: none;      /*无修饰*/
    font-weight: bold;          /*粗体*/
}
ul.demolayout a:hover {         /*列表鼠标悬停的 CSS 规则*/
    background: #fff;           /*白色背景*/
}
ul.demolayout a.active {        /*列表鼠标激活的 CSS 规则*/
```

```
    background: #fff;               /*白色背景*/
    padding-bottom: 5px;            /*下内边距为 5px*/
    cursor: default;                /*默认指针形状*/
    color:#ee4699;
}
.tabs-container {                   /*选项卡内容的 CSS 规则*/
    clear: left;                    /*向左浮动*/
    padding:0px;                    /*内边距为 0px*/
}
p.more_details{                     /*更多信息段落的 CSS 规则*/
    padding:25px 20px 0px 20px;     /*上、右、下、左的内边距依次为 25px,20px,0px,20px*/
    font-size:11px;
}
```

“更多信息”和“相关图书”页框架的网页结构代码如下：

```
<div id="demo" class="demolayout">
  <ul id="demo-nav" class="demolayout">
    <li><a class="active" href="#">更多信息</a></li>
    <li><a class="" href="#">相关图书</a></li>
  </ul>
  <div class="tabs-container">
    <div style="display: block;" class="tab" id="tab1">
      <p class="more_details">罗恩・保罗（生于 1935 年 8 月 20 日）……（此处省略文字）</p>
      <ul class="list">
        <li><a href="#">早年的国会生涯</a></li>
        <li><a href="#">第一次竞选</a></li>
        <li><a href="#">众议员生涯</a></li>
        <li><a href="#">晚年的国会生涯</a></li>
      </ul>
      <p class="more_details">保罗是共和党国会议员自由决策……（此处省略文字）</p>
    </div>
    <div style="display: none;" class="tab" id="tab2">
      <div class="new_prod_box"> <a href="details.html">数码摄影</a>
        <div class="new_prod_bg">
          <a href="details.html"><img src="images/thumb1.gif" class="thumb" border="0" /></a>
        </div>
      </div>
      <div class="new_prod_box"> <a href="details.html">全球财经</a>
        <div class="new_prod_bg">
          <a href="details.html"><img src="images/thumb2.gif" class="thumb" border="0" /></a>
        </div>
      </div>
      <div class="new_prod_box"> <a href="details.html">简单美食</a>
        <div class="new_prod_bg">
          <a href="details.html"><img src="images/thumb3.gif" class="thumb" border="0" /></a>
        </div>
      </div>
```

```
……（此处省略第 2 行“相关图书”类同的代码）
          <div class="clear"></div>
        </div>
    </div>
</div>
```

10.2　制作查看购物车页面

当浏览者单击页面中的“查看购物车”链接时，将打开查看购物车页面，显示添加到购物车中的图书信息及金额，页面的效果如图 10-7 所示，布局示意图如图 10-8 所示。

图 10-7　图书详细信息页面的效果

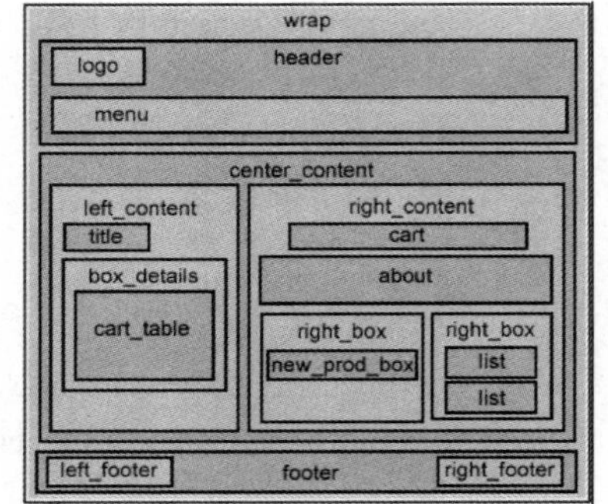

图 10-8　布局示意图

查看购物车页面的布局与首页有极大的相似之处，例如网站的 Logo、导航、版权区域等，这里不再赘述其实现过程，而是重点讲解如何使用 CSS 规则实现购物车中图书信息及金额的布局。

1．前期准备

（1）新建网页

在站点根文件夹中新建查看购物车页面 cart.html。

（2）添加 CSS 规则

打开网站 style 文件夹中的样式表文件 style.css，在首页的样式之后准备添加查看购物车的 CSS 规则。

2．制作页面

购物车内容被放置在名为 left_content 的 Div 容器中，该容器中包括购物车标题、图书信息及金额的表格、“继续购物”和“结算”按钮等内容，如图 10-9 所示。

该页面的布局相对简单，CSS 代码如下：

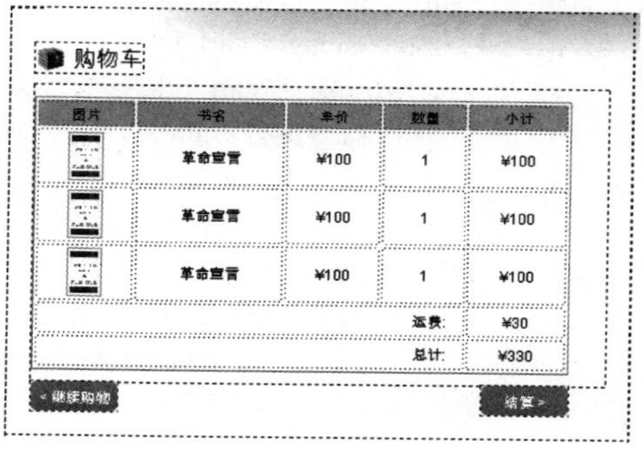

```
.cart_table{        /*购物车表格的 CSS 规则*/
   width:440px;  /*表格宽度为 440px*/
   border:1px #ccc solid; /*边框为 1px 灰色实线*/
   text-align:center;     /*文字居中对齐*/
}
tr.cart_title{       /*表格标题行的 CSS 规则*/
   background-color:#dfdfdf;     /*浅灰色背景*/
}
td{                         /*单元格的 CSS 规则*/
   padding:3px;             /*内边距为 3px*/
}
td.cart_total{              /*运费和总计区域的 CSS 规则*/
   text-align:right;        /*文字右对齐*/
   padding:5px 15px 5px 0;          /*上、右、下、左的内边距依次为 5px,15px,5px,0px*/
}
img.cart_thumb{          /*图书缩略图的 CSS 规则*/
   border:1px #b2b2b2 solid;        /*边框为 1px 灰色实线*/
   padding:2px;          /*内边距为 2px*/
}
a.checkout{                        /*“结算”按钮的 CSS 规则*/
   width:71px;                     /*按钮宽度为 71px*/
   height:25px;                    /*按钮高度为 25px*/
   display:block;                  /*块级元素*/
   float:right;                    /*向右浮动*/
   margin:10px 30px 0 10px;        /*上、右、下、左的外边距依次为 10px,30px,0px,10px*/
   background:url(../images/register_bt.gif) no-repeat center;    /*背景图像无重复，居中对齐*/
   text-decoration:none;            /*无修饰*/
   text-align:center;              /*文字居中对齐*/
   line-height:25px;               /*行高*/
   color:#fff;                     /*白色文字*/
}
a.continue{                        /*“继续购物”按钮的 CSS 规则*/
   width:71px;                     /*按钮宽度*/
   height:25px;                    /*按钮高度*/
   display:block;                  /*块级元素*/
   float:left;                     /*向左浮动*/
   margin:10px 0 0 0px;            /*上、右、下、左的外边距依次为 10px,0px,0px,0px*/
   background:url(../images/register_bt.gif) no-repeat center;    /*背景图像无重复，居中对齐*/
   text-decoration:none;           /*无修饰*/
   text-align:center;              /*文字居中对齐*/
   line-height:25px;               /*行高*/
   color:#fff;                     /*白色文字*/
}
```

图 10-9　购物车的布局

购物车的网页结构代码如下：

```
<div class="left_content">
  <div class="title"><span class="title_icon"><img src="images/bullet1.gif" /></span>购物车</div>
  <div class="box_details">
    <table class="cart_table">
      <tr class="cart_title">
        <td>图片</td>
        <td>书名</td>
        <td>单价</td>
        <td>数量</td>
        <td>小计</td>
      </tr>
      <tr>
        <td>
          <a href="details.html"><img src="images/cart_thumb.gif" class="cart_thumb" /></a>
        </td>
        <td>革命宣言</td>
        <td><span class="red"> &yen;</span>100</td>
        <td>1</td>
        <td><span class="red"> &yen;</span>100</td>
      </tr>
      <tr>
        <td>
          <a href="details.html"><img src="images/cart_thumb.gif" class="cart_thumb" /></a>
        </td>
        <td>革命宣言</td>
        <td><span class="red"> &yen;</span>100</td>
        <td>1</td>
        <td><span class="red"> &yen;</span>100</td>
      </tr>
      <tr>
        <td>
          <a href="details.html"><img src="images/cart_thumb.gif" class="cart_thumb" /></a>
        </td>
        <td>革命宣言</td>
        <td><span class="red"> &yen;</span>100</td>
        <td>1</td>
        <td><span class="red"> &yen;</span>100</td>
      </tr>
      <tr>
        <td colspan="4" class="cart_total"><span class="red">运费:</span></td>
        <td> <span class="red"> &yen;</span>30</td>
      </tr>
      <tr>
        <td colspan="4" class="cart_total"><span class="red">总计:</span></td>
        <td> <span class="red"> &yen;</span>330</td>
      </tr>
```

```
        </table>
        <a href="#" class="continue">&lt; 继续购物</a> <a href="#" class="checkout">结算 &gt;</a>
      </div>
      <div class="clear"></div>
    </div>
```

至此，图书详细信息页面和查看购物车页面制作完毕，读者可以在此基础上根据自己的喜好修改相关的 CSS 规则，进一步美化页面。

习题 10

1．综合使用 Div+CSS 技术制作力天商务网的博客页面，如图 10-10 所示。

2．综合使用 Div+CSS 技术制作力天商务网的联系页面，如图 10-11 所示。

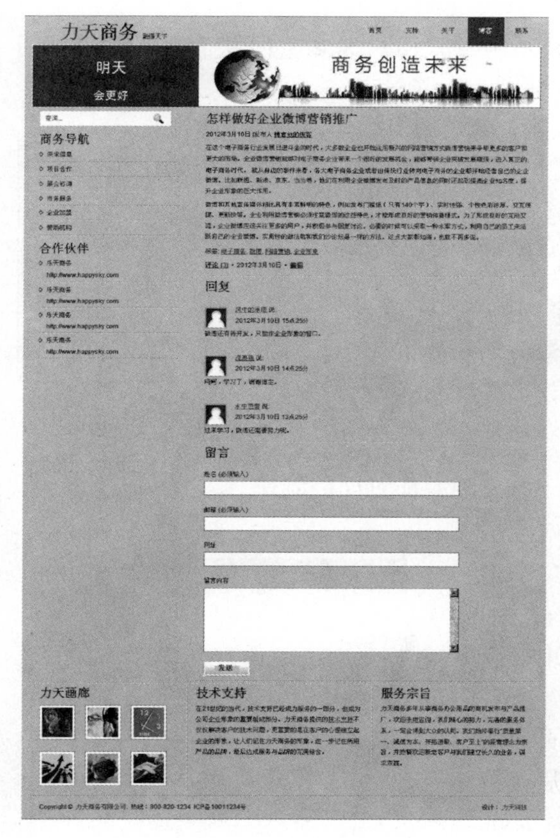

图 10-10　题 1 图

图 10-11　题 2 图

第 11 章　兴宇书城后台管理页面

前面的章节主要讲解的是书城前台页面的制作，一个完整的书城网站还应该包括后台管理页面。管理员登录后台管理页面之后，可以进行商品管理、订单管理、会员管理、广告管理和网店设置等操作。本章主要讲解兴宇书城后台管理登录页面、查询图书页面、添加图书页面和会员管理页面的制作。

11.1　后台管理登录页面的制作

商城后台管理登录页面是管理员在登录表单中输入用户名和密码从而登录系统的页面，该页面的效果如图 11-1 所示，布局示意图如图 11-2 所示。

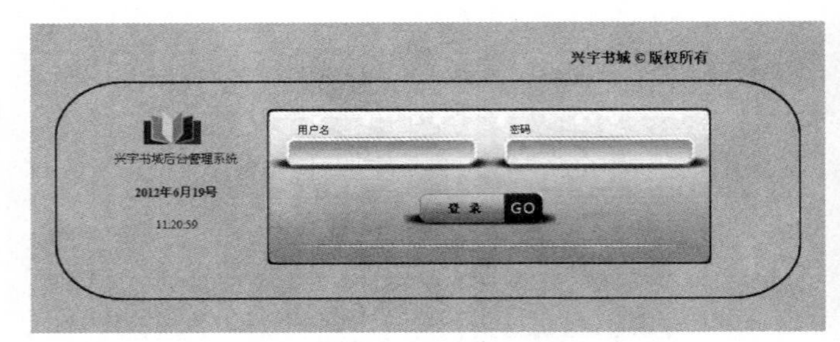

图 11-1　商城后台管理登录页面的效果

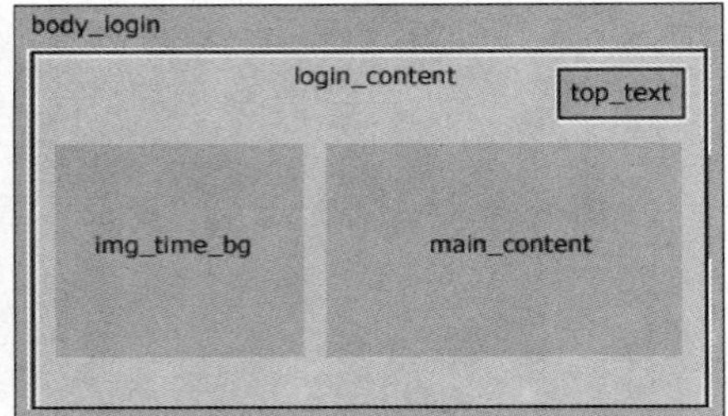

图 11-2　布局示意图

在实现了后台管理登录页面的布局后，接下来就要完成页面的制作。

制作过程如下。

1．前期准备

（1）建立文件夹

后台管理页面需要单独存放在一个文件夹中，以区别于前台页面。首先在网站根文件夹中新建一个名为 admin 的文件夹，该文件夹将存放后台管理的页面和子文件夹。另外，在 admin 文件夹中还需要建立后台管理页面存放图片的文件夹 images 和样式表文件夹 style，网站的整体文件夹结构如图 11-3 所示。

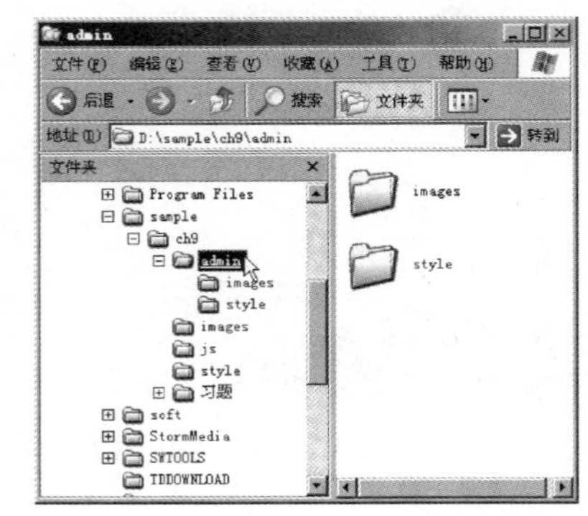

图 11-3　网站的整体文件夹结构

需要说明的是，这里新建的 images 和 style 文件夹虽然与网站根文件夹中的相应文件夹同名，但其位于 admin 文件夹中，两者互不影响。设计人员在制作后台管理页面时，要注意使用相对路径访问相关文件。

（2）新建网页

在 admin 文件夹中新建后台管理登录页面 login.html、查询图书页面 search.html、添加图书页面 addgoods.html 和会员管理页面 manage.html。

（3）页面素材

将后台管理页面需要使用的图像素材存放在新建的 images 文件夹中。

（4）外部样式表

在新建的 style 文件夹中建立一个名为 style.css 的样式表文件。

2．制作页面

（1）公共属性的 CSS 定义

以上三个页面公共属性的 CSS 定义代码如下：

```
body{                              /*页面 body 的 CSS 规则*/
  padding:0px;                     /*内边距为 0px*/
  margin:0px;                      /*外边距为 0px*/
  font:"宋体" "微软雅黑";
  font-size:12px;
}
a{                                 /*页面超链接的 CSS 规则*/
  color:#333;
  text-decoration:none;            /*链接无修饰*/
}
span{                              /*页面 span 的 CSS 规则*/
  color:#333;
  font-size:12px;
}
.float_r{                          /*页面右浮动区的 CSS 规则*/
  float:right;                     /*向右浮动*/
}
.float_l{                          /*页面左浮动区的 CSS 规则*/
  float:left;                      /*向左浮动*/
}
.clear{
  clear:both;                      /*清除浮动*/
}
h3, h4,h1,h2,p,ul{                 /*1~4 级标题、段落、无序列表的 CSS 规则*/
  margin:0px;                      /*外边距为 0px*/
  padding:0px;                     /*内边距为 0px*/
  color:#333;
  font-size:12px;
  list-style:none;                 /*无列表类型*/
}
img{
  border:none;                     /*图像不显示边框*/
}
```

（2）页面整体的制作

登录页面 login.html 的整体内容被放置在名为 body_login 的 Div 容器中，主要用来显示页面整体背景。body_login 容器中又包含 login_container 容器，主要用来显示框架背景。

CSS 代码如下：

```
.body_login{
  background:url(../images/bgtwo.jpg) repeat-x -3px -3px #491d6a;  /*页面整体背景水平重复*/
}
div.login_container{
  background:url(../images/frame.jpg) no-repeat center 13px;      /*框架背景无重复*/
  height:421px;
  margin-top:248px;                                               /*上外边距为 248px*/
}
```

（3）页面内容区域的制作

页面内容区域被放置在名为 login_content 的 Div 容器中，主要用来显示左侧的系统信息和右侧的登录表单，如图 11-4 所示。

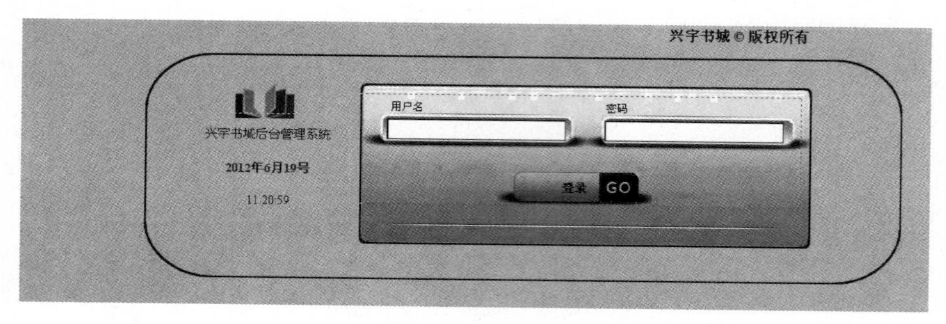

图 11-4　页面内容区域的显示效果

CSS 代码如下：

```
div.login_content{                 /*页面内容区域的 CSS 规则*/
  width:1002px;                    /*内容区域的整体宽度*/
  margin:0px auto;                 /*设置元素自动居中对齐*/
}
p.top_text{                        /*版权区域段落文字的 CSS 规则*/
  text-align:right;                /*文字右对齐*/
  padding-right:130px;             /*右内边距为 130px*/
  color:#333;
  font-weight:bold;                /*文字加粗*/
  font-size:16px;
}
div.img_time_bg{                   /*当前时间区域的 CSS 规则*/
  margin-top:85px;                 /*上外边距为 85px*/
  margin-left:180px;               /*左外边距为 180px*/
  float:left;                      /*向左浮动*/
  width:183px;
  height:81px;
}
div.img_time_bg p{                 /*当前时间区域段落的 CSS 规则*/
  text-align:center;
```

```
    height:30px;
    line-height:30px;                    /*行高为 30px*/
    margin:8px 0px;                      /*上、下内边距为 8px，右、左内边距为 0px*/
    color:#333;
    font-size:14px;
}
div.img_time_bg p.current_time{          /*当前时间文字的 CSS 规则*/
    color:#665673;
    font-weight:bold;                    /*文字加粗*/
}
div.main_content{                        /*右侧内容的 CSS 规则*/
    float:left;                          /*向左浮动*/
    width:500px;                         /*右侧内容的宽度为 500px*/
    margin-top:61px;                     /*上外边距为 60px*/
}
div.main_content p{                      /*右侧内容段落的 CSS 规则*/
    height:27px;
    line-height:27px;                    /*行高为 27px*/
    color:#491a6a;
}
span.user{                               /*右侧登录表单中文字的 CSS 规则*/
    margin-right:200px;                  /*右外边距为 200px*/
    padding-left:45px;                   /*左内边距为 45px*/
}
input.text{                              /*登录表单中输入框的 CSS 规则*/
    margin-left:40px;                    /*左外边距为 40px*/
    width:199px;
    height:24px;
    border:none;                         /*不显示边框*/
    background:none;
}
p.button{                                /*按钮所在段落的 CSS 规则*/
    text-align:center;
    margin-top:32px;                     /*上外边距为 32px*/
}
input.log_button{                        /*按钮的 CSS 规则*/
    background:url(../images/login.jpg) no-repeat left top;   /*按钮背景图像无重复*/
    border:none;
    width:172px;
    height:39px;
    cursor:pointer;                      /*光标样式为指针形状*/
    text-align:left;
    padding-left:50px;                   /*左内边距为 50px*/
    letter-spacing:10px;                 /*“登录”两个文字的间隔为 10px*/
    font-weight:bold;
    color:#491a6a;
}
```

（4）页面结构代码

为了使读者对页面的样式与结构有一个全面的认识，最后说明整个页面（login.html）的结构代码，代码如下：

```
<html>
<head>
<title>兴宇书城后台管理系统-系统登录</title>
<link type="text/css" rel="stylesheet" href="style/style.css" />
</head>
<body class="body_login">
  <div class="login_container">
    <div class="login_content">
      <p class="top_text">兴宇书城 &copy; 版权所有</p>
      <div class="img_time_bg">
        <p>兴宇书城后台管理系统</p>
        <p class="current_time">2012 年 6 月 19 号</p>
        <p>11:20:59</p>
      </div>
      <div class="main_content">
        <p><span class="user">用户名</span> <span>密码</span></p>
        <p>
        <input type="text" class="text"/>
        <input type="text" class="text"/>
        </p>
        <p class="button">
        <input type="button" value="登录" class="log_button" />
        </p>
      </div>
      <div class="clear">
      </div>
    </div>
  </div>
</body>
</html>
```

至此，后台管理登录页面制作完毕，读者可以在此基础上根据自己的喜好修改相关的CSS 规则，进一步美化页面。

11.2 查询图书页面的制作

当管理员成功登录书城后台管理系统后，就可以执行后台管理常见的操作如查询图书、添加图书、会员管理以及网店设置等。

查询图书页面是管理员在搜索栏中输入关键字后，通过系统搜索找出符合条件的商品列表页面。查询图书页面的效果如图 11-5 所示，布局示意图如图 11-6 所示。

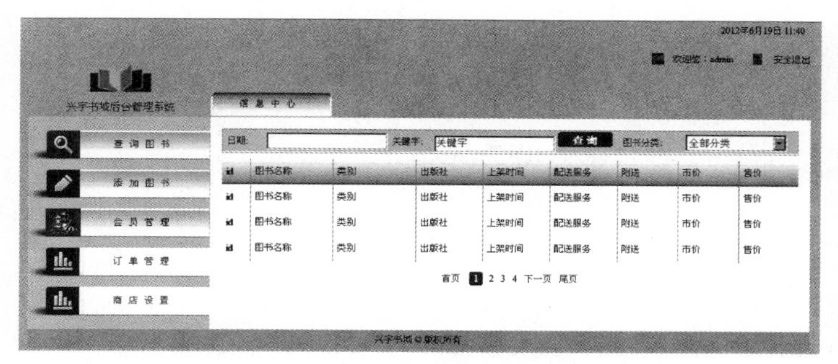

图 11-5　查询图书页面的效果

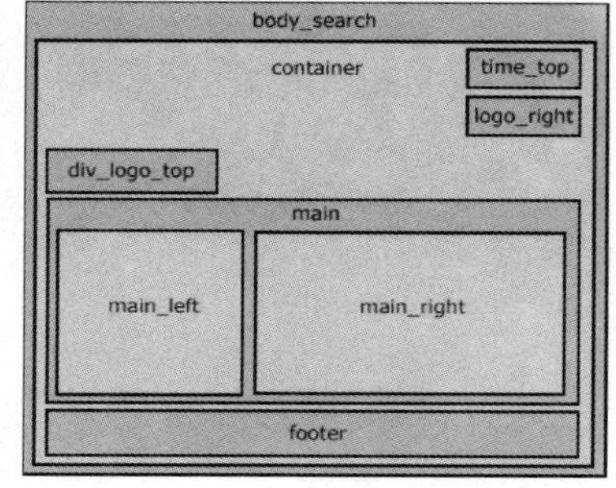

图 11-6　布局示意图

1．前期准备

当用户需要根据日期来查询图书情况时，直接在日期输入框中输入日期操作起来比较麻烦，这里采用 JavaScript 脚本来解决这个问题。用户只需要单击日期输入框就可以弹出一个选择日期的小窗口，进而方便地选择日期。实现这个功能的操作将在本页面的制作过程中讲解，由于该脚本的代码较长，这里采用链接 JavaScript 脚本到页面中的方法来实现这一功能。

在建立商城首页的准备工作中，用户曾经在网站根文件夹中建立了一个专门存放 JavaScript 脚本的文件夹 js，这里提前将查询图书页面中需要用到的脚本文件 calender.js 复制到文件夹 js 中。

2．制作页面

（1）页面整体的制作

页面的整体内容被放置在名为 body_search 的 Div 容器中，主要用来显示页面背景。body_search 容器中又包含 container 容器，主要用来设置容器的宽度和对齐方式。

CSS 代码如下：

```
.body_search{
  background:url(../images/divbg.jpg) repeat left top;      /*页面整体背景图像水平且垂直重复*/
}
div.container{
  width:1002px;                                              /*设置容器的宽度*/
  margin:0px auto;                                           /*设置容器的自动水平对齐*/
}
```

（2）页面欢迎信息区域的制作

页面欢迎信息区域包括当前时间和欢迎文字。当前时间被放置在名为 time_top 的 Div 容器中，欢迎文字被放置在名为 logo_right 的 Div 容器中，如图 11-7 所示。

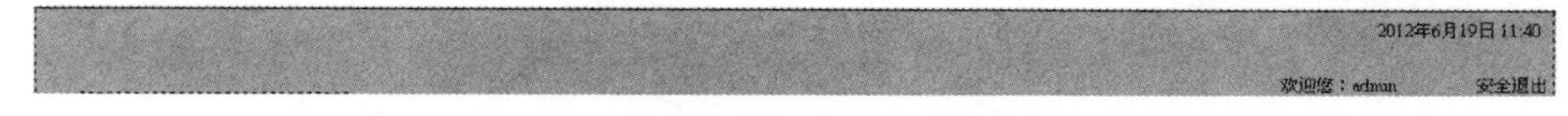

图 11-7　页面欢迎信息区域的显示效果

CSS 代码如下：

```
div.time_top{                              /*当前时间区域的 CSS 规则*/
  background:url(../images/timeline.jpg) no-repeat center top;  /*背景图像无重复*/
  text-align:right;                        /*文字右对齐*/
```

```
    height:25px;
    line-height:25px;                          /*行高为 25px*/
    color:#333;
    padding-right:8px;                         /*右内边距为 8px*/
}
p.time_top{                                    /*当前时间区域段落的 CSS 规则*/
    color:#333;
    text-align:right;                          /*文字右对齐*/
    background:url(../images/timeline.jpg) no-repeat center bottom;    /*背景图像无重复*/
    height:25px;
    line-height:25px;                          /*行高为 25px*/
    padding-right:8px;                         /*右内边距为 8px*/
}
p.logo_right{                                  /*欢迎文字的 CSS 规则*/
    margin-top:18px;                           /*上外边距为 18px*/
    text-align:right;                          /*文字右对齐*/
}
p.logo_right a{                                /*文字超链接的 CSS 规则*/
    color:#333;
}
span.welcome{                                  /*"欢迎您"文字区域的 CSS 规则*/
    background:url(../images/trumpet.png) no-repeat left center; /*背景图像无重复*/
    padding-left:27px;                         /*左内边距为 27px*/
    margin-right:22px;                         /*右外边距为 22px*/
}
span.lock{                                     /*"安全退出"文字区域的 CSS 规则*/
    background:url(../images/lock.png) no-repeat left center;     /*背景图像无重复*/
    padding-left:27px;                         /*左内边距为 27px*/
}
```

（3）页面 Logo 和信息中心文字的制作

页面 Logo 被放置在名为 div_logo_top 的 Div 容器中，信息中心文字被放置在名为 nav_top 的 Div 容器中，如图 11-8 所示。

图 11-8　页面 Logo 和信息中心文字的显示效果

CSS 代码如下：

```
div.div_logo_top{                      /*页面 Logo 的 CSS 规则*/
    width:1002px;
}
div.logo_img{                          /*页面 Logo 背景图像的 CSS 规则*/
    background:url(../images/logo.jpg) no-repeat left center;
    margin-top:0px;                    /*上外边距为 0px*/
    margin-left:30px;                  /*左外边距为 30px*/
```

```
    width:176px;
    height:69px;
}
div.logo_img p{                        /*页面 Logo 段落的 CSS 规则*/
    color:#333;
    font-size:14px;
    text-align:center;                 /*文字居中对齐*/
    padding-top:52px;                  /*上内边距为 52px*/
}
ul.nav_top{                            /*信息中心文字区域的 CSS 规则*/
    margin-top:38px;                   /*上外边距为 38px*/
    margin-left:27px;                  /*左外边距为 27px*/
}
ul.nav_top li{
    background:url(../images/navtop.jpg) no-repeat left top;        /*背景图像无重复*/
    width:155px;
    height:34px;
    line-height:34px;                  /*行高为 34px*/
    text-align:center;                 /*文字居中对齐*/
    letter-spacing:8px;                /*“信息中心”4 个文字的间隔为 8px*/
}
```

（4）页面主体内容区域的制作

页面主体内容区域被放置在名为 main 的 Div 容器中，包括左侧的导航菜单和右侧的相关信息两个部分。导航菜单被放置在名为 main_left 的 Div 容器中，右侧的相关信息被放置在名为 main_right 的 Div 容器中，如图 11-9 所示。

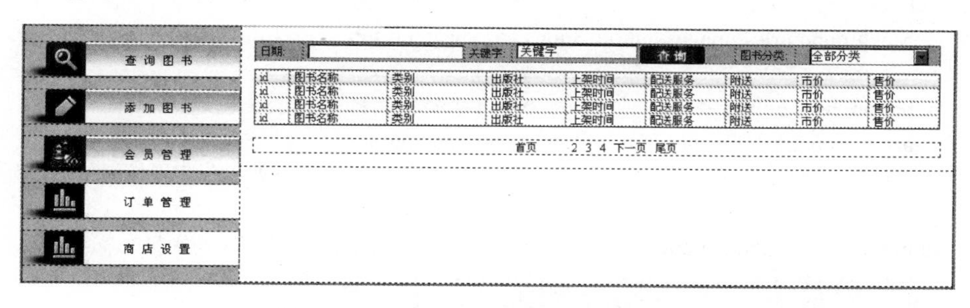

图 11-9　页面主体内容区域的显示效果

CSS 代码如下：

```
div.main{                              /*页面主体内容区域的 CSS 规则*/
    background:#fff;
}
div.main_left{                         /*主体内容左侧区域的 CSS 规则*/
    width:233px;
    padding:18px 0px;                  /*上、下内边距为 18px，右、左内边距为 0px*/
    background:#efefef;
}
ul.button_bg li a{                     /*左侧区域按钮列表超链接的 CSS 规则*/
```

```
    letter-spacing:8px;font:"宋体" "微软雅黑";                /*字符间距为 8px*/
    width:233px;
    height:38px;
    line-height:38px;                     /*行高为 38px*/
    color:#3c1558;
    display:block;                        /*块级元素*/
    text-align:center;
    text-indent:65px;                     /*文字缩进 65px*/
}
ul.button_bg li.button_1 a{               /*第 1 个按钮超链接的 CSS 规则*/
    background:url(../images/button_1.png) no-repeat left top;    /*按钮背景图像无重复*/
}
ul.button_bg li.button_1 a:hover{         /*第 1 个按钮鼠标悬停的 CSS 规则*/
    background:url(../images/button_1.jpg) no-repeat left top;
}
ul.button_bg li.button_2 a{               /*第 2 个按钮超链接的 CSS 规则*/
    background:url(../images/button_2.png) no-repeat left top;
    margin:14px 0px;                      /*偶数行按钮设置上、下外边距实现按钮的分隔显示*/
}
ul.button_bg li.button_2 a:hover{         /*第 2 个按钮鼠标悬停的 CSS 规则*/
    background:url(../images/button_2.jpg) no-repeat left top;
    margin:14px 0px;                      /*偶数行按钮设置上、下外边距实现按钮的分隔显示*/
}
ul.button_bg li.button_3 a{               /*第 3 个按钮超链接的 CSS 规则*/
    background:url(../images/button_3.png) no-repeat left top;
}
ul.button_bg li.button_3 a:hover{         /*第 3 个按钮鼠标悬停的 CSS 规则*/
    background:url(../images/button_3.jpg) no-repeat left top;
}
ul.button_bg li.button_4 a{               /*第 4 个按钮超链接的 CSS 规则*/
    background:url(../images/button_4.png) no-repeat left top;
    margin:14px 0px;                      /*偶数行按钮设置上、下外边距实现按钮的分隔显示*/
}
ul.button_bg li.button_4 a:hover{         /*第 4 个按钮鼠标悬停的 CSS 规则*/
    background:url(../images/button_4.jpg) no-repeat left top;
    margin:14px 0px;                      /*偶数行按钮设置上、下外边距实现按钮的分隔显示*/
}
ul.button_bg li.button_5 a{               /*第 5 个按钮超链接的 CSS 规则*/
    background:url(../images/button_4.png) no-repeat left top;
}
ul.button_bg li.button_5 a:hover{         /*第 5 个按钮鼠标悬停的 CSS 规则*/
    background:url(../images/button_4.jpg) no-repeat left top;
}
div.main_right{                           /*主体内容右侧区域的 CSS 规则*/
    width:739px;
    background:#fff;
    padding:15px;                         /*内边距为 15px*/
```

```
}
table.table_search{                        /*右侧区域查询表单所在表格的 CSS 规则*/
    border:1px solid #ccc;                 /*边框为 1px 灰色实线*/
    border-right:none;                     /*不显示右边框*/
    border-left:none;                      /*不显示左边框*/
    margin-bottom:8px;                     /*下外边距为 8px*/
    border:1px solid #ccc;
    border-bottom:none;                    /*不显示下边框*/
}
table.table_search tr{                     /*表格行的 CSS 规则*/
    height:31px;
}
table.table_search tr td{                  /*表格单元格的 CSS 规则*/
    text-indent:5px;
    border-right:1px solid #ccc;           /*右边框为 1px 灰色实线*/
    padding-right:1px;                     /*右内边距为 1px*/
}
table.table_search tr.trback td{
    border-right:none;                     /*不显示右边框*/
}
tr.trback{
    background:url(../images/trline.jpg) repeat-x left top;   /*行背景图像水平重复*/
}
table.table_result{                        /*右侧区域查询结果表格的 CSS 规则*/
    width:739px;
}
table.table_result tr{                     /*查询结果表格行的 CSS 规则*/
    height:34px;
}
table.table_result tr.tabletop{            /*查询结果表格标题行的 CSS 规则*/
    background:url(../images/tabletop.jpg) repeat-x left top;      /*行背景图像水平重复*/
    height:34px;
}
table.table_result tr td{                  /*查询结果表格标题行单元格的 CSS 规则*/
    border-right:1px solid #ebebeb;        /*右边框为 1px 细实线*/
    padding-left:5px;
}
select.goods_type{                         /*商品分类下拉列表的 CSS 规则*/
    width:130px;
}
input.search{                              /*查询按钮的 CSS 规则*/
    background:url(../images/search.jpg) no-repeat left top;   /*按钮背景图像无重复*/
    border:none;                           /*不显示边框*/
    width:74px;
    height:20px;
}
```

（5）页面底部区域的制作

页面底部区域的内容被放置在名为 footer 的 Div 容器中，用来显示版权信息，如图 11-10 所示。

图 11-10　页面底部区域的显示效果

CSS 代码如下：

```
div.footer{
  background:#2a0940;
  text-align:center;                    /*文字居中对齐*/
  height:25px;
  line-height:25px;                     /*行高为 25px*/
  color:#333;
}
```

（6）页面结构代码

为了使读者对页面的样式与结构有一个全面的认识，最后说明整个页面（search.html）的结构代码，代码如下：

```
<html>
<head>
<title>兴宇书城后台管理系统-查询商品</title>
<link type="text/css" href="style/style.css"   rel="stylesheet" />
</head>
<body class="body_search">
  <div class="container">
    <p class="time_top">2012 年 6 月 19 日   11:40</p>
    <p class="logo_right">
      <span class="welcome"><a href="" title="">欢迎您：admin</a></span>
      <span class="lock"><a href="" title="" class="lock">安全退出</a></span>
    </p>
    <div class="div_logo_top">
      <div class="logo_img float_l">
        <p>兴宇书城后台管理系统</p>
      </div>
      <ul class="nav_top float_l"><li>信息中心</li></ul>
    </div>
    <div class="clear"></div>
    <div class="main">
      <div class="main_left float_l">
        <ul class="button_bg">
          <li class="button_1"><a href="search.html">查询图书</a></li>
          <li class="button_2"><a href="addgoods.html">添加图书</a></li>
          <li class="button_3"><a href="#">会员管理</a></li>
          <li class="button_4"><a href="#">订单管理</a></li>
```

```
            <li class="button_5"><a href="#">商店设置</a></li>
        </ul>
    </div>
    <div class="main_right float_l">
        <table width="739" cellpadding="0" cellspacing="0"   class="table_search">
            <tr class="trback">
                <td style=" width:50px;">日期:</td>
                <td style=" width:150px;"><input   type="text"   value=""/></td>
                <td>关键字:</td>
                <td style=" width:240px;">
                    <input width="130px;"   type="text" value="关键字">
                    <input type="button" value="" class="search" />
                </td>
                <td>图书分类:</td>
                <td style=" text-align:center;">
                    <select class="goods_type">
                        <option selected>全部分类</option>
                        <option>科技类</option>
                        <option>生活类</option>
                        <option>人文类</option>
                        <option>管理类</option>
                    </select>
                </td>
            </tr>
        </table>
                <table class="table_result" cellpadding="0" cellspacing="0">
                        <tr class="tabletop">
                            <td style="width:31px;">id</td>
                            <td style="width:100px;">图书名称</td>
                            <td style="width:100px;">类别</td>
                            <td style="width:80px;">出版社</td>
                            <td style="width:80px;">上架时间</td>
                            <td style="width:80px;">配送服务</td>
                            <td>附送</td>
                            <td>市价</td>
                            <td style=" border-right:none;">售价</td>
                        </tr>
                        <tr>
                            <td style="width:31px;">id</td>
                            <td style="width:100px;">图书名称</td>
                            <td style="width:100px;">类别</td>
                            <td style="width:80px;">出版社</td>
                            <td style="width:80px;">上架时间</td>
                            <td style="width:80px;">配送服务</td>
                            <td>附送</td>
                            <td>市价</td>
                            <td style=" border-right:none;">售价</td>
```

```
                    </tr>
                    <tr>
                      <td style="width:31px;">id</td>
                      <td style="width:100px;">图书名称</td>
                      <td style="width:100px;">类别</td>
                      <td style="width:80px;">出版社</td>
                      <td style="width:80px;">上架时间</td>
                      <td style="width:80px;">配送服务</td>
                      <td>附送</td>
                      <td>市价</td>
                      <td style=" border-right:none;">售价</td>
                    </tr>
                    <tr>
                      <td style="width:31px;">id</td>
                      <td style="width:100px;">图书名称</td>
                      <td style="width:100px;">类别</td>
                      <td style="width:80px;">出版社</td>
                      <td style="width:80px;">上架时间</td>
                      <td style="width:80px;">配送服务</td>
                      <td>附送</td>
                      <td>市价</td>
                      <td style=" border-right:none;">售价</td>
                    </tr>
                </table>
            <div class="indexpage">
              <a href="" title="">首页</a>
              <a class="ononepage" href="" title="">1</a><a href="" title="">2</a>
              <a href="" title="">3</a>
              <a href="" title="">4</a>
              <a href="" title="">下一页</a>
              <a href="" title="">尾页</a>
            </div>
          </div>
          <div class="clear"></div>
          <div class="footer">兴宇书城 &copy; 版权所有</div>
        </div>
      </div>
    </body>
    </html>
```

在前面的章节中，已经讲到表格布局仅适用于页面中数据规整的局部布局。在本页面主体内容右侧相关信息区域就用到了表格的布局，读者一定要明白表格布局的适用场合，即只适用于局部布局，而不适用于全局布局。

（7）添加 JavaScript 脚本实现网页特效

以上制作过程完成了网页的结构和布局，接下来可以在此基础上添加 JavaScript 脚本，以实现日期输入框的简化输入。制作过程如下。

① 首先，链接外部 JavaScript 脚本文件到页面中。在页面的<head>和</head>代码之间

添加以下代码：

```
<script type="text/javascript" src="../js/calender.js"></script>
```

② 定位到日期输入框的代码，增加日期输入框获得焦点时的 onFocus 事件代码，调用 calender.js 中定义的设置日期函数 HS_setDate()。代码如下：

```
<input type="text" value="" onFocus="HS_setDate(this)"/>
```

需要注意的是，函数 HS_setDate()的大小写一定要正确。

以上操作完成后，重新打开页面预览，当浏览者单击日期输入框时就可以看到弹出的选择日期窗口，进而便捷地选择日期，如图 11-11 所示。

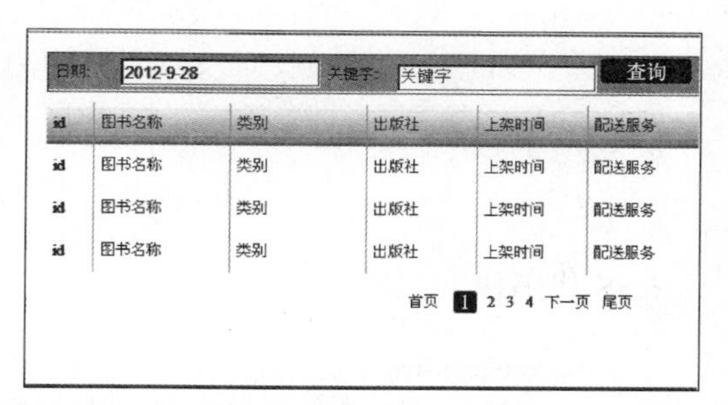

图 11-11　使用选择日期窗口选择日期

至此，查询图书页面制作完毕，读者可以在此基础上根据自己的喜好修改相关的 CSS 规则，进一步美化页面。

11.3　添加图书页面的制作

添加图书页面是管理员通过表单输入新的商品数据，然后提交到网站数据库中的页面。添加图书页面的效果如图 11-12 所示，布局示意图如图 11-13 所示。

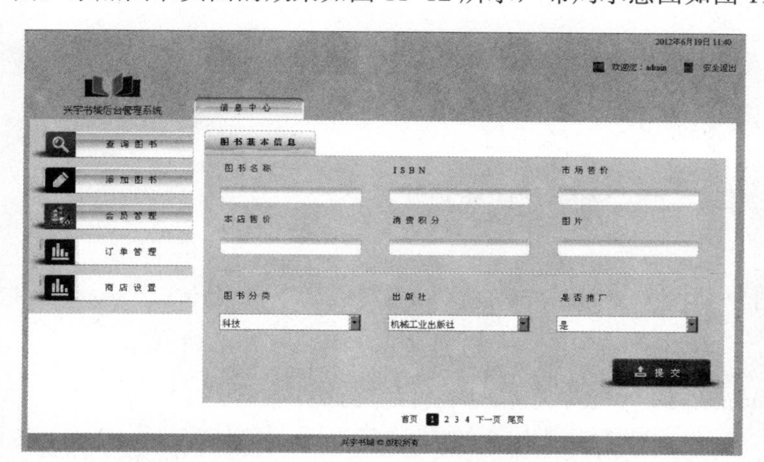

图 11-12　添加图书页面的效果

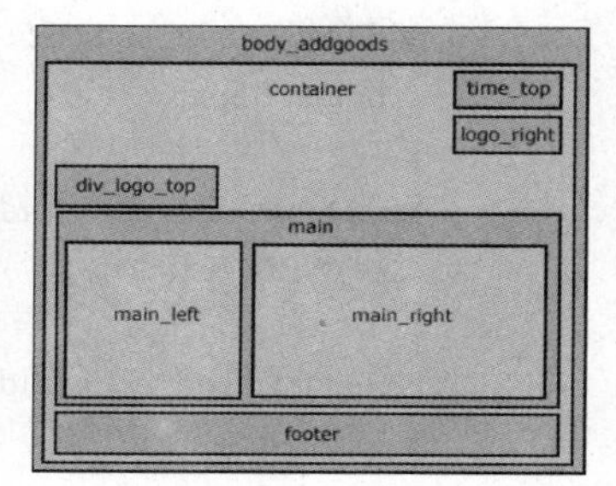

图 11-13　布局示意图

添加图书页面的布局与查询图书页面有极大的相似之处，这里不再介绍页面相同部分的实现过程，而是重点讲解页面不同部分的制作。

这两个页面的不同之处在于页面主体内容右侧相关信息的内容不同，右侧的相关信息被放置在名为 main_right 的 Div 容器中，如图 11-14 所示。

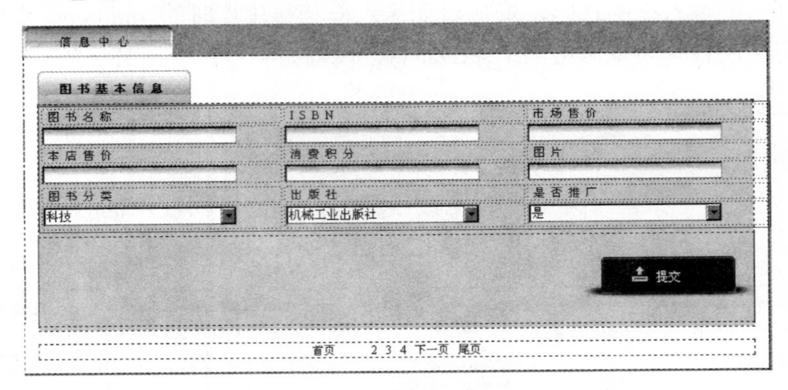

图 11-14　右侧相关信息的显示效果

CSS 代码如下：

```
h3.goods_title{                          /*“图书基本信息”文字的 CSS 规则*/
  background:url(../images/goods_title.png) no-repeat left top;  /*背景图像无重复*/
  width:158px;
  height:36px;
  text-align:center;                     /*文字居中对齐*/
  line-height:36px;                      /*行高为 36px*/
  letter-spacing:6px;                    /*文字间距为 6px*/
}
div.table_addgoods{                      /*添加图书 div 区域的 CSS 规则*/
  border-top:1px solid #e1e1e1;          /*右边框为 1px 灰色实线*/
  width:739px;
  background:#f7f7f7;
}
table.table_addgoods{                    /*添加图书表单所在表格的 CSS 规则*/
  padding-left:20px;                     /*左内边距为 20px*/
  width:739px;
}
table.table_addgoods tr{                 /*表格行的 CSS 规则*/
  height:35px;
}
table.table_addgoods tr td{              /*表格单元格的 CSS 规则*/
  width:247px;
}
table.table_addgoods tr td.tabletop{     /*表单元素上方说明文字的 CSS 规则*/
  letter-spacing:6px;                    /*文字间距为 6px*/
  text-indent:6px;                       /*段落缩进为 6px*/
  font-size:12px;
  color:#5a1e8f;
}
```

```
input.goods_input{                    /*表单输入框的 CSS 规则*/
  background:url(../images/ininputbg.png) no-repeat left top;          /*背景图像无重复*/
  width:201px;
  height:18px;
  border:none;                        /*不显示边框*/
  padding-left:2px;                   /*左内边距为 2px*/
  padding-top:4px;                    /*上内边距为 4px*/
}
td.linetable{                         /*输入框和下拉列表之间水平分隔线的 CSS 规则*/
  background:url(../images/linetable.png) no-repeat center;          /*背景图像无重复*/
}
select.goods_add{                     /*表单下拉列表的 CSS 规则*/
  width:201px;
  height:24px;
  border:1px solid #ccc;              /*边框为 1px 灰色实线*/
}
div.submit{                           /*表单提交按钮区域的 CSS 规则*/
  text-align:right;
  margin:5px 0px;                     /*上、下外边距为 5px，右、左内边距为 0px*/
  padding:25px 0px;                   /*上、下内边距为 25px，右、左内边距为 0px*/
}
input.submit_button{                  /*提交按钮的 CSS 规则*/
  cursor:pointer;                     /*鼠标形状为指针*/
  color:#fff;
  letter-spacing:10px;                /*文字间距为 10px*/
  text-indent:25px;                   /*段落缩进为 25px*/
  background:url(../images/submit.png) no-repeat left top;          /*背景图像无重复*/
  width:175px;
  height:44px;
  border:none;                        /*不显示边框*/
}
div.indexpage{                        /*分页区域的 CSS 规则*/
  text-align:center;
  margin:15px 0px 0px 0px;            /*上、右、下、左的外边距依次为 15px,0px, 0px,0px*/
}
div.indexpage a{                      /*分页区域超链接的 CSS 规则*/
  margin:3px;                         /*外边距为 3px*/
  color:#461d69;
}
div.indexpage a.ononepage{            /*分页区域第一页的 CSS 规则*/
  background:url(../images/pagebg.png) no-repeat center;          /*背景图像无重复*/
  padding:8px;                        /*内边距为 8px*/
  color:#fff;
}
```

为了使读者对以上局部页面的样式与结构有一个全面的认识，最后说明添加图书页面（addgoods.html）右侧相关信息这部分的结构代码。

代码如下：

```
<div class="main_right float_l">
  <h3 class="goods_title">图书基本信息</h3>
  <div class="table_addgoods">
    <table class="table_addgoods">
      <tr>
        <td class="tabletop">图书名称</td>
        <td class="tabletop">ISBN</td>
        <td class="tabletop">市场售价</td>
      </tr>
      <tr>
        <td><input type="text" value="" class="goods_input"/></td>
        <td><input type="text" value="" class="goods_input" /></td>
        <td><input type="text" value="" class="goods_input"/></td>
      </tr>
      <tr>
        <td class="tabletop">本店售价</td>
        <td class="tabletop">消费积分</td>
        <td class="tabletop">图片</td>
      </tr>
      <tr>
        <td><input type="text" value="" class="goods_input"/></td>
        <td><input type="text" value="" class="goods_input" /></td>
        <td><input type="text" value="" class="goods_input"/></td>
      </tr>
      <tr><td class="linetable" colspan="3"></td></tr>
      <tr>
        <td class="tabletop">图书分类</td>
        <td class="tabletop">出版社</td>
        <td class="tabletop">是否推广</td>
      </tr>
       <tr>
          <td>
             <select class="goods_add">
                <option>科技</option>
                <option>生活</option>
                <option>人文</option>
                <option>管理</option>
             </select>
          </td>
          <td>
             <select class="goods_add">
                <option>机械工业出版社</option>
                <option>电子工业出版社</option>
                <option>清华大学出版社</option>
             </select>
          </td>
```

```
                <td>
                    <select class="goods_add">
                        <option>是</option>
                        <option>否</option>
                    </select>
                </td>
            </tr>
        </table>
    <div class="submit">
        <input type="button" value="提交" class="submit_button" />
    </div>
</div>
<div class="indexpage">
    <a href="" title="">首页</a>
    <a   class="ononepage" href="" title="">1</a>
    <a href="" title="">2</a>
    <a href="" title="">3</a>
    <a href="" title="">4</a>
    <a href="" title="">下一页</a>
    <a href="" title="">尾页</a>
</div>
</div>
```

至此，添加图书页面制作完毕，读者可以在此基础上根据自己的喜好修改相关的 CSS 规则，进一步美化页面。

11.4 会员管理页面的制作

在会员管理页面中，管理员可以通过表单搜索会员，然后在搜索的会员列表中修改会员资料或删除会员。会员管理页面的效果如图 11-15 所示，布局示意图如图 11-16 所示。

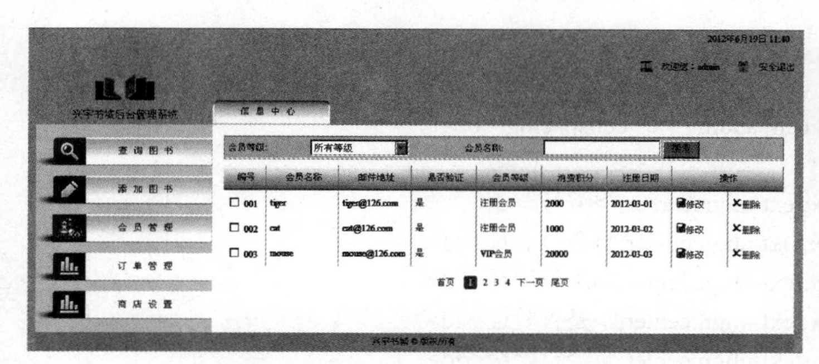

图 11-15　会员管理页面的效果

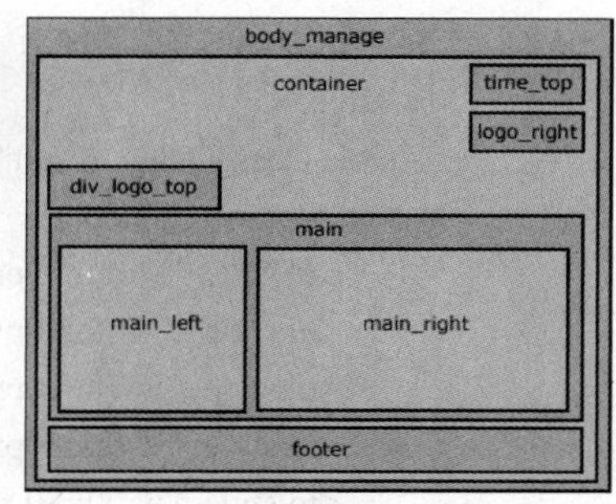

图 11-16　布局示意图

会员管理页面的布局与查询图书页面有极大的相似之处，这里不再介绍页面相同部分的实现过程，而是重点讲解页面不同部分的制作。

这两个页面的不同之处在于页面主体内容右侧相关信息的内容不同，右侧的相关信息被放置在名为 main_right 的 Div 容器中，如图 11-17 所示。

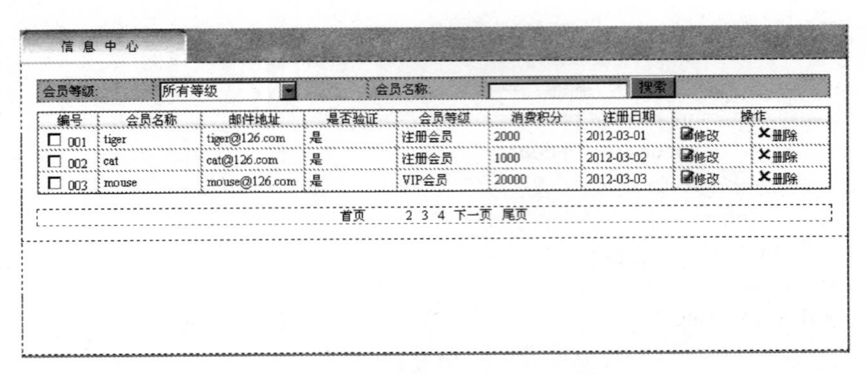

图 11-17　右侧相关信息的显示效果

由于本页面中使用的所有 CSS 代码都已讲解，因此，这里只给出会员管理页面（manage.html）右侧相关信息的网页结构代码。代码如下：

```
<div class="main_right float_l">
  <table width="739" cellpadding="0" cellspacing="0"   class="table_search">
    <tr class="trback">
      <td style=" width:80px;">会员等级:</td>
      <td style=" width:150px;">
        <select class="goods_type">
          <option selected>所有等级</option>
          <option>注册用户</option>
          <option>VIP 用户</option>
        </select>
      </td>
      <td style=" width:80px;">会员名称:</td>
      <td style=" width:240px;">
        <input width="130px;" type="text">
        <input type="button" value="搜索" />
      </td>
    </tr>
  </table>
  <table class="table_result" cellpadding="0" cellspacing="0">
    <tr class="tabletop">
      <td style="width:50px;text-align:center;">编号</td>
      <td style="width:90px;text-align:center;">会员名称</td>
      <td style="width:90px;text-align:center;">邮件地址</td>
      <td style="width:80px;text-align:center;">是否验证</td>
      <td style="width:80px;text-align:center;">会员等级</td>
      <td style="width:80px;text-align:center;">消费积分</td>
      <td style="width:80px;text-align:center;">注册日期</td>
      <td colspan="2" style="text-align:center;">操作</td>
    </tr>
    <tr>
      <td style="width:50px;"><input type="checkbox" name="userid" >001</td>
```

```
            <td style="width:90px;">tiger</td>
            <td style="width:90px;">tiger@126.com</td>
            <td style="width:80px;">是</td>
            <td style="width:80px;">注册会员</td>
            <td style="width:80px;">2000</td>
            <td style="width:80px;">2012-03-01</td>
            <td><a href="#"><img src="images/icon_edit.gif" ></a><a href="#">修改</a></td>
            <td style="border-right:none;">
              <a href="#"><img src="images/icon_delete.gif"></a><a href="#">删除</a>
            </td>
          </tr>
    ……（此处省略表格第 2 行和第 3 行“会员信息”类同的代码）
      </table>
      <div class="indexpage">
        <a href="" title="">首页</a>
        <a class="ononepage" href="" title="">1</a><a href="" title="">2</a>
        <a href="" title="">3</a>
        <a href="" title="">4</a>
        <a href="" title="">下一页</a>
        <a href="" title="">尾页</a>
      </div>
    </div>
```

至此，会员管理页面制作完毕，读者可以在此基础上根据自己的喜好修改相关的 CSS 规则，进一步美化页面。

11.5 页面的整合

在前面讲解的兴宇书城的相关案例中，都是按照某个栏目进行页面制作的，并未将所有的页面整合在一个统一的站点之下。读者完成兴宇书城所有栏目的页面之后，需要将这些栏目页面整合在一起形成一个完整的站点。

这里以兴宇书城环保天地页面为例，讲解一下整合栏目的方法。由于在最后 3 章的综合案例中建立了网站的站点，其对应的文件夹是 D:\sample\ch9，因此可以按照栏目的含义在 D:\sample\ch9 下建立电脑学堂栏目的文件夹 protection，然后将前面章节中做好的环保天地页面及素材一起复制到文件夹 protection 中。

采用类似的方法，读者可以完成所有栏目的整合，这里不再赘述。最后还要说明的是，当这些栏目整合完成之后，一定要正确地设置各级页面之间的链接，使之有效地完成各个页面之间的跳转。

习题 11

1．网店后台订单管理程序包括订单列表、订单查询、合并订单等页面，请读者试练习制作其中的订单列表页面，如图 11-18 所示。

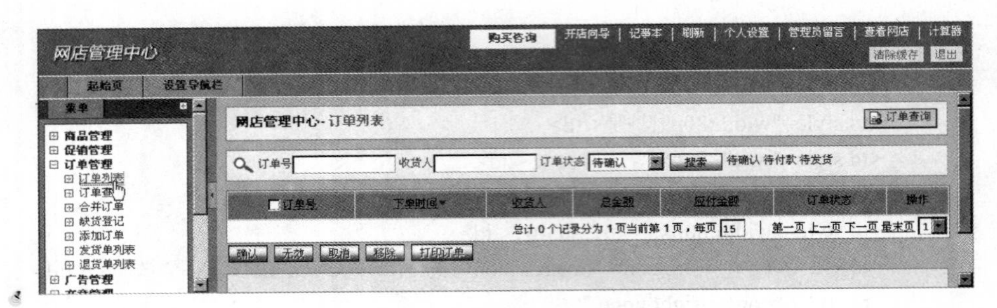

图 11-18　订单列表页面

2．制作订单查询页面，如图 11-19 所示。

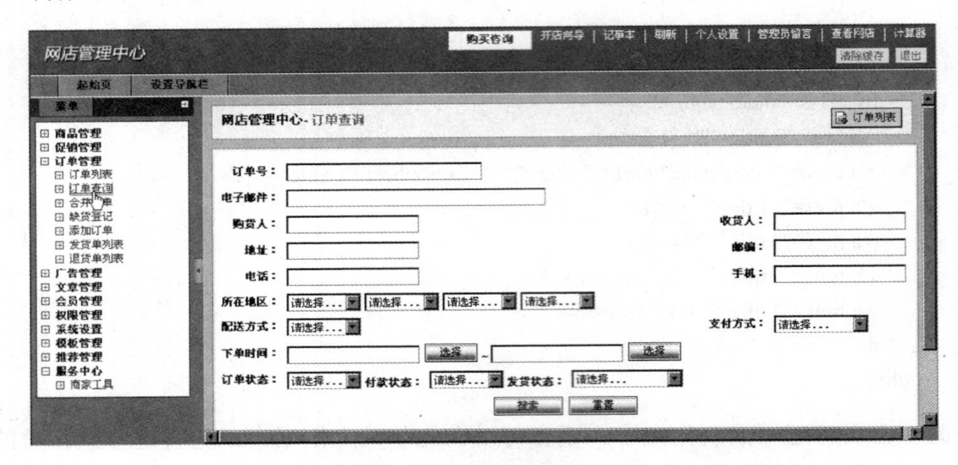

图 11-19　订单查询页面

3．制作合并订单页面，如图 11-20 所示。

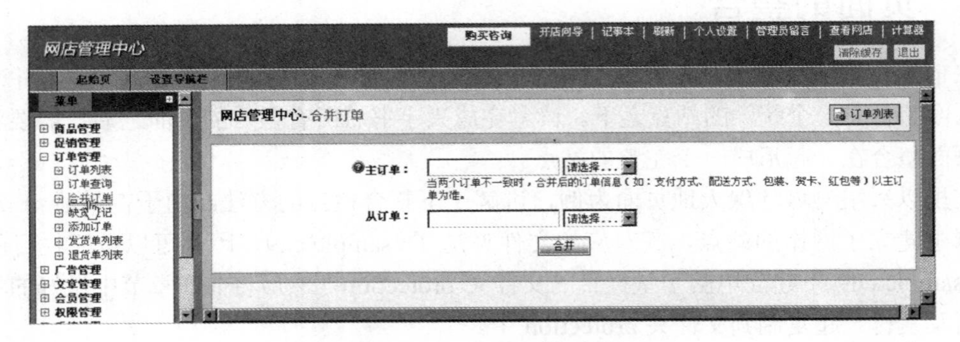

图 11-20　合并订单页面

参 考 文 献

[1] 毋建军. 网页制作案例教程（HTML+CSS+JavaScript）. 北京：清华大学出版社，2011.
[2] 安博教育. XHTML+CSS+JavaScript 网页设计与布局. 北京：电子工业出版社，2012.
[3] 王柯柯. Web 网页设计技术. 北京：机械工业出版社，2011.
[4] 马翠翠. 从零开始学 HTML+CSS. 北京：电子工业出版社，2012.
[5] 张洪斌. 基于工作过程的网页设计与制作教程. 北京：机械工业出版社，2010.
[6] 李军. 网页制作教程——HTML、CSS、JavaScript. 北京：清华大学出版社，2012.
[7] 陆凌牛. HTML5 与 CSS3 权威指南. 北京：机械工业出版社，2011.
[8] 郑娅峰，张永强. 网页设计与开发——HTML、CSS、JavaScript 实例教程（第 2 版）. 北京：清华大学出版社，2011.
[9] 孔祥盛. HTML+CSS 网页开发技术精解. 北京：电子工业出版社，2012.
[10] 吕凤顺. HTML+CSS+JavaScript 网页制作实用教程. 北京：清华大学出版社，2011.